仰望與思索

窺宇宙的42個關鍵

歷史×觀測×想像×神話
從天文史走進現代科學，揭開黑洞、恆星、星系與生命的宇宙奧祕

寂靜宇宙的追問
橫跨理論邊界的深度思考！

張長喜 著

地外生命、黑洞誕生、白洞奇想……
從天圓地方到恆星之死，拆解人類數千年來對星空的想像與知識！

目 錄

序　　　　　　　　　　　　　　　　　　　　　　007

前言　　　　　　　　　　　　　　　　　　　　　009

第一部分　從仰望星空到探索宇宙的歷史　　　　　013

第二部分　星系結構與宇宙的起源　　　　　　　　051

第三部分　恆星的誕生、生命與死亡　　　　　　　123

第四部分　太陽系的多樣世界　　　　　　　　　　199

第五部分　尋找另一個地球　　　　　　　　　　　295

目錄

黑洞是什麼？重力波能帶給我們哪些宇宙資訊？是否可以將火星改造成一個宜居星球？我們能進行時空旅行嗎？宇宙中是否還有其他智慧生命存在？這些問題看似遙不可及，但卻與人類未來的命運息息相關。本書從古代樸素的宇宙觀講起，到現代天文學家對宇宙起源和演化的深刻理解，再到恆星世界及太陽系天體的最新探測，透過 42 個引人入勝的問題帶領讀者探索宇宙的奧祕。作者將科學背景、人物故事、前端進展融入基礎知識之中，並輔以精美的圖片，讓人們在輕鬆閱讀中領略天文學的無窮魅力。本書適合任何對宇宙充滿好奇的讀者閱讀。

序

　　早在2,300多年前，中國詩人屈原就發問蒼穹：「遂古之初，誰傳道之？上下未形，何由考之？冥昭瞢暗，誰能極之？馮翼唯象，何以識之？」他問了30多個關於今天被稱為天文學的問題，如宇宙初成、日月歸屬、恆星分布等，甚至問到「何所冬暖，何所夏寒」等氣候異常的原因。先哲的問題都來自觀察累積和深邃思考，卻未曾藉助神靈和上帝。〈天問〉中的不少天文學問題今天都已有了確切答案，但那些亙古以來人類關於宇宙起源等一些問題的思索，卻依然等待天文學家們的努力。

　　這裡呈現給大家的，是天文學博士的大眾科學著作。與其他大眾科學書籍相比，它有以下一些值得關注的特點。

　　首先，與多數大眾科學書不同，作者沒有按照章節形式，以天文學的基本概念和知識做系統性闡述，而是聚焦天文學中42個重要問題做相對詳細的討論，引導讀者關注天文學的熱門問題；並且利用提問和回答的形式讓讀者比較容易找到自己感興趣的問題的答案。

　　其次，對於每個問題，作者致力於透過較為詳細的歷史資料，展現對該問題的認知過程和取得進展的來龍去脈。作者期望天文學家前輩們的科學經歷能為讀者帶來有益的啟發，讓讀者追尋天文學發展的足跡並了解整體知識的進步。最後，作者將問題的科學背景、歷史事件、天文學家的貢獻、基礎和前端科學知識等多個方面的內容綜合並融為一體，希望作品讀起來更有趣味。作者還注重敘述邏輯，要求文字簡潔流暢，還輔以精美圖片，以利於讀者閱讀。作者是一位嚴謹的天文工作學者。他於2001年獲得博士學位，之後在大學裡做博士後研究，之後進入天

序

文館從事研究和大眾科學的工作。他在博士研究生學習期間，與合作者利用野邊山射電望遠鏡進行 1.76 公分射電觀測，在國際上最早得到太陽活動區色球層的磁場強度和結構分布（Zhang et al. 2002, ChJAA, 2, 266）；他還是較早詳細研究太陽耀斑與活動區的磁場界面關係的學者之一（Zhang & Wang, 2002, Solar Phys, 205, 303）。

　　我非常期待這部天文學著作的出版。科學研究和科學普及是發展傳播新的科學知識、推動人類社會進步的重要驅動力。天文學的進步對發展科學的世界觀和方法論有著重要的意義。我期盼有更多原創性天文科學研究成果湧現，也期待著更多優秀天文科學著作問世。

汪景琇

前言

　　靜悄悄的夜晚，舉目凝望深邃的星空，人們總會產生無窮無盡的遐想，陷入深深的思考。千百年來，我們頭頂的星星為什麼一直閃爍？它們距離我們有多遠？它們有沒有盡頭？為什麼有幾個星星會在星空中遊走？為什麼夏夜的天空中有一條南北方向的明亮星河？

　　太空和天體是人類永恆探求和追問的目標。從久遠的古代開始，我們的祖先便進行立竿測影、記錄月圓月缺、觀察星空和特殊天象，古老的天文學誕生了。以此人們制定曆法，以用於農業生產活動和生活。皇家僱傭專門的天文官員，利用天文觀測來預測國家命運、皇帝安危、農業收成、戰爭勝負。而在古希臘先後出現了許多思想活躍的自然哲學家，如泰利斯（Thales of Miletus）、柏拉圖（Plato）、托勒密（Claudius Ptolemy），他們擺脫神祕性，從自然的角度探討天體執行的規律以及規律背後的宇宙模型。最終，托勒密匯總各種研究成果，完成天文學鉅著《天文大成》，提出地心說，這個學說主宰此後約一千年的學術思想。

　　歐洲文藝復興後期，天文學也呈現蓬勃發展的局面。哥白尼（Nicolaus Copernicus）發表《天體運行論》，創立日心說；伽利略（Galileo Galilei）發明天文望遠鏡，觀察到許多嶄新天體和天文現象；克卜勒（Johannes Kepler）建立行星運動三大定律；笛卡兒（René Descartes）提出無限宇宙的概念；牛頓（Isaac Newton）發表《自然哲學的數學原理》，創立萬有引力定律。經過一兩百年的發展，天文學發生了革命性的變化，它成為推動科學發展和文明進步的重要角色。

前言

廣袤的太空中有著數不清的天體,從太陽系內的行星、衛星、矮行星,到銀河系內各種類型的恆星、星雲、星團,再到星系、星系團、超星系團,乃至整個可觀測的宇宙,它們都是天文學家的研究對象。宇宙中的特殊天體、極端環境和難以想像的物理狀態提供條件讓人類能探索自然的奧祕。為了探究天體和宇宙的奧祕,天文學與物理學深度融合,形成天體物理學,這一分支逐漸成為天文學研究的主戰場。

天文學研究對於保護人類安全、促進經濟發展以及探索人類未來的生存空間也具有重要意義。太陽活動會產生高能帶電粒子和高能電磁輻射,它們對太空任務、電力系統、通訊網路、導航系統等會產生不利影響,因此研究太陽活動可以為人類的空間活動以及陸地的生活提供資訊,以減少損失和損害。天文學家推斷,6,500 萬年前的恐龍滅絕事件可能是小行星撞擊地球造成的,因此,天文學家建造觀測網以監測近地天體,並試圖設法避免它們撞擊地球為人類帶來災難。天文學家還發現有些小行星的貴金屬含量較高,具有非常大的經濟價值,所以,探測小行星還會使人類帶來巨大的經濟利益。此外,天文學家還以前所未有的熱情投入到系外行星的探索中,尤其是那些位於宜居帶的類地行星。這不僅是人類對未知世界的好奇探索,更是為人類未來可能面臨的生存挑戰尋找新的解決方案,為人類的星際移民夢想奠定堅實的基礎。

近一兩百年,天文學中尤其是天體物理學的發展速度明顯加快。新的觀測成果不斷更新人們對宇宙和其中天體的認知,這得益於大型口徑望遠鏡、多波段觀測儀器、多信使天文學方法以及空間觀測儀器的發展。最近十幾年,多達 5 年的諾貝爾物理學獎頒發給天體物理學的研究成果,可見,天體物理學仍是一個異常活躍的科學研究領域。諸如發現宇宙加速膨脹、發現重力波、發現類太陽恆星周圍的系外行星、發現銀

河系中心的超大質量緻密天體等，這些新發現都是人類在理解宇宙方面新的里程碑。

  20多年來，筆者一直在天文館從事天文科學工作，經過不懈的學習和累積最終完成這本天文科學著作。本書分為觀天歷史、星系和宇宙學、恆星、太陽系、系外行星和地外生命等五個部分，著眼天文學中的一些重大問題，講述天文學家開展研究的思路、方法和過程，展現新的天文學研究現狀。希望本書能為青少年天文愛好者、相關領域的學生以及眾多科學普及工作者帶來知識和思維方面的啟發和收穫。鑑於筆者學識和寫作能力的局限，書中必然存在瑕疵和不足，真誠地歡迎讀者們指正。

  在本書的撰寫和修訂過程中，筆者曾多次與自己的博士指導教授汪景琇博士溝通，得到了不少啟發，在此表示衷心感謝！本書初稿完成後，數名天文學專家學者們皆審閱了相關內容，對書中的不當之處提出修改意見和建議，在此表示感謝！出版社編輯對該書也提出許多有益的意見和建議，為該書的出版提供很大的幫助，特地致謝！

前言

第一部分

從仰望星空到探索宇宙的歷史

第一部分　從仰望星空到探索宇宙的歷史

1
古代文明如何想像宇宙？

人類在地球上經歷了漫長的演化歷程。起初，人類製造和使用岩石器具；後來，人類製造和使用金屬器具。古代，人類利用牲畜進行耕作或運輸；近代，人類實現了以蒸汽機作為動力；目前，人類已經進入電機動力的時代。從原始社會到古代社會，再到近代和現代社會，在生產和生活中，人類不斷認識自然、了解自然，在這一過程中，人類發展出了科學和技術。

舊石器時代，人類依靠狩獵動物和採集植物果實維生，這要求人類準確地辨別方向、判斷季節；新石器時代，人類逐漸發展出畜牧業和農業，此時，確定季節和時令變得更加迫切。白天，火熱的太陽從東方升起，在西方落下；夜晚，滿天的繁星閃閃發光。皎潔的月亮從圓到缺，不斷變化。人們觀察太陽、月亮和星空，了解它們的規律，並將其應用於生產活動中。在長期的觀察過程中，人類逐漸建立了天文學。

這個無所不包的宇宙到底是什麼形狀？結構如何？如何運轉？從古至今，人們一直在思考這些問題。

世界上有四大文明古國，分別是古埃及、古巴比倫、古印度和中國，它們都形成各自的文化和科學技術，包括天文學。關於宇宙結構，四個文明古國都有各自的學說。在科技發展十分有限的遠古時代，有的

1 古代文明如何想像宇宙？

宇宙學說帶有濃厚的神話色彩。

西元前 1350 年至西元前 1100 年間的古埃及法老陵墓的石壁上，刻有天牛圖。

它描述了宇宙的結構，天牛的腹部是滿天的星斗，牛腹被一名男神所托舉，牛的四肢各有兩神扶持。在星際的邊緣有一條大河，河上有兩艘船，分別為「日舟」和「夜舟」，太陽神「拉」（Ra）先後駕駛著兩船在天空中航行。這幅天牛圖顯示了古埃及文明對宇宙的認知，他們心目中的宇宙大致是這個樣子。

古巴比倫人生活在兩河流域，即現在的伊拉克一帶。在古巴比倫人的心目中，大地是浮在水面上的扁舟，天是一個半球狀的穹頂，覆蓋在大地上，天地都被水所包圍，水之外是眾神的居所。天上的太陽和星星都是神，每天出來走一趟。

古印度人也建立自己獨特的文明，他們認為天空像一隻小耳朵扣在大地上，在大地中央，須彌山支撐著天空，日月均繞須彌山轉動，日繞行一周為一晝夜；大地由四隻大象馱著，四隻大象則站立在一隻浮在水面的龜背上。

根據西元前 100 年的《周髀算經》的記載，古人將宇宙的結構概括為蓋天說。蓋天說主張「天圓如張蓋，地方如棋局」，即天圓地方。蓋天說認為，大地是一個正方形，天如一個圓蓋罩著大地，但圓蓋形的天與方形的大地無法接合，於是又假設地上有八根大柱支撐著天。後來，蓋天說進一步發展，它認為天是拱形的，大地也是拱形的，天地如同心球穹；兩個球穹的間距是 8 萬里（商周時期的 1 里約為 407 公尺），日月星辰的出沒是由於遠近所致，太陽則沿著「七衡六間圖」運行。「七衡」指七個同心圓，春夏秋冬太陽在不同「衡」上運動：冬至在最外的一個圓的「外

第一部分　從仰望星空到探索宇宙的歷史

衡」上運動，夏至在最內的一個圓的「內衡」上運動，其他季節則在「中衡」上運動。內衡、外衡的半徑長度分別是 11.9 萬里和 23.5 萬里。

中國古代關於宇宙結構的另一個學說是渾天說，主張渾天說的代表人物是東漢的張衡，他在《渾天儀注》中寫道：「渾天如雞子，天體圓如彈丸，地如雞子中黃，孤居於內，天大而地小。天表裡有水，天之包地，猶殼之裹黃。天地各乘氣而立，載水而浮。」可以看出，渾天說主張天如球形，地球位於其中，浮在水或氣中，日月都附在天球上運動。與蓋天說的天之半球說法相比，球形的天是一個進步，且渾天說對天球的運轉作了不少定量描述，在解釋天體運動方面占有一定的優勢。

還有一種宇宙結構學說，即宣夜說。《晉書・天文志》中記載：「宣夜之書亡，唯漢郗祕書郎萌記先師相傳云：『天了無質，仰而瞻之，高遠無極，眼瞀精絕，故蒼蒼然也⋯⋯日月眾星，自然浮生虛空之中，其行其止皆須氣焉。是以七曜或逝或住，或順或逆，浮現無常，進退不同，由於無所根系，故各異也。』」由此可知，宣夜說認為天是沒有形質的，不存在固體天穹，天是無邊無際的氣體。日月星辰漂浮在無限的氣體之中，游來游去。可以看出，宣夜說是無神論視角下的一種無限宇宙觀。

中國古代的宇宙觀基本上擺脫了神話的色彩，從客觀事實出發去思考宇宙的模樣。以上三種宇宙結構學說——蓋天說、渾天說和宣夜說，主要從宏觀上和整體上考慮天和地（即宇宙）的形狀，沒有思考各種天體的具體運動規律。在這方面，古希臘學者思考宇宙結構的模式更接近現代科學。

古希臘早期，許多城邦國家同時並存，學術思想十分自由，古希臘學者對自然和哲學問題可以進行無拘無束的思考，當時產生了從自然界本身來解釋自然現象的樸素唯物主義思想。在天文學方面，古希臘人非

1 古代文明如何想像宇宙？

常重視對天象的觀測，他們認為必須尊重觀測到的天文現象，所提出的理論要盡量符合並能解釋這些現象。

在天體運動和宇宙的結構方面，古希臘學者提出了三種理論。第一種是同心球理論，代表人物是柏拉圖學派的歐多克索斯（Eudoxus of Cnidus）和亞里斯多德（Aristotle）。歐多克索斯提出了 27 個天體的同心球宇宙模型——5 大行星[01]各 4 個，太陽和月亮各 3 個，再加上最外面每天等速地繞位於宇宙中央的地球轉動一周的恆星天體。

每個同心球的軸都支撐在其外面的那個同心球上，各個軸之間有不同的傾角，各個同心球又以不同的速度做等速圓周運動，將它們適當地組合起來就可以形成行星在恆星背景上順行、逆行和停留等複雜的視運動。後來，亞里斯多德把這些同心球視為實際存在的殼層，他還在各組天體之間插進一些新球層，使天體總數達到 55 個之多。他還強調，這些天體都像水晶球一樣透明，從地球上看去，根本無法覺察到它們的存在。亞里斯多德的這一理論常被稱為水晶球理論。

第二種理論是日心地動說，它是由亞歷山大學派的學者阿里斯塔克（Aristarchus of Samos）首先提出來的。該學說認為：太陽位於宇宙的中央，且巋然不動，地球和諸行星都以不同的速度圍繞太陽轉動，行星的順行、逆行和停留是地球和行星都在圍繞太陽轉動而產生的合成效應。地球除了繞太陽轉動外，本身還每天繞其自轉軸自轉一周，天體的東升西落就是由此造成的。

第三種理論是本輪均輪說。它由亞歷山大城的學者阿波羅尼斯（Apollonius of Perga）提出，該學說認為：地球位於宇宙的中央，行星在一個被稱為「本輪」的小圓上繞其中心點做等速圓周運動，而本輪中心點

---

[01] 包括金星、木星、水星、火星和土星。在古代，地球並不被視為行星。

又在一個被稱為「均輪」的大圓上繞地球做等速圓周運動，兩種運動的疊加構成行星順行、逆行和停留等複雜的視運動。在阿波羅尼斯之後，依巴谷（Hipparchus）經過長期天文觀測指出，太陽在正圓軌道上做等速圓周運動，但地球並非正好位於此軌道的中心，而是略有偏離，於是，太陽周年運動的不平均性便可被解釋，這就是所謂的偏心圓模型。

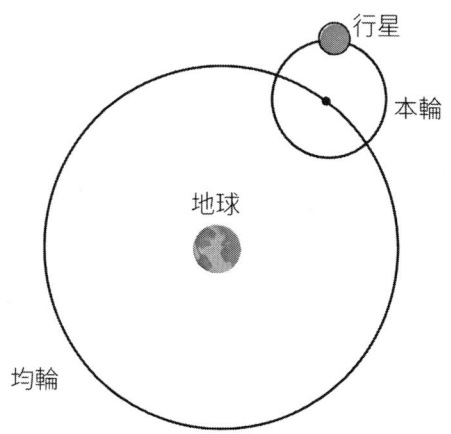

阿波羅尼斯提出的本輪均輪說

相較四大文明古國的宇宙學說，古希臘學者的宇宙理論可以展現天體運動所表現出的天象，更能反映宇宙的實情。儘管這些理論與真實的宇宙狀況還有巨大的差距，但是古希臘人走上了理解宇宙的正確道路。

2 托勒密的地心說：科學還是迷思？

古希臘文明始於西元前20世紀，在西元前146年被羅馬共和國[02]征服。在羅馬帝國早期，仍有許多學者在亞歷山大城居住，他們受到帝國統治者的較好禮遇，能繼續自由地從事研究工作。這樣一來，古希臘天文學的亞歷山大學派得以延續，托勒密（約西元100～168年）是該學派的最後一位傑出代表。他繼承依巴谷等古希臘學者的天文觀測成果，自己也進行了大量的觀測，獲得了寶貴的資料，編制了舉世聞名的托勒密星表。在天文理論方面，他揚棄和繼承古希臘各學派學者的理論，最終發展出了聞名於世的描述宇宙結構的「地心說」。

關於宇宙結構，歐多克索斯早期開創了同心球理論，這個理論後來被亞里斯多德發展成為多達55層天球的水晶球理論。它應用起來十分繁瑣，使人望而生畏。因此，這一理論首先被托勒密所拋棄。阿里斯塔克提出的日心地動說把地球當作一顆繞太陽轉動的普通星球。今天看來，這是一個天才的預見，但受限於認知水準，當時的多數人廣泛贊同亞里斯多德的天地迥然有別的觀念，而阿里斯塔克的理論與該觀念相違背。另外，人們觀察天地運動的直觀感受是天在旋轉並帶動天體東升西落，而大地是靜止不動的，日心地動說也與人們的這一直觀感受互相矛盾。

---

[02] 古羅馬先後經歷了羅馬王政時代（西元前753～前509年）、羅馬共和國（西元前509年～前27年）、羅馬帝國（西元前27～西元1453年）三個階段。

第一部分　從仰望星空到探索宇宙的歷史

所以，托勒密也並未採納阿里斯塔克的日心地動說。

最終，托勒密沿用阿波羅尼斯的本輪均輪模型，吸收依巴谷的偏心圓理論，再加入自己獨創的均衡點（對點）理論，提出了完整的地心說。

和其他學說一樣，地心說需要建立在一些基本的觀念上。托勒密在大量天象觀測事實的基礎上，首先確定了一些基本見解。比如，天球像一個不斷轉動的球，始終繞著它的兩極自東向西做旋轉運動，從而造成日月星辰的東升西落；地球是球形的，位於諸天（宇宙）的中心，並固定不動；相對於天空即整個宇宙而言，地球非常微小，可以看成一個點；天層中有兩種不同的基本運動，一種是所有天體隨同天球作自東向西的運動，另一種是日月及五大行星以不同的速度做較緩慢的自西向東運動。

對於「地球在宇宙中心固定不動」這一點，托勒密理解，當然也可以認為天球不動，地球在不停地自西向東自轉，這樣也可以解釋星辰東升西落的現象。但是，那樣的話，由於地球巨大的旋轉速度，在地面上垂直向上丟擲的物體就不會沿原方向自由下落，鳥類就不可能自由飛翔。當然，今天我們已經了解這個推理中的謬誤所在，而當時的物理學還不足以正確解釋這些現象。

托勒密的地心體系不僅可以定性說明天體的執行規律，它還可以定量地檢驗日月和行星的運動。他提出了均衡點的概念，以更好地解釋天體的複雜運動。如圖，在單位時間裡，一顆行星的本輪中心先後從 A 點和 A' 點出發，分別到達 B 點和 B' 點，它們在均輪上分別轉過了圓弧 AB 和 A'B'。從地球（E）上看去，∠AEB ≠ ∠A'EB'。但從位於均輪中心 O 另一側等距離的均衡點 F（OF=OE）看來，∠AFB = ∠A'FB'，即該行星本輪中心在均輪上執行的角速度相等。

2 托勒密的地心說：科學還是迷思？

在確定了一些基本觀念和基本概念的前提下，地心說對天體運動做了明確描述，比如，各個行星以及月亮都在其本輪上等速轉動，本輪中心又沿均輪運轉，只有太陽直接在均輪上繞地球轉動。不論對太陽的均輪，還是對行星、月亮的均輪，地球都不位於它們的圓心上，而是偏離圓心一段距離。水星和金星的本輪中心位於地球與太陽的連線上，這一連線一年中繞地球轉一圈。火星、木星和土星到它們各自本輪中心的直線總是與日地間的連線平行，這三顆行星每年繞各自的本輪中心轉一周。恆星天（鑲嵌著所有恆星的天球）攜帶所有恆星每天繞地球自東向西轉動一周。太陽、月亮和行星除在本輪和均輪上運動之外，還與恆星天一起每天繞地球自東向西轉一周。

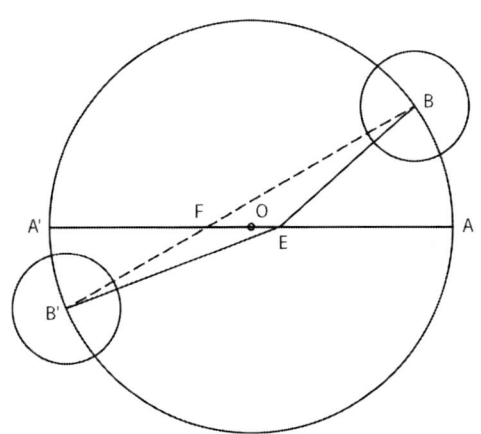

托勒密獨創的均衡點的概念

地心說提出了本輪、均輪、偏心圓和均衡點等概念，還進一步拼湊出了各顆行星均輪半徑與本輪半徑的大小、行星在本輪上及本輪中心在均輪上的不同執行速度、均衡點對均輪中心的不同偏離值等相關參數，在當時觀測精度較低的情況下，該模型的理論模擬結果大致上能與實際天象相符合，因此，它對古代天文學的發展發揮十分重要的推動作用。

3世紀，基督教的思想家拉克坦提烏斯（Lactantius）反對地圓說。他指出，如果地球是球形的，那麼地球一端的人頭朝上，腳朝下，而另一端的人豈不是頭朝下，腳朝上？實際上，在6～12世紀的歐洲中世紀前期和中期，基督教教會一直扼殺地圓說。他們復興了古老的天圓地平說，描繪出一幅帶有宗教色彩的穹隆狀天空覆蓋圓盤狀大地的宇宙影像。托勒密的地心說無疑是對抗基督教謬誤的先進見解，在當時的科學發展舞臺上代表積極正向的力量。

9世紀，托勒密的《天文學大成》被翻譯成阿拉伯文，阿拉伯世界的學者們一方面開展天文觀測編算星表，另一方面又努力研究並試圖改進托勒密的地心體系，於是阿拉伯天文學出現了蓬勃發展的局面。12～13世紀，復興古希臘科學的接力棒又從阿拉伯世界傳到了歐洲，托勒密的地心體系衝破教會阻攔在歐洲廣泛傳播，從此，歐洲天文學走出谷底開始復興。

但是，除了地球為球形這一正確見解之外，托勒密的地心說整體而言是一個不符合客觀事實的理論。托勒密把天體東升西落的視現象看成天球繞地球旋轉的真實運動，把太陽在天球上沿黃道的周年視運動看成太陽繞地球的真實運動，這些都是根本性的錯誤。另外，地心說中本輪、均輪、偏心圓和均衡點等概念的各種組合十分複雜，有明顯的人為拼湊的痕跡，缺乏內在的和諧性。

到歐洲中世紀後期，由於天文觀測精度的提高，地心體系的推算結果與觀測結果明顯不相吻合，對該體系的修補也不能根本改變這一局面。然而此時基督教會發現，托勒密地心體系主張地球位於宇宙中心靜止不動，具有特殊地位，正好可以作為教會宣揚上帝創世說的理論依

2　托勒密的地心說：科學還是迷思？

據。於是教會對地心說由排斥轉變為支持，最後將它定為唯一正確的宇宙結構理論。此時，托勒密的地心說成為科學發展的絆腳石，應該說責任在基督教教會，而與托勒密及其學說無關。

第一部分　從仰望星空到探索宇宙的歷史

3
哥白尼革命：日心說如何推翻地心觀？

中世紀末期，歐洲社會手工業發展迅速，商業活動的規模和範圍逐漸增大，探險、發現、考察活動日益成為人們的一種追求，這促進了造船和航海業的發展。而航海業的發展又迫使天文學提供可靠的航行曆書。當時，已經問世十多個世紀的陳舊的托勒密地心說理論已無法準確預報日、月和行星的位置，天文學家大量修補該理論，以減小理論推算與實際天象觀測之間的誤差。15 世紀後期至 16 世紀初，在修補後的地心說理論中，日、月和各行星的本輪、均輪總數多達近 80 個，運算十分繁雜，但推算結果依然不盡如人意。

尼古拉‧哥白尼就是在這種時代背景下出現的一位傑出天文學家。西元 1473 年 2 月 19 日，哥白尼出生在波蘭托倫，西元 1491～1495 年在波蘭克拉科夫大學學習。在大學期間，哥白尼深受該校數學與天文學教授布魯楚斯基（Albert Brudzewski）的影響，立志獻身於天文學研究。西元 1496～1503 年，哥白尼曾兩度到文藝復興運動的發源地義大利留學。

在義大利留學期間，哥白尼深入鑽研古希臘天文學原著，了解到畢達哥拉斯學派的菲洛勞斯（Philolaus）在西元前 5 世紀提出過地球不停地繞「中央火」轉動，還了解到希塞塔斯（Hicetas）和埃克凡圖斯（Ecphan-

3 哥白尼革命：日心說如何推翻地心觀？

tus）用地球每天繞軸自轉一周來解釋天體每天東升西落的現象，這使他深受啟發。後來，哥白尼漸漸發現托勒密地心說十分繁雜和牽強，存在明顯的缺陷。他大膽地改革該學說，將托勒密體系中每個行星一日一次的週期運動歸因於地球的繞軸自轉，部分行星一年一次的週期運動歸因於地球繞太陽公轉，引發歲差的週期運動歸因於地球自轉軸空間取向的變化。為了使理論無懈可擊，更令人信服，他在弗龍堡大教堂的一個平臺上，搭起了一座露天觀測臺，安裝了他自己製造的三角儀、象限儀和星盤等多種天文儀器。經過近三十年堅持不懈的觀測、思考和計算，最終哥白尼建立起了革命性的日心地動說（日心說），這是人類理解宇宙的一次巨大飛躍。哥白尼積畢生精力完成的不朽著作《天體運行論》在他臨終前一刻出版。

哥白尼的日心說的主要觀念為：宇宙是球形的；大地是球形的；天體的運動只可能是永恆的等速圓周運動，或這種運動的複合；運動具有相對性，如果地球有任何一種運動，在我們看來，地球外面的一切物體都會有相同的，但方向相反的運動；天球比地球大得多；最外面的恆星天和宇宙中央的太陽靜止不動，土星、木星、火星、攜帶月亮的地球、金星和水星共六顆行星，按照繞太陽公轉週期由長到短的順序，自外向內排列。在建立日心說的過程中，哥白尼對托勒密的地心說做了許多批駁。比如，托勒密認為，如果地球真的24小時自西向東轉一周，那麼就將出現地球會很快從天穹中墜出去、雲彩再也不會向東漂浮、飛鳥再也不會自由飛翔、擲向天空的物體也不會自由下落回原處等現象。對於這種看法，哥白尼批駁說，如果天體的東升西落不是由地球自轉所引起，那麼只是由整個天穹的周日旋轉造成，但整個天穹比地球大得多，因此，天穹轉動的線速度也將大得多，這樣必然會導致天穹的崩潰。

第一部分　從仰望星空到探索宇宙的歷史

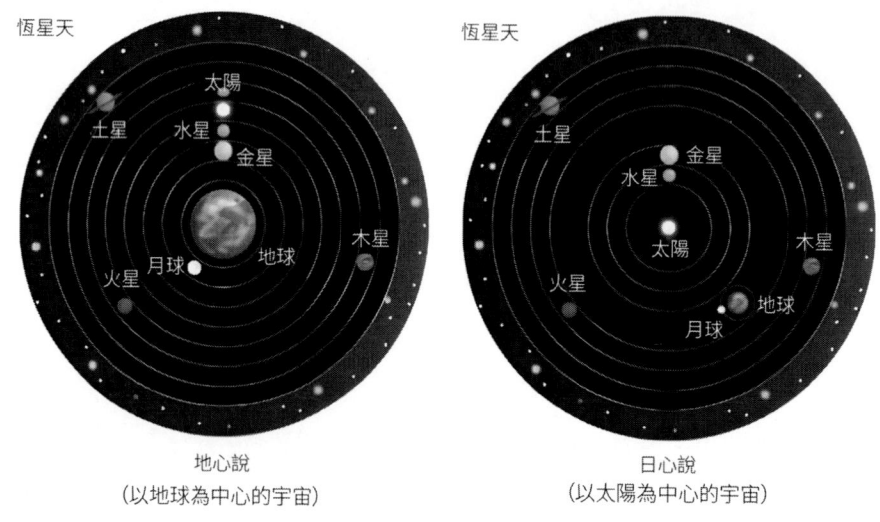

地心說
（以地球為中心的宇宙）

日心說
（以太陽為中心的宇宙）

地心說和日心說

　　另外，哥白尼舉例，「對於離港遠航的船，雖然船在向前運動，但船中的乘客看到的卻是陸地和城市在漸漸地後退。」哥白尼用這個運動相對性的例子說明地球的周日自轉必然會使人們感到整個天穹在旋轉。至於為何雲彩依然能自由漂浮、飛鳥依然能自由飛翔、物體依然能自由落回原處，這是由於固態的地球帶著包圍它的大氣在一起轉動。

　　實際上，哥白尼的日心說仍有科學上的缺陷。比如，他認為所有恆星都分布在一個雖然極其巨大但卻依然有界的恆星天球上；太陽位於宇宙的中央。如今，我們知道這些論斷與事實不相符合。此外，哥白尼恪守古希臘學者所提出的天體所在的天球只能做等速圓周運動或這種運動的組合這一陳舊觀念，為了解釋行星實際運動的不均勻性，他不得不沿用托勒密體系的本輪、均輪和偏心圓概念。哥白尼在定量擬合行星、月球的視運動所利用的本輪和均輪數量也不少，這使得日心體系依然很複雜。

3　哥白尼革命：日心說如何推翻地心觀？

從歷史的角度來看，哥白尼的日心說算不上首創，因為古希臘的阿里斯塔克曾經提出過日靜地動的觀點。但是，在托勒密地心學說被教會欽定為唯一正確的宇宙學說之後，哥白尼再次提出日靜地動的學說，並且在幾何論證和數學推算上能夠勝過托勒密學說，這足以顯示出哥白尼非凡的學識、見解和勇氣。

今天看來，哥白尼的日心說以地球運動的概念為近代天文學奠定了基石，同時，又以日心體系的正確構想為科學的太陽系概念的誕生打下了基礎。西元 1543 年，《天體運行論》出版之後，有少數數學家接受了哥白尼的學說，但也有一些著名學者明確表示反對，因此，哥白尼的學說影響有限，並未對托勒密學說造成衝擊。並且，根據當時的物理學和天文學知識，人們還無法理解地球在運動這一事實。隨後幾十年中，一些天文學家的天文觀測、思考和研究逐步讓哥白尼學說得到了強烈的支持，促使其得到了進一步發展。

《天體運行論》出版三年後，西元 1546 年 12 月 14 日，第谷·布拉厄（Tycho Brahe）在丹麥的一個貴族家庭誕生。第谷自幼聰穎，青少年時代就開始對天文學擁有濃厚的興趣。西元 1563 年，木星和土星在恆星天空背景下發生「合」，他分別依據托勒密學說和哥白尼學說，再利用〈阿爾方索星曆表〉和〈普魯士星曆表〉計算「合」的日期，理論與實際的誤差分別為一個月和兩天。自此，第谷了解到天文學急待改進，而改進的關鍵應該在於進一步完善觀測儀器和觀測技術。

西元 1572 年 11 月，第谷發現在仙后座出現了一個像恆星一樣的目標，亮得在白天也可以看見。難道它是一顆彗星？按照當時流行的亞里斯多德的學說，彗星屬於地球大氣範圍內的物體，不屬於天體，它可以在天空中運動，出現一段時間後會消失。但第谷的這次實際觀測顯示仙

第一部分　從仰望星空到探索宇宙的歷史

后座的這個目標是「固定的」，它應當比月球還遠，推測應該是一個天體，第谷對自己的觀測非常有信心。確認仙后座中「新星」的身分成為難題，這使得第谷開始對現有的宇宙結構學說充滿懷疑。碰巧，西元1577年出現了一顆彗星。第谷抓住這一難得的機會，做了非常仔細的觀測。他發現這顆彗星位於行星際空間，行星際空間就是攜帶著行星繞中心的地球運動的那些看不見的天球層，這顆彗星正輕鬆穿過這裡。於是，第谷得出自己的結論：那些「水晶天球層」或許根本就不存在。

第谷對「新星」和彗星的觀測使他逐漸理解，以亞里斯多德哲學為基礎的托勒密學說是錯誤的。但第谷也沒有相信哥白尼的學說，一方面，哥白尼的日心說不符合《聖經》教義；另一方面，以第谷本人的高精度觀測，仍然沒有觀測到恆星的周年視差（周年視差是指由於地球繞太陽的週期運動，人們可以觀測到的恆星視位置的變化），也就意味著地球是靜止的。在這種情況下，第谷提出了自己的宇宙學說，他認為水星、金星、火星、木星和土星圍繞太陽旋轉，太陽和月亮則圍繞地球旋轉，地球仍是宇宙的固定不動的中心，最外層是另一種不同的恆星天層。

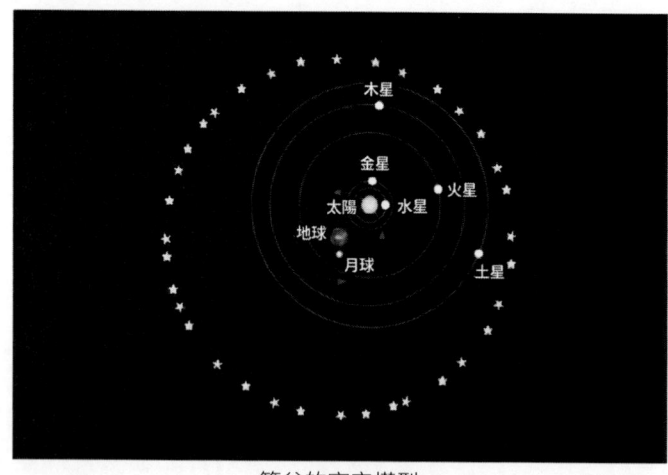

第谷的宇宙模型

3 哥白尼革命：日心說如何推翻地心觀？

從第谷對宇宙結構的見解可以看出，儘管他沒有完全接受哥白尼的學說，但是，他已經強烈理解托勒密體系的錯誤之處。可以說，第谷對哥白尼學說的關鍵支持，在於他取得的史無前例精確的行星觀測資料。克卜勒 (Johannes Kepler) 後來就是利用這些觀測資料，得出了天體運動的真實狀況和規律，使得哥白尼的日心說具有了不可撼動的地位。

約翰尼斯·克卜勒於西元 1571 年 12 月 27 日生於德國符騰堡。西元 1587 年進入圖賓根大學讀書，在這裡，他的老師馬斯特林 (Michael Maestlin) 一邊講授托勒密的地心學說，一邊講解哥白尼的日心學說，並剖析後者較前者的優越性，從這一時期開始，克卜勒就成為日心體系的擁護者。

西元 1599 年，在魯道夫二世（(Rudolf II.) 的資助下，第谷在布拉格建起了一座天文臺。西元 1600 年 10 月，克卜勒受邀來到這裡工作。西元 1601 年 10 月第谷突然去世，將多年的觀測資料留給了克卜勒。

得到第谷的高精度觀測資料後，克卜勒便開始專心研究行星的運動規律。首先，克卜勒假定地球和火星都在各自的偏心圓軌道上繞太陽公轉，然後採用一個巧妙的辦法，利用第谷的觀測資料定出了地球的偏心圓軌道；接著，他進一步研究地球在軌道上的運動速度問題。克卜勒放棄了哥白尼因襲的天體只能做等速圓周運動或這種運動組合的陳舊框架，也拋棄了哥白尼採用的均輪和本輪等固有觀念，他直接認為地球和行星在繞太陽的軌道上做非等速運動。那麼，這種非等速運動又遵守什麼規律呢？克卜勒選擇回歸托勒密的均衡點的想法，但對此做了巧妙的改進，認為太陽與均衡點相對於圓軌道中心的距離不相等，將此引入日心體系中來。在這種情況下，克卜勒不斷地進行湊算，並不斷地與第谷的觀測資料進行對比。皇天不負有心人，最後克卜勒終於得出一條新的

行星運動規律:地球在繞日的偏心圓上做不均勻運動時,在相同的時間裡,太陽到地球的連線掃過相等的面積。這便是克卜勒行星運動第二定律的雛形。克卜勒十分幸運,地球的軌道的確與圓相差不大,因此,他的假設與實際情況非常接近,從而使他初戰成功。當他用第谷的觀測資料推算火星的偏心圓軌道時,出乎意料地出現了8角分的誤差,克卜勒堅信天文觀測專家第谷的觀測資料是正確的,繼而對火星繞太陽運動的軌道為圓產生了懷疑。經過種種嘗試,最後,當他試用橢圓軌道時,發現理論推算與觀測資料相符。於是克卜勒得到一個結論:火星在橢圓軌道上繞太陽運動,太陽位於該橢圓的一個焦點上。這個結論的推廣便是克卜勒行星運動第一定律。此後,又經過多年研究,克卜勒得出一條描述各行星軌道彼此間關係的規律,即任意兩顆行星繞太陽的公轉軌道週期與它們離太陽的平均距離平方根的立方成正比,這是克卜勒行星運動第三定律。

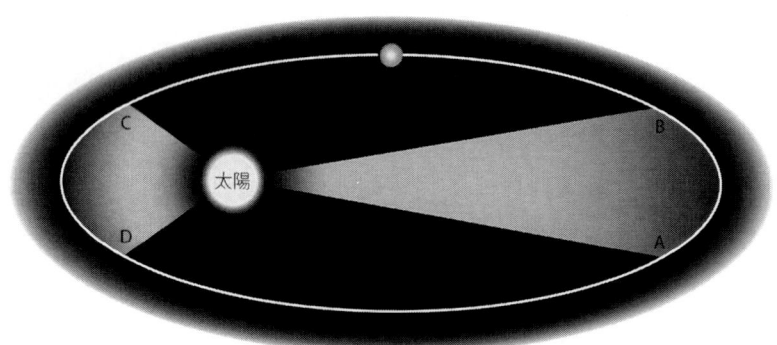

克卜勒第二定律示意圖

由此可以看出,克卜勒取得的天文學研究成果,有力地支持了哥白尼學說。實際上,克卜勒在自己的行星運動定律中拋棄了哥白尼學說中的一些觀念,提出了自己的一些新主張,這是對哥白尼學說的發展,使

3 哥白尼革命：日心說如何推翻地心觀？

得當時的天文學向前邁進了一大步。

另一位支持和宣揚哥白尼日心說的是伽利略，他跟克卜勒是同一時代的著名天文學家。西元 1564 年 2 月 15 日，伽利略出生在義大利比薩。西元 1609 年，伽利略發明了天文望遠鏡，開闢了天文學觀測的新時代。伽利略利用自己製作的天文望遠鏡，發現了木星的四顆衛星、太陽黑子和月面的環形山，這些觀測結果都動搖了當時已有的天文學觀念。尤其是伽利略用望遠鏡觀測到金星也存在類似月相變化的圓面盈虧變化，如果依照托勒密學說，這種現象不可能出現，只有哥白尼的日心說才可以提出合理解釋。伽利略不僅透過天文發現支持哥白尼的學說，還透過重新評論運動的概念從物理學角度支持了哥白尼學說。

第一部分　從仰望星空到探索宇宙的歷史

4
從日心說到銀河系：宇宙模型的演變

　　17 世紀早期，伽利略用望遠鏡觀測到金星的相位變化以及木星的四顆衛星；同一時期，克卜勒創立行星運動三大定律，用幾何圖形與嚴格的數學關係式，描述了行星繞太陽運動的規律。這些天文學成果摧毀了地心說，讓哥白尼的日心說大獲全勝。人們理解到，水星、金星、地球、火星、木星和土星組成一個繞太陽運動的天體系統。其中，在地球和木星的周圍還有圍繞它們運轉的衛星，月亮是地球的衛星，圍繞木星運轉的衛星則有四顆。

　　西元 1642 年 12 月 25 日，艾薩克‧牛頓（Isaac Newton）在英格蘭林肯郡伍爾索普莊園出生。青少年時期，牛頓接受了良好的教育，在劍橋大學三一學院學習時就表現出過人的天賦。在科學的沃土中，牛頓很快就取得了不凡的成就。他提出了牛頓運動定律和萬有引力定律。他的這些成就都囊括在西元 1687 年出版的不朽著作《自然哲學的數學原理》中。與前輩科學家相比，牛頓的理論不再只限於回答太陽系天體如何在太空中運動，他還解答了那些天體為什麼這樣運動。

　　西元 1656 年 10 月 29 日，又有一位英國著名天文學家誕生，他是愛德蒙‧哈雷（Edmond Halley）。哈雷出生於英國格林威治，後來成為牛頓的好朋友。哈雷熱衷於天文觀測，他長期關注彗星動態。早期，第谷對

4 從日心說到銀河系：宇宙模型的演變

彗星的觀測讓人們理解到，彗星不是地球大氣內的現象，它位於行星際空間，跨越不同的行星軌道，這就否定了「水晶天球層」的觀念。但是，夜空中出現彗星的機會很少，且一顆彗星在夜空可觀測的時間也往往較短，這限制了天文學家對它們的觀測和研究，因此，彗星在當時仍然是充滿神祕色彩的一類天體。

西元 1682 年出現的一顆彗星引起了哈雷的注意。哈雷收集古今多種資料，並利用牛頓定律計算這顆彗星的軌道，最後，他指出西元 1531 年、西元 1607 年和西元 1682 年出現的彗星應該是同一顆彗星，並預言該彗星將在西元 1758 年再度回歸。最終，哈雷做出的預言被應驗，這顆彗星就是著名的哈雷彗星。

哈雷完美計算出彗星的運動軌道和週期，這是探究天體運動規律的又一次重大成功，也證實了牛頓定律的正確性。至此，哥白尼的日心說更加深入人心；太陽是宇宙的中心，幾顆行星圍繞太陽運轉，天空中不存在所謂的水晶天球層。17 世紀和 18 世紀天文學的進展，逐漸促成太陽系天體系統的觀念的形成。按照當時的理論，太陽系天體系統之外是恆星天球，那麼，這個恆星天球又是什麼樣的一種天體系統？

歷史上，不少學者具有非常敏銳的直覺，布魯諾（Giordano Bruno）就是其中之一。布魯諾出生於義大利拿坡里附近的諾拉鎮，他本身不是天文學家，更擅長哲學。哥白尼的《天體運行論》發表後，布魯諾剛一接觸日心說，其思想就受到強烈影響，並以天才般的直覺發展了哥白尼的宇宙學說。他認為宇宙是統一的、物質的和無限的，太陽系之外還有多個太陽系，太陽並不靜止，也不是宇宙的中心。不過，以當時的觀測水準，這些論斷不可能被證實。現在看來，布魯諾對「恆星天球」的否定以及對遠處恆星本質的直覺應該稱得上超越時代的真知灼見。

第一部分　從仰望星空到探索宇宙的歷史

西元 1609 年，伽利略發明天文望遠鏡後，他在恆星天球上看到了更多闇弱的恆星，也發現天上的銀河中更有數不勝數的恆星。這預告著，「恆星天球」中可能隱藏著不為人知的祕密。荷蘭天文學家惠更斯（Christiaan Huygens）就是一位探索這些祕密的學者。惠更斯發現了土星的衛星土衛六；他猜測天狼星到地球的距離比太陽遠 27,000 倍。晚年，他根據自己多年的天文觀測研究，提出了對太陽系和太陽系以外宇宙部分的獨到見解。他認為天上的恆星都是跟太陽一樣的天體。

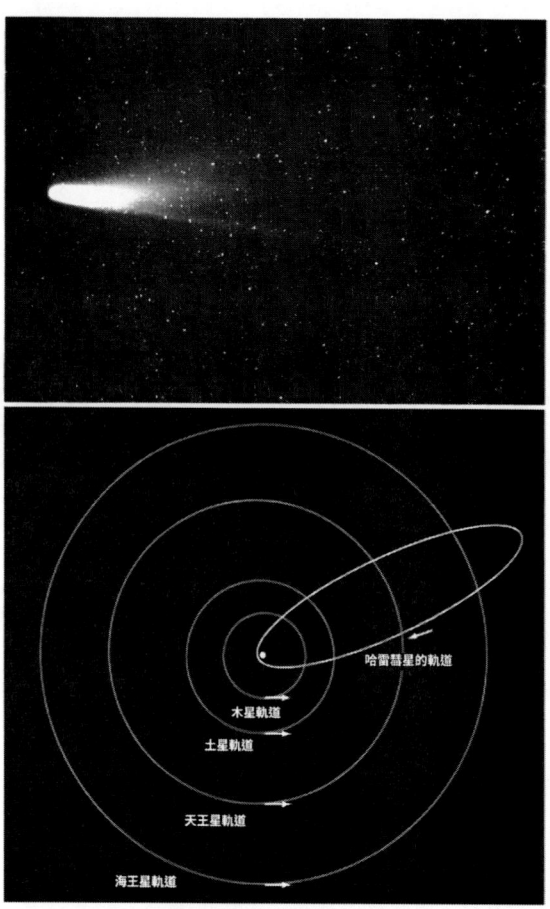

哈雷彗星及其運動軌道

4 從日心說到銀河系：宇宙模型的演變

關於恆星天球，無論是布魯諾的直覺，還是惠更斯的見解，都為人們帶來啟發，但是，揭開恆星天球的神祕面紗，仍需要透過天文觀測去實現。

西元 1710 年代，在研究彗星方面取得碩果的哈雷，著手研究歲差問題，也就是春分點和秋分點沿黃道的西退運動。他把自己測定的恆星位置與刊載在托勒密《天文學大成》中的相關恆星的位置相比較，在扣除了歲差和黃赤交角的變化引起的座標變化之後，發現三顆亮星南河三（小犬座 α）、天狼星（大犬座 α）和大角星（牧夫座 α）的位置有顯著變化。考慮到《天文學大成》中恆星位置由古希臘天文學家提莫查理斯（Timocharis）、阿里斯提魯斯（Aristarchus）、依巴谷與托勒密共同進行測定，這樣的資料應該準確無誤。那麼，這些恆星位置的變化是不是「本身有任何特殊的運動」引起的？哈雷認為，對於距離地球近的恆星（因而顯得亮），這種運動容易在經過較長的 1,800 年後顯示。於是，西元 1718 年哈雷提出，恆星在太空中是運動的，因而在天球上的位置會發生變化。哈雷的這一發現被稱為恆星「自行」。

恆星自行的發現，顯示恆星存在固有的空間運動。這個事實動搖了「恆星天」、「恆星恆定不動」等固有觀念。在隨後的十年內，英國著名天文學家布拉德雷（James Bradley）發現了恆星的光行差和章動，這為進一步準確測量恆星的運動奠定了基礎。

此後，越來越多的天文學家加入到探究「恆星天」的佇列中來。18 世紀中期，在沒有可靠觀測事實的情況下，英國天文學家萊特（Thomas Wright）和德國哲學家康德（Immanuel Kant）等人釋出了關於宇宙結構的新觀點，他們認為銀河中的所有恆星，包括太陽，共同構成一個比太陽系更高一級的巨大天體系統，該天體系統大致上是一個圓盤，它的直徑比厚度大得多。這一猜測是否正確？

第一部分　從仰望星空到探索宇宙的歷史

英國天文學家威廉・赫雪爾（William Herschel，西元 1738～1822 年）是歷史上一位非常出色的天文學家，他一生中取得了卓越的天文學成就，其中，對於恆星的研究更是具有開創性的貢獻。他發現了太陽本動，即太陽本身在恆星際空間的運動；對雙星、星團和星雲的研究也取得了豐碩的成果。因此，他被譽為「恆星天文學之父」。

西元 1789 年，赫雪爾製成口徑 48 英寸（122 公分）、焦距 40 英尺（12.2 公尺）的望遠鏡，這是當時世界上口徑最大的望遠鏡。赫雪爾不僅製造出了當時世界一流的天文望遠鏡，還利用它觀測研究恆星天和宇宙結構，探究天上的銀河和其他散布四周的恆星之間到底是什麼關係。

西元 1783～1785 年間，赫雪爾在天空中選取了 683 個區域，共觀測到 117,600 顆恆星。提出一些假設後，他用統計方法研究恆星天的構造。最終他得出結論，天上的銀河、散布天球各方的恆星，還有我們的太陽系，共同構成一個巨大的恆星系統——銀河系，它呈扁平盤狀、輪廓參差、太陽位居中心，以 1 等星的平均距離為單位，銀河系的直徑約為 950 單位，厚度約為 150 單位。這是赫雪爾推演出的銀河系結構模型，也被認為是我們所處的整個宇宙的模樣。

威廉・赫雪爾製作的大口徑望遠鏡

4 從日心說到銀河系：宇宙模型的演變

當然，在赫雪爾的研究中，他做出了我們今天看來並不正確的假設。比如，恆星的固有亮度相同，它們看上去的明暗差別是由距離不同引起的；進而，他認為 2 等星的距離是 1 等星的 2 倍，3 等星的距離是 1 等星的 3 倍。他的假設還包括：恆星均勻分布，宇宙空間完全透明，他的望遠鏡可以看到銀河的外沿等等。因此，威廉·赫雪爾的銀河系結構模型是非常粗略和初步的觀測結果。但是，無論如何，人們理解到銀河系是一個天體系統，這是天文學發展史上的又一個重大飛躍。

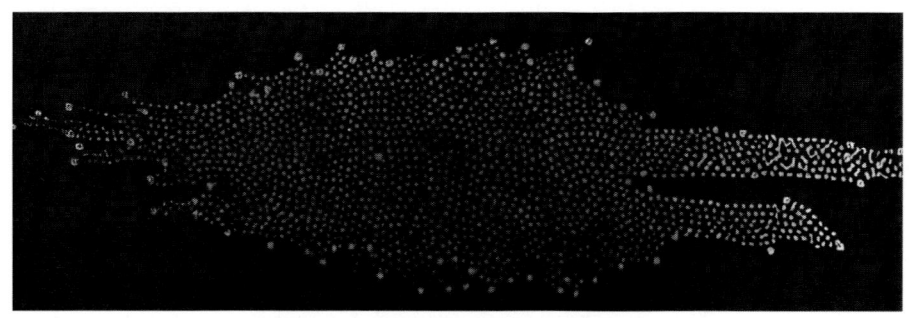

威廉・赫雪爾得到的銀河系結構模型

5
銀河系就是整個宇宙嗎？

　　古希臘哲學家芝諾（Zeno）有一個著名的比喻，說人的知識就像一個圓，圓內是已知，圓外是未知。你知道的越多，圓就會越大，圓的周長也會越長，你接觸到的未知也會越多。因此，你知道的越多，不知道的就會越多。在理解宇宙的過程中，天文學家面對的情況的確如此。

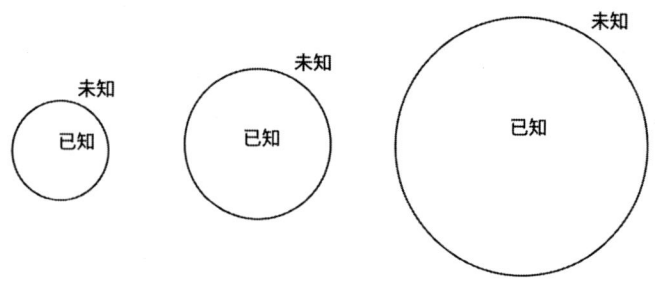

已知和未知，圓內和圓外

　　18世紀後期，威廉·赫雪爾透過觀測，打破了哥白尼創立的包含太陽、行星系統及恆星天的日心說所描述的宇宙體系，建立起銀河系的宇宙觀念。觀測過程中，他和其他天文學家發現了一些陌生的雲霧狀天體，它們被稱為星雲。這些星雲在當時的大口徑望遠鏡中，有的可以分解為一顆顆恆星，有的則不能。這些星雲是什麼？它們可能是跟銀河系一樣的恆星系統嗎？或者，它們是位於銀河系內的某種恆星組織？或者，屬於其他類型的天體？這些星雲讓天文學家感到十分困惑。為了將

這些雲霧狀天體與彗星區別開來，著名的彗星獵手、法國天文學家梅西耶（Charles Messier）將這些天體編製成一個星表，即梅西耶星表。

早在西元 1755 年，康德在他的著作《宇宙發展史概論》中提出，人們所見的大部分恆星都以銀河為基本面從兩邊向其集中，構成一個宇宙島，整個宇宙由無數個這種有限大小的宇宙島組成。18 世紀後期，當赫雪爾將一些星雲分解為一顆顆恆星時，起初他以為星雲是銀河系外的其他星系；後來，經過進一步的仔細觀測，他又否定了自己的看法。實際上，赫雪爾當時分解的這些星雲是球狀星團和疏散星團。

在接下來的整個 19 世紀裡，「星雲是什麼」這一難題一直困擾著天文學家。1840 年代末期，英國天文學家威廉・帕森斯（William Parsons，西元 1800～1867 年），用當時世界上最大的反射望遠鏡分解了赫雪爾未能分解的星雲，他發現有些星雲有漩渦結構，如 M51 和 M99。西元 1898 年左右，美國利克天文臺臺長基勒（James Keeler，西元 1857～1900 年）利用格里望遠鏡進行系統的星雲照相觀測，發現有兩類明顯不同的星雲：一類是形狀不規則的星雲；另一類星雲則形狀規則，呈圓形、橢圓形或漩渦狀。不過，基勒也不能確定它們處在銀河系之內，還是銀河系之外。

19 世紀，天體分光觀測技術不斷發展，天文學家了解天體的能力得以進一步提升。除了照相觀測外，有天文學家採用分光觀測試圖解開星雲的奧祕。西元 1864 年，英國天文學家哈根斯（William Huggins）用分光鏡觀測天龍座的一個行星狀星雲，發現它的光譜是明線光譜，這證明它不是一群星，而是一團氣體。隨後哈根斯又觀測過幾個明亮星雲，得到了同樣的結果。實際上，哈根斯也對仙女座大星雲做過分光觀測，但由於光線被稜鏡分光後變得非常微弱，沒有得到明確的觀測結果。西元 1899 年，德國天文學家沙伊納（Christopher Scheiner，西元 1858～1913

年）經過七個半小時曝光，拍得仙女座大星雲的黯淡光譜，發現它的確和恆星光譜相似，即在連續光譜背景上出現了很多吸收線，於是他的報告稱仙女座大星雲為遙遠的恆星系統。

伴隨著天文學家們對星雲的困惑、觀測和探索，時間來到了20世紀。1912年，美國天文學家斯萊弗（Vesto Slipher，西元1875～1969年）用分光的方法觀測昴宿星團，發現其反射星雲的光譜也是呈現恆星那樣的帶吸收線的連續光譜。由於昴宿星團屬於銀河系這一點確定無疑，所以斯立弗認為仙女座大星雲也可能在銀河系內，並非銀河系外。至此，採用分光觀測並不能解決關於星雲的困惑。

如果能夠確定銀河系的大小，同時確定星雲或星團的距離，就能知道它們處於銀河系內還是銀河系外。這依賴於天體距離的測量。當時，三角視差法是測量天體距離的主要方法，但是這種方法只能測量比較近的天體的距離，使用它測量遙遠星雲的距離頗受限制。到20世紀初，關於星雲的困惑已持續了100多年。當某些科學研究徘徊不前時，要突破瓶頸期，往往需要新思路、新方法的出現，造父變星周光關係的發現為星雲研究帶來了曙光。

昴宿星團（圖片來源：Encyclopaedia-Britanica）

5　銀河系就是整個宇宙嗎？

20世紀初，美國天文學家勒維特（Henrietta Swan Leavitt，西元1868～1921年）在位於秘魯的哈佛大學天文臺南方觀測站工作。她在拍攝小麥哲倫雲的照片時，發現了許多變星，便仔細測量其中25顆變星的光變週期和它們最亮以及最暗時的星等資料。

1912年她得出結論，該星雲中這些變星光變週期的對數與其最亮時（或最暗時）的視星等有線性關係。由於這些變星都位於小麥哲倫雲中，它們的距離近似相等，所以根據變星的光變週期，可以確定它們的星等，繼而確定變星的距離。這就是著名的造父變星的周光關係。

利用造父變星的周光關係可以測定天體的距離，這讓星雲和星團的研究出現了新局面。1915年，美國著名天文學家沙普利（Harlow Shapley，西元1885～1972年）利用11顆造父變星的自行和視向速度資料，求出了它們的距離，並用統計方法定出了周光關係的零點。1916～1917年，使用威爾遜山天文臺口徑1.5公尺的當時世界上最大的反射望遠鏡，沙普利觀測球狀星團中的造父變星，並利用周光關係確定星團的距離，進而研究球狀星團在銀河系中的分布。利用統計方法，他發現有1/3的球狀星團位於占天空面積只有2%的射手座內，90%的球狀星團位於以射手座為中心的半個天球上。沙普利猜測，球狀星團在銀河系內是均勻分布的，由於太陽不在銀河系中心，造成這些視覺上的不對稱。這樣，沙普利得出新的銀河系模型：銀河系中心在射手座方向距離太陽約5萬光年的地方，銀河系直徑約為30萬光年。

沙普利的成果否定了西元1785年以來威廉·赫雪爾的銀河系模型，這是人類理解宇宙結構的又一次重大飛躍。但是，當時沙普利的研究結果沒有被人們廣泛認可，直到1926年，瑞典天文學家林德布拉德（Lindblad，西元1895～1965年）透過對銀河系自轉的測量，證明銀河系中心

第一部分　從仰望星空到探索宇宙的歷史

在射手座方向距離太陽幾萬光年的地方，沙普利的銀河系圖景才逐漸被人們接受。實際上，沙普利的測量的確存在巨大缺陷，他推演出的銀河系範圍過大，主要原因是沒有考慮星際消光。

銀河系的實際範圍（中），沙普利測得的銀河系範圍（左），
柯蒂斯測得的銀河系範圍（右）

20世紀初期，在研究星雲、星團以及河外星系的領域中，還有另一位知名的美國天文學家柯蒂斯（Heber Doust Curtis，西元1872～1942年），柯蒂斯採用兩種方法測定星雲的距離。其中一種是「自行」的方法，1915年柯蒂斯測定了66個星雲的自行，再根據自行計算出星雲的距離，得出星雲的平均距離為10,000光年，用相近年分的照片對比時，測量誤差遠遠大於自行本身，這使得測量結果的可信度不高。另一種是新星的方法，1910年代後期，柯蒂斯在一些漩渦星雲中找到了不少新星，他假定這些新星的極大亮度和銀河系中其他的新星一樣，由此估算出仙女座大星雲的距離為1,000萬光年，後來又減小為50萬光年。

星雲、星團以及河外星系的研究是當時的天文學關注的焦點，吸引了眾多天文學家的注意力，各種測量方法、眾多觀測結果紛紛呈現出

5 銀河系就是整個宇宙嗎？

來。不過，對於星雲和星團究竟位於銀河系內，還是銀河系外，以及銀河系有多大等問題，觀點大致分為兩種：一種以沙普利為代表，主張銀河系範圍非常的大，銀河系就是整個宇宙，其他漩渦星雲都位於銀河系內，屬於銀河系內天體；另一種以柯蒂斯為代表，認為銀河系範圍較小，像仙女座大星雲這樣的漩渦星雲，位於銀河系外，是跟銀河系一樣的星系。

1920年4月26日，時任威爾遜山天文臺臺長海耳（George Ellery Hale，西元1868～1938年）召集美國相關天文學家，在華盛頓的一所禮堂內舉辦了主題為「宇宙的尺度」的討論會。沙普利和柯蒂斯分別代表持不同觀點的雙方，就「銀河系的大小、結構和漩渦星雲的真相」展開辯論。這就是天文學歷史上著名的沙普利—柯蒂斯大辯論。實際上，限於當時的觀測儀器和觀測方法，辯論雙方沒有分出勝負，也沒有達成共識。不過，透過辯論，呈現出當時科學研究的癥結點，非常有利於天文學家的下一步工作。就是在這種情形下，天文學界出現了一位偉大的人物──愛德溫‧哈伯（Edwin Hubble）。

銀河系是否為整個宇宙的世紀大辯論，左側為沙普利，右側為柯蒂斯

第一部分　從仰望星空到探索宇宙的歷史

6
我們能看到的宇宙有多大？

古老的「恆星天」的觀念被打破以後，從 18 世紀中期，康德等人提出宇宙島的想法，到 1920 年，柯蒂斯與沙普利進行大辯論，大約 170 年的時間裡，「宇宙是什麼樣子的？」、「銀河系是不是宇宙的全部？」這樣的疑問成為天文學家熱衷探討的問題。但是限於當時的天文觀測能力和科學技術水準，天文學家不可能得到這些重大問題的正確答案。但情況很快出現了轉機，大口徑天文望遠鏡和傑出天文學家的出現，讓人們對宇宙的理解登上了新的高峰。

愛德溫・哈伯（西元 1889～1953 年）是 20 世紀做出開創性貢獻的天文學家。哈伯出生於美國密蘇里州馬什菲爾德市，1910 年獲得芝加哥大學天文系理學學士學位，1914 年成為芝加哥葉凱士天文臺的研究生，1919 年到威爾遜山天文臺工作，直至去世。哈伯是傑出的天文學家，在星系和宇宙學領域取得了多項載入史冊的重大成果，他透過觀測確定仙女座大星雲為銀河系之外的河外星系，發現了描述星系運動速度與其距離關係的哈伯定律。

愛德溫・哈伯

1920 年代初期，哈伯受到沙普利—柯蒂斯大辯論的觸動，決心從事這一方面的觀測研究。適逢威爾遜山天文臺虎克望遠鏡建成不久，它是當時世界上最大口徑的天文望遠鏡，口徑達 2.54 公尺。依靠這一觀天重器，哈伯進行長期仔細的觀測，在仙女座大星雲（M31）和三角星系（M33）中，分別發現了 36 顆和 47 顆變星。他分別使用其中 22 顆和 12 顆造父變星，對沙普利得出的造父變星周光關係稍作改進，於 1924 年求得 M31 和 M33 的距離約為 93 萬光年，遠大於銀河系的直徑，因此兩者都是位於銀河系之外的星系。1925 年，他將研究結果公之於眾。哈伯獲得的這一重大成果為沙普利—柯蒂斯大辯論做出了裁定，也支持了 170 年前康德等人關於宇宙島的見解。這是人類理解宇宙過程中的又一次巨大飛躍。從此，人們知道，宇宙由許多相隔很遠的星系構成。儘管哈伯確定了河外星系的存在，但是，他的測量方法使得測量結果誤差較大，不利於後續進一步研究星系的各種性質。1952 年，著名天文學家沃爾特・巴德（Walter Baade，西元 1893～1960 年）在兩個星族概念的框架下，對沙普利造父變星的周光關係進行改進，縮小了哈伯的測量誤差，將 M31 的距離修正為 230 萬光年。巴德對距離測量方法的改進，為日後的星系和宇宙學研究掃清了障礙。

◆ 距離最近的星系

仙女座大星雲從此被改稱為仙女星系。它的視星等約 3.4 等，北半球的人們可以直接用肉眼看見它。因此，19 世紀末和 20 世紀初，歐洲和北美的天文學家將更多的目光和注意力指向了這個天體。如今，天文學家最新測定，仙女星系距離地球約 250 萬光年。仙女星系是距離地球

最近的漩渦星系，但是，它不是距離地球最近的星系。

南半球的夜空中，在杜鵑座內的小麥哲倫雲，在劍魚座和山案座邊界處的大麥哲倫雲，它們是兩個肉眼可以看見的、彼此靠得較近的雲霧狀天體。大麥哲倫雲距離地球 16 萬光年，小麥哲倫雲距離地球 19 萬光年，兩者之間的距離為 7.5 萬光年。西元 1522 年 9 月，葡萄牙航海探險家麥哲倫（Fernando de Magallanes）率領的船隊成功環繞地球一周，天文學家根據麥哲倫的航海紀錄得知這兩個星雲的存在，這也就是它們名稱的來源。

仙女星系（圖片來源：NASA）

大麥哲倫雲和小麥哲倫雲是兩個不規則星系，它們到地球的距離比仙女星系近得多。在之前的很長一段時間，它們被認為是距離銀河系最近的兩個星系，並和銀河系一起被看成一個三重星系。然而，隨著天文觀測技術的發展，新的觀測成果不斷改變人們的理解。1994 年，加拿大和英國天文學家發表論文指出，人馬座矮星系距離我們 7 萬光年，比大小麥哲倫雲更近，因此，人馬座矮星系成為距離銀河系最近的星系。人馬座矮星系位於銀心背後，受到前景光的影響，不容易被人們觀測到。

6　我們能看到的宇宙有多大？

然而，僅僅 9 年之後，人馬座矮星系「銀河系最近星系鄰居」的稱號就被其他星系搶走了。使用兩微米全天巡天（2MASS）觀測儀器，經過多年觀測，2003 年天文學家發現大犬座矮星系距離銀河系中心只有 4.2 萬光年，距離太陽系只有 2.5 萬光年。觀測顯示，大犬座矮星系正在被銀河系吸食，它的部分恆星已經融入銀河系。

目前，大犬座矮星系被認為是距離銀河系最近的星系。在銀河系周圍，像大犬座矮星系、人馬座矮星系、大麥哲倫雲和小麥哲倫雲這樣的矮星系有幾十個。另外，在仙女星系周圍也分布著幾十個矮星系。這兩組星系一起構成一個星系群，被稱為本星系群，成員有 80 多個。其中，銀河系、仙女星系、三角星系和大麥哲倫雲是本星系群中四個最大的星系，其他成員都非常小，本星系群跨越的空間尺度達 1,000 萬光年。

◆ 更大的宇宙尺度

利用太空望遠鏡和大口徑地面望遠鏡，天文學家能夠看到更遙遠的宇宙深處。他們發現存在比星系群更大的星系系統，即星系團。在處女座天區，距離地球約 5,400 萬光年的地方有一個星系團 —— 處女座星系團，它含有 1,300～2,000 個星系成員，跨度達 15,00 萬光年。本星系群處在處女座星系團的外圍，也有天文學家將本星系群看成處女座星系團的組成部分。

比星系團更大的天體系統是超星系團。包括本星系群、處女座星系團等在內的約 100 個星系團和星系群構成一個超星系團，即處女座超星系團。它包含 47,000 多個星系成員，其橫跨的範圍達 1.1 億光年。2014年，天文學家指出，處女座超星系團是更大的超星系團拉尼亞凱亞（Laniakea）的組成部分，拉尼亞凱亞的橫跨範圍達 5 億光年。

在超過幾億光年和幾十億光年的尺度上，宇宙又是什麼樣子？現在，天文學家已經有了初步的答案。在更大的尺度上，我們觀測到的宇宙呈海綿、蜂窩或肥皂泡沫的形狀，也叫做宇宙網，其間有巨洞、長城、超星系團複合體及星系纖維等結構特徵。天文學家可以觀測到最遠約 140 億光年的星系，考慮到宇宙的膨脹，可以大致計算出目前可觀測宇宙的直徑約為 930 億光年。

6　我們能看到的宇宙有多大？

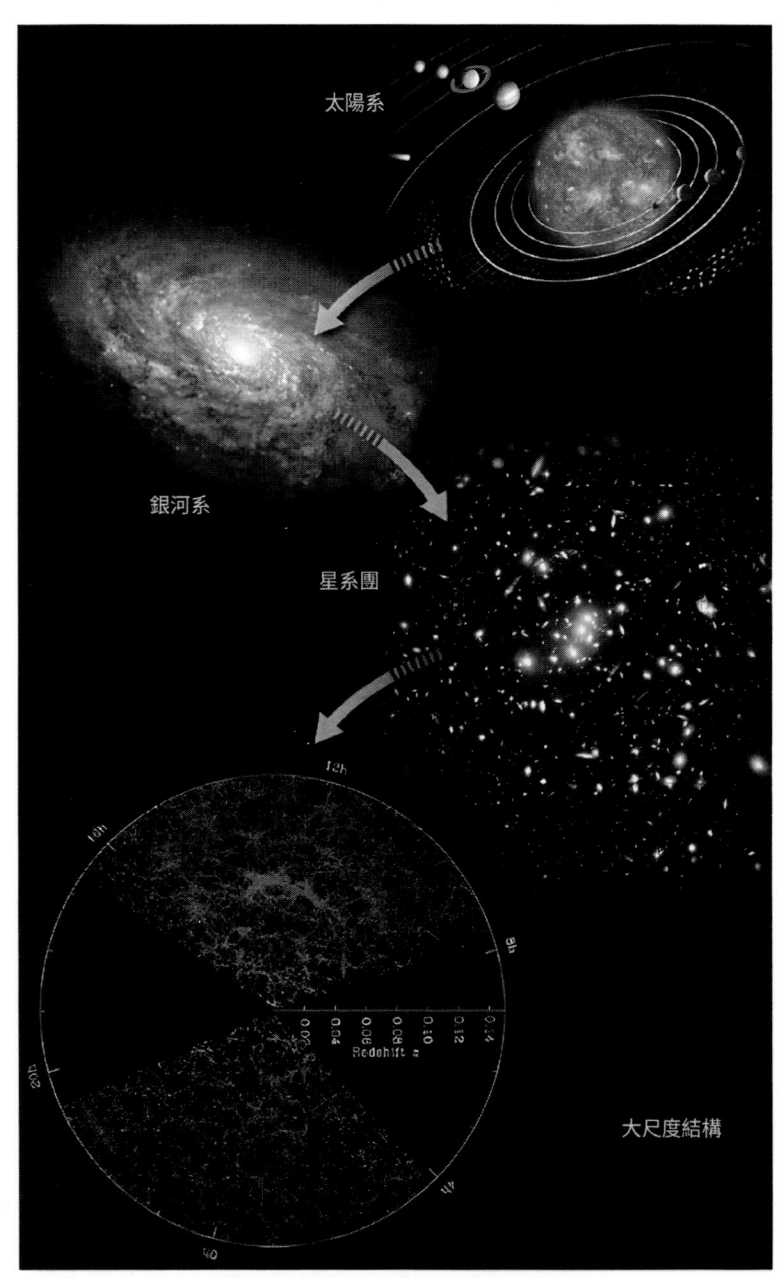

宇宙的結構（圖片來源：NASA/SDSS）

第一部分　從仰望星空到探索宇宙的歷史

第二部分
星系結構與宇宙的起源

第二部分　星系結構與宇宙的起源

7
牛頓如何理解宇宙？

一提起宇宙，人人都會有許多疑問，宇宙由什麼組成？宇宙有多大？宇宙有沒有邊界？宇宙有沒有開端？宇宙是永久存在，還是會最終消亡？自古至今，人類一直在不斷地探尋這些問題的答案。

中國古代三國時期徐整所著《三五曆紀》中寫道：「天地混沌如雞子，盤古生其中。萬八千歲，天地開闢，陽清為天，陰濁為地。盤古在其中，一日九變，神於天，聖於地。天日高一丈，地日厚一丈，盤古日長一丈。如此萬八千歲，天數極高，地數極深，盤古極長。」盤古開天闢地創造出世界，這是一個神話故事。它是古時候先民關於宇宙來源的一種看法：宇宙存在一個創始過程。

西漢時的著作《淮南子·天文訓》開篇寫道：「天墜未形，馮馮翼翼，洞洞灟灟，故曰太昭。道始於虛廓，虛廓生宇宙，宇宙生氣，氣有涯垠，清陽者薄靡而為天，重濁者凝滯而為地，清妙之合專易，重濁之凝竭難，故天先成而地後定。天地之襲精為陰陽，陰陽之專精為四時，四時之散精為萬物。」相比盤古開天闢地的神話傳說，這段表述是古代學者對天地（指宇宙）形成的又一種見解，它描述了宇宙創生的過程。儘管這種說法與現代科學理論有非常大的距離，但其中的哲學觀值得我們借鑑。

7　牛頓如何理解宇宙？

16 世紀和 17 世紀，歐洲出現了以哥白尼、伽利略等人為代表的一批優秀科學家，他們利用精確的天文觀測、可靠的物理實驗、巧妙的數學方法以及嚴謹的邏輯推理，極大地推動了人類對宇宙及宇宙天體的了解。但是，面對整個宇宙，科學家們要準確地回答它的來源、大小和本質等種種疑問，大多情況下依然無能為力，茫茫然不知所以。

義大利哲學家布魯諾是令後人敬佩的學者，他從哲學的角度出發，根據當時已有的天文學知識，提出「宇宙空間是無限的、統一的、物質的、永恆的」，這一觀點在今天看來仍是少有的遠見卓識。法國科學家笛卡兒則提出了一個無限宇宙模型，他認為宇宙空間中充滿物質，這些物質的運動形成無數的漩渦。可見，在 17 世紀，學者們已經產生了宇宙無限的觀念，這超越了地心說和日心說中「有限水晶球」的宇宙概念。

西元 1687 年，牛頓出版《自然哲學的數學原理》，提出了牛頓運動定律和萬有引力定律，這些定律適用於包括宇宙天體在內的所有自然界物體。除了這些定律本身所蘊含的物理規律，牛頓還指出與這些規律密不可分的宇宙時空和力的性質：宇宙中存在絕對時間、絕對空間和絕對運動。也就是說，宇宙中某處有一個嚴格準確、時間均勻流逝的「鐘」，它可以為任何事件計量時間。宇宙中還存在一個標有刻度的巨大框架，可以作為

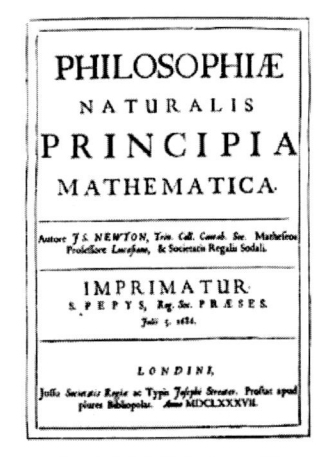

《自然哲學的數學原理》拉丁文版封面（西元 1687 年）

任何運動物體的參考系。此外，在牛頓的理論中，宇宙中物體之間的萬有引力是瞬時作用力。

第二部分　星系結構與宇宙的起源

利用牛頓的引力理論考察整個宇宙的性質，可以得出牛頓的宇宙圖景：宇宙在空間上是無限的，它向各個方向均勻地無限延伸；在時間上也是無限的，宇宙沒有開始，也沒有結束，它一直穩定地存在著。這個圖景似乎非常符合我們的日常感受：年復一年，星空看不出任何變化；經過數百年數千年的觀測，人類也無法看到太空的邊緣。

太陽系是一個非常好的實驗室，人們可以透過它判別一個物理定律正確與否。早期，天文學家測量了太陽系中幾顆行星的運動，結果顯示牛頓定律是正確的科學定律，它揭示了天體運動的規律和本質。尤其是18世紀人們觀測到哈雷彗星如期回歸，19世紀發現海王星，這些事實讓牛頓的理論成了不可置疑的神聖學說。

19世紀，英國物理學家馬克士威（James Clerk Maxwell）建立電磁場方程組，得出電磁波在真空中的傳播速度，即光速，為 2.9979×10^8 公尺／秒。因此，不少科學家從直覺出發，將牛頓的絕對空間作為光速傳播的參考系。根據當時的理解，所有波的傳播都依賴於某種介質，因此，科學家們假定在這個絕對座標系中，到處充斥著「以太」。西元1887年，牛頓的《自然哲學的數學原理》出版200年後，為了尋找這個絕對參考系或者說「以太」，兩位美國物理學家阿爾伯特・邁克生（Albert Michelson）和愛德華・莫雷（Edward Morley），在美國克里夫蘭做了一個著名的物理實驗。他們用邁克生干涉儀測量兩束垂直光束的光速差值，這就是歷史上著名的邁克生—莫雷實驗。他們轉動實驗裝置，讓光束的方向分別平行和垂直於地球的公轉運動方向，結果沒有觀察到預期中的干涉條紋。實驗結果否定了「以太」的存在，也就否定了絕對時空的存在。

7 牛頓如何理解宇宙？

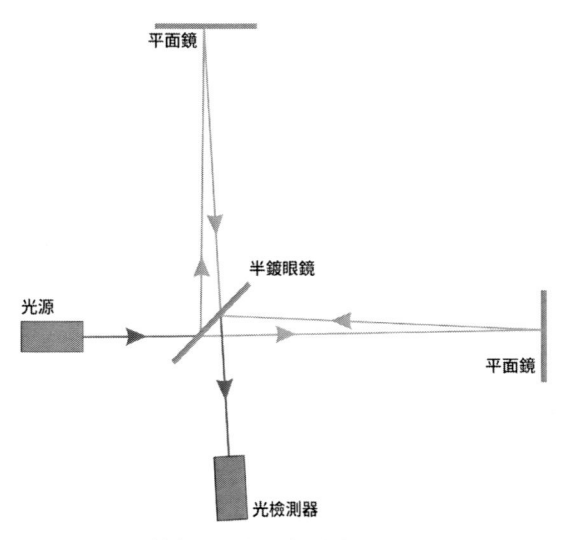

邁克生—莫雷實驗的光路圖

邁克生—莫雷實驗為科學家提出了一個難題：在牛頓的理論被天文觀測證實正確後，卻出現了意想不到的實驗結果。問題在哪裡？難道牛頓的宇宙觀存在紕漏？

實際上，19世紀的天文學領域還有另一個難題，即所謂的奧伯斯悖論。西元1823年，德國天文學家奧伯斯（Heinrich Olbers）提出一個問題：夜晚的天空為什麼是黑的？乍聽起來，這個問題好像非常幼稚。太陽落山後，沒有了明亮的光源，天上只有一個個小星星，天空變黑是理所當然的事情。但是，奧伯斯提出的這個問題實際上並不是那麼簡單。

奧伯斯指出，儘管天空中的星星距離我們非常遙遠，看上去非常闇弱，可是根據牛頓的宇宙圖景，在無限廣闊的宇宙空間，各個方向應該存在無限多的恆星。嚴格的數學計算顯示，夜空每個方向的光的亮度都是非常大的。也許有人會說，有些恆星距離太遙遠，它們的光線還沒有到達地球，這種說法與牛頓的宇宙理論不符。因為，從時間上講，宇宙沒有開始，也沒有結束，宇宙是永恆穩定存在的。經過之前無限長的時

間，不管多遠的恆星發出的光線，一定都已經照射到了地球。也許還有人會說，太空中的氣體和塵埃擋住了一部分光線。但是，物理學規律告訴我們，經過足夠長的時間，氣體和塵埃達到熱平衡後，它們吸收多少光線，就會輻射出多少光線。經過深入思考，奧伯斯認為夜空本不應該是黑暗的。

這就是天文學歷史上有名的奧伯斯悖論。此外，還有一個被稱為引力悖論的難題。西元 1894 年，德國科學家諾曼（Norman）和齊格勒（Ziegler）各自提出，假使宇宙無限大，物質均勻分布，那麼作用於每一個天體的萬有引力將會累積到無限大。這也與觀測到的實際情況不符。引力悖論又叫諾曼—齊格勒悖論。

兩個科學悖論，再加上出人意料的邁克生—莫雷實驗，讓天文學的天空陰雲密布。這意味著，牛頓的時空觀和宇宙觀可能並不完全正確。「存在絕對時間和絕對空間」、「宇宙是無限的」、「宇宙永恆穩定地存在著」──宇宙的這些特性或許不符合客觀實際，那麼真實的宇宙又是什麼樣子的呢？

8
宇宙膨脹的證據從哪裡來？

伽利略製造第一架天文望遠鏡後的幾百年，望遠鏡的功能不斷增強。使用天文望遠鏡，天文學家可以看到天空中越來越多的天體，也能夠看到越來越遙遠的天體。不過，人們沒有看到宇宙的盡頭。然而，邁克生—莫雷實驗、奧伯斯悖論和引力悖論顯示，牛頓的宇宙時空觀似乎存在紕漏。時光匆匆流逝，在困頓和迷茫之中，人類進入了 20 世紀。此時，一位偉大的物理學家正在用自己的智慧和汗水，為解決宇宙學和物理學當時面對的困境而努力工作。他的名字叫阿爾伯特·愛因斯坦（Albert Einstein）。

經過幾年的艱辛探索，1905 年，愛因斯坦提出了狹義相對論。該理論以兩個基本假設為前提：第一，在相互做等速直線運動的任何參考系中，物理學定律都相同，等速直線運動的參考系是慣性參考系，這是所謂的相對性原理；第二，在任何慣性參考系中，光在真空中以固定速度 c 傳播，與光源的運動狀態無關，即光速不變原理。依此，愛因斯坦建立了狹義相對論方程式，即勞倫茲變換，它提出不同慣性參考系中的物理量之間的變換規則。勞倫茲變換顯示，時間和空間不再各自獨立，它們是有內在連繫的時空整體。比如，我們在車站月臺上測量一列高速行駛的列車的長度，將比在它靜止的時候測量要短一點，同時列車上的時鐘

走得要慢一點，這就是時間膨脹效應。

愛因斯坦沒有止步於狹義相對論，他隨即轉向研究客觀世界更深層的祕密。他試圖研究非慣性系中的物理規律，非慣性系是指做非等速運動（有加速度）的參考系。首先他提出了等效原理，即慣性質量等於引力質量，引力與慣性力的物理效果完全無法區分；其次，愛因斯坦認為，無論是慣性參考系還是非慣性參考系，一切參考系都等價，物理規律在任何座標系下形式不變。

又經過幾年的潛心思考，1915年，愛因斯坦創立了廣義相對論，用引力場方程式表述物質分布和時空屬性之間的關係，把時間、空間、物質和運動四個基本物理概念連繫起來。該方程式可以用一句話簡單表述為：物質決定時空如何彎曲，時空決定物質如何運動。有了引力場方程式，人們好像得到一把解鎖宇宙謎團的鑰匙。不過，天文學家也理解，引力場方程式也有前提和假設：從大尺度上看，宇宙是均勻和各向同性的，這就是宇宙學原理，也叫哥白尼原理。讓人感到驚奇的是，一百年後的天文觀測結果顯示，這個假設竟然奇蹟般地跟實際情況一致。

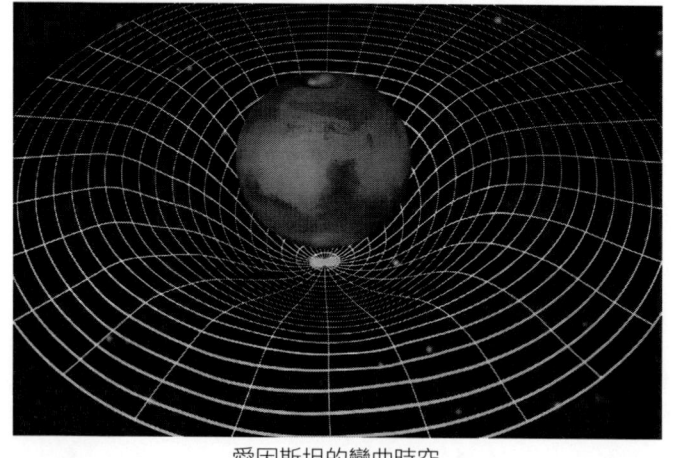

愛因斯坦的彎曲時空

8 宇宙膨脹的證據從哪裡來？

廣義相對論創立之後，越來越多的實驗結果驗證了它的正確性。例如，天文學家觀測到引力透鏡效應，即光線在引力場中彎曲；天文學家也驗證了不同引力場中的時鐘計時情況的變化。最終，一系列的天文觀測結果讓牛頓的絕對時空觀判了「死刑」。

1917 年，愛因斯坦首次把廣義相對論的引力場方程式應用到整個宇宙，試圖得到一個宇宙模型。但是，在只有引力作用的情況下，宇宙不是膨脹就是收縮，這跟千百年來人們感受到的靜止宇宙互相矛盾。為了得到一個靜止的宇宙模型，愛因斯坦在引力場方程式中加入一項參數「Λ」，它叫做宇宙學常數，代表一種斥力，用來抵消引力的作用，以保持宇宙處於靜止狀態。新增宇宙學常數後，再次求解引力場方程式，就能得到一個有限、無邊界、沒有中心的靜態宇宙。我們可以把它看成四維時空中的一個三維超球面。為了便於理解，可以用三維空間中兩維球面的情形做類比。在這樣的宇宙中，一個光子向任何一個方向輻射出去，在封閉的時空中傳播，永遠碰不到時空的邊緣，甚至最後還會回到出發地。

1922 年，蘇聯數學家傅利德曼（Alexander Friedmann，西元 1888～1925 年）重新求解引力場方程式，得到一個答案。愛因斯坦的宇宙學解只是一個靜態的特例，另外還有三個動態解，包括兩類膨脹解和一類振盪解。由此，傅利德曼也提出了一個宇宙模型：整個宇宙空間不是靜態的，它隨著時間而變化，空間的屬性和兩點之間的距離也隨著時間而變化，宇宙空間不是膨脹著就是在不停地收縮。此外，1927 年，比利時數學家和天文學家勒梅特（Georges Lemaître，西元 1894～1966 年）在假定宇宙半徑可隨時間變化的基礎上求解引力場方程式，得到一個宇宙膨脹解。

第二部分　星系結構與宇宙的起源

　　20 世紀早期的宇宙學研究有兩條分支：一條是求解引力場方程式，另一條是天文實測。在天文實測這條線上，有一位傑出的天文觀測戰士，他就是前面提到的哈伯。1920 年代，哈伯和哈馬遜（Harold P. Harrison）在美國威爾遜山天文臺致力於漩渦星雲視向速度的測量。除這項測量工作之外，哈伯還採用各種方法測量和估算漩渦星雲的距離。皇天不負有心人，最終哈伯得到了一個珍貴的結論：遠處的漩渦星雲都在遠離我們，且它們退行的速度與它們的距離成正比，這就是著名的哈伯定律。它反映了宇宙正在均勻膨脹，而且，任何一個星系上的觀測者都能同樣觀測到其他星系在退行，銀河系並不處於特殊地位。

　　理論推算和天文實測得到了相同的結論。至此，人們理解到，我們的宇宙可能不是永恆靜止的，它或許在不斷膨脹。

9 解讀大爆炸理論

　　遙遠的星系遠離地球而去，這說明宇宙正在膨脹。這一發現像點亮了一座燈塔，引導了未來宇宙學研究的方向。哈伯的發現與勒梅特求得引力場方程式的宇宙膨脹解不謀而合，這增強了後者對自己研究工作的信心。1932 年，勒梅特進一步假設，宇宙早期的全部物質都集中在一個「原初原子」（也稱作「宇宙蛋」）裡。透過計算，勒梅特認為，宇宙蛋的尺度不大於地球到太陽的距離。這裡密度極大，並且很不穩定，不斷發生衰變，於是物質向四面八方飛散，宇宙空間就這樣膨脹開來。

　　喬治・伽莫夫（George Gamow，1904～1968 年）原本是一位蘇聯物理學家，1934 年定居美國，他專注於核物理研究。1948 年，在勒梅特宇宙起源學說的基礎上，伽莫夫和他的博士生雷夫・阿爾弗（Ralph Alpher）為了解釋宇宙中元素的形成，提出在宇宙膨脹初期存在一個高溫高密的「原始火球」。在這樣一個特殊狀態下，原始火球中同時存在著質子、中子、正負電子和中微子，並處於平衡狀態。隨著宇宙膨脹，物質和能量密度減小，溫度降低，其平衡狀態被破壞，一部分中子透過 β 衰變轉變為質子和電子，質子捕獲中子成為氘核。這樣的過程反覆發生，形成更重的元素。為了讓他們的理論名稱更好聽一些，伽莫夫說服著名核物理學家漢斯・貝特（Hans Albrecht Bethe）一起署名，於是，這個理論被稱為 αβγ 理論，即大爆炸元素形成理論，也就是人們常說的大爆炸宇宙論。

◆ 第二部分　星系結構與宇宙的起源

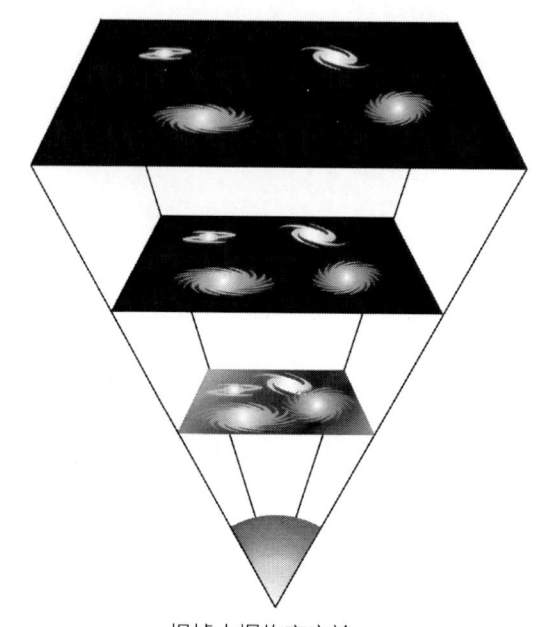

根據大爆炸宇宙論，
宇宙是由超高溫、超高密度的「原始火球」膨脹而來的，
且現在仍在膨脹著。（圖片來源：Papa November）

宇宙由原初原子膨脹而來的觀點逐漸被更多的人所了解。作為支持這一理論的觀測證據，由哈伯定律得出的哈伯常數 H0 的數值最初為 500 公里／（秒·兆秒差距），對應宇宙的年齡為 20 億年。但 1930 年代，由岩石放射性衰變得出的地球年齡為 40 多億年，比宇宙年齡還大。這一事實讓伽莫夫等科學家處於尷尬境地，因此，大爆炸宇宙論在當時的天文學界並沒有占據優勢地位。

1940 年代後期，英國天文學家邦迪（Hermann Bondi）、戈爾德（Thomas Gold）和霍伊爾（Fred Hoyle）建立了穩恆態理論。他們除了採用均勻和各向同性的宇宙學原理外，還假設宇宙不隨時間而變化。穩恆態理論認為：宇宙是無限的，沒有開端也沒有終結，它一直保持同樣的狀態。這個理論可以迴避大爆炸中原始火球來源和大爆炸的原因等難題，

但是,對於宇宙空間膨脹的觀測事實,沒有令人滿意的解釋。後來,各種支持大爆炸宇宙論的觀測事實不斷出現,讓穩恆態理論在科學界的地位一落千丈。

穩恆態理論的建立者之一、英國劍橋大學的天文學家霍伊爾在1949年英國廣播公司(BBC)的一次廣播節目中,為了宣傳自己的理論,把宇宙由原初原子膨脹而來的觀點戲稱為「大爆炸」(the big bang)理論。就是從這次廣播節目之後,「大爆炸宇宙論」的說法開始流行起來。一個戲謔名詞成為一個重要理論的名稱,這可謂天文學歷史上的一件趣事。

一個正確的科學理論不僅需要能夠解釋科學事實,還應對科學事件的發展趨勢以及其他有關效應提出預測。哈雷研究彗星的物理本質和運動規律,預測哈雷彗星回歸的日期,最終得以證實;愛因斯坦的廣義相對論提出許多科學預言,如光線在恆星附近彎曲、宇宙中存在黑洞和重力波等,現在這些預言都得以證實。伽莫夫等人建立的大爆炸宇宙論構想了宇宙的詳細演化過程,包括原子和星系的形成等。除此之外,伽莫夫還預言,宇宙初期的高溫輻射隨著宇宙膨脹而冷卻,至今應有殘留的電磁輻射,輻射溫度可能為 $5 \sim 10K$。

大爆炸宇宙論及其對殘留宇宙輻射(微波背景輻射)的預言,在當時並沒有得到天文學家的重視。此後十多年中,幾乎沒有人研究這些問題。但是,到了1960年代,情況有所改觀,不少天文學家又著手研究這些宇宙學問題,包括蘇聯天文學家澤爾多維奇(Yakov B. Zeldovich)、英國天文學家霍伊爾和泰勒(Thomas Taylor),以及美國普林斯頓大學的皮伯斯(Jim Peebles)等人。在測量微波背景輻射的工作上,美國科學家行動最快,普林斯頓大學的迪克(Robert Henry Dicke)、勞爾(Roll)和威爾金森(George F. Wilkinson)一起,製造了一臺小型低噪聲天線,工作

波長在 3.2 公分處。然而，觀測還沒有開始，他們便得知了一個出乎意料的消息：貝爾實驗室的射電工程師彭齊亞斯（Arno Penzias）和威爾遜（Robert Wilson）已在無意中發現了微波背景輻射。

讓我們將故事轉到貝爾實驗室。1960 年代初期，在美國紐澤西州克勞福特山上，貝爾實驗室建造了口徑 6.1 公尺的角錐狀喇叭天線，配有低噪聲輻射接收機，主要目的是接收衛星反射回來的極其微弱的通訊訊號。不久，具有較強訊號的通訊衛星上天，這架天線變成多餘之物。但是，實驗室的兩位年輕工程師彭齊亞斯和威爾遜決定用它做射電天文觀測，絕對定標測量宇宙中的一些射電輻射源。

1964 年 5 月，經天線改造而成的射電望遠鏡開始正式觀測，但彭齊亞斯和威爾遜很快發現了一種來源不明的噪聲訊號，對應的輻射溫度為 3.5K。該訊號表現奇特，它既不隨周日變化，也不隨季節變化，還不隨天空的方向而變化，這讓彭齊亞斯和威爾遜感到無比困惑。他們決定詳細檢查觀測儀器的各個部分，為了去除各種可能的因素，他們竟花費了大半年的時間。最後，彭齊亞斯和威爾遜理解到，這一額外的訊號不是儀器噪聲，不是地面的某種訊號，也並非來自地球大氣或銀河系，它來自普遍的宇宙空間。但是，這種訊號的物理來源和本質是什麼？

經過朋友介紹，彭齊亞斯和威爾遜與普林斯頓大學迪克教授帶領的宇宙學研究小組取得了聯繫。經過共同討論，迪克研究小組馬上注意到，這就是他們打算尋找的微波背景輻射。微波背景輻射的發現是 1960 年代射電天文的四大發現之一，憑此發現，彭齊亞斯和威爾遜獲得了 1978 年諾貝爾物理學獎。更重要的是，這項觀測成果使得伽莫夫的預言得以證實，從此，大爆炸宇宙論開始被天文學家普遍認可。

9 解讀大爆炸理論

喇叭天線前的彭齊亞斯和威爾遜（圖片來源：Roger Ressmeyer/CORBIS）

宇宙中輕元素豐度（即相對含量，用質量百分比表示）與觀測事實一致是支持大爆炸宇宙論的另一個強而有力證據。根據元素核合成理論，伽莫夫構想了宇宙早期的元素合成過程，推算出早期宇宙中氫元素約占75%，氦-4約占25%，氘和氦-3各占約0.01%，還有極其少量的鋰。後來的觀測事實與大爆炸理論預期大致符合，尤其是氘元素的含量最為符合。

第二部分　星系結構與宇宙的起源

10
暴脹：宇宙初期的急速擴張

勒梅特和伽莫夫等人深入探究宇宙的來源和演化，共同促成大爆炸宇宙論的建立。該理論描繪出宇宙演化過程可能經歷的多個不同環節，以及演化過程中有關的物理機制。比如，宇宙從一個高溫高密狀態開始演化，並不斷膨脹；宇宙的最初狀態以輻射為主，後來轉化為以物質為主；宇宙經歷了原初核合成，以及恆星和星系的形成過程等等。對於宇宙的這些演化圖景，最初，人們充滿懷疑。

後來，大爆炸理論預言的微波背景輻射和輕元素豐度值，先後得到天文觀測的證實，這使得該理論逐漸被普遍認可和接受，並成為主導宇宙學研究的主流學說。近幾十年，宇宙學研究領域中，天文學家建構出更高精度、更高水準的天文觀測儀器和探測方法，進一步提高和深化了人們對宇宙起源和演化的理解。然而，大爆炸理論並非盡善盡美、無懈可擊，它面對著幾個疑難問題的挑戰，比如視界問題、平坦性問題和磁單極子問題等。

10 暴脹：宇宙初期的急速擴張

✦ 視界問題

在天體物理學中，「視界」這個名詞出現在多個場合。討論黑洞時有「事件視界」，它是引力場方程式在特定情況下的史瓦西半徑。在宇宙學中，視界表示宇宙的可觀測範圍。此處的「視界」跟日常生活中的「地平線」意思相似。當人們乘坐輪船，在大海上航行，舉目遠望，視野中是一望無際的海洋。在海天相接處，是一條朦朧的曲線，它圍繞輪船構成一個圓圈，這就是地平線。輪船上的觀察者能夠看到地平線圓圈之內的海洋，而看不到地平線之外的海洋或陸地。

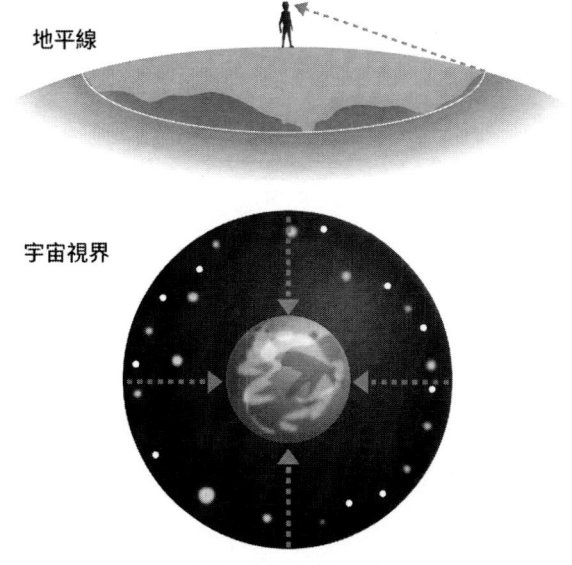

地平線與宇宙視界

同樣的，當天文學家將望遠鏡指向天空，他們只能觀測到宇宙的有限區域。因為宇宙僅僅誕生於 138 億年之前，且其中的最快速度──光速──是一個有限值。這樣一來，光線在宇宙 138 億年的壽命內（更準

第二部分　星系結構與宇宙的起源

確的說法是光子和物質退耦後的宇宙壽命）只能走過有限的路程。這個尺度是天文學家能夠觀測到的宇宙範圍，即宇宙學中所說的視界。不管宇宙有限還是無限，人們都觀測不到視界之外的宇宙部分。

假設地球位於 O 點，在我們視界的邊緣有兩個點 A 和 B。考慮到光在有限的宇宙壽命中只能走過一定的路程（BO 或 AO），因此，A 不在 B 的視界內，B 也不在 A 的視界內。也就是說，A 和 B 兩個點在宇宙壽命內不可能有光訊號連繫。

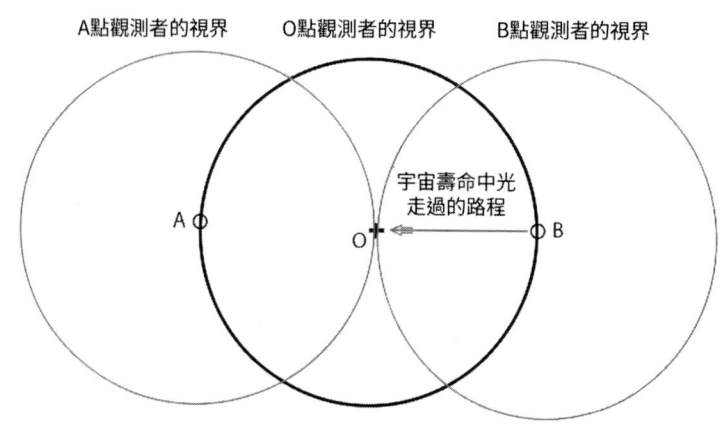

分別各自位於對方視界之外的兩個點 A 和 B 處於熱平衡狀態

另一方面，微波背景輻射的現代觀測顯示，它非常接近各向同性，也就是說，從天空任何一點（比如 A 點和 B 點）看到的光都有同樣的溫度，為 2.725K，且這一結果的測量精度非常高。物理規律告訴我們，相同溫度狀態是熱平衡的結果。如果天空的不同區域（比如 A 點和 B 點）能夠相互作用，朝著熱平衡的方向發展，那麼，微波背景輻射溫度各向同性的觀測結果就容易得到解釋。

但遺憾的是，從視界一端 A 點看到的光，從宇宙退耦開始就一直朝地球上的觀察者而來（退耦時刻與大爆炸發生的時刻非常接近），現在 A

點處的光剛剛到達我們這裡，那麼現在或之前 A 點處的光絕不可能到達可觀測宇宙的另一端 B 點。或者說，沒有時間使天空兩個相反方向的區域 A 和 B 以任何方式發生相互作用，這意味著，有相同的微波背景溫度的 A 點和 B 點，不可能是由於相互作用建立了熱平衡。微波背景輻射各向同性的觀測結果導致的視界問題成為大爆炸宇宙論無法解釋的一個難題。

平坦性問題

我們再來看一看宇宙的平坦性問題。任何物體都有一定的形狀，形狀反映物體的幾何特性。那麼，宇宙的幾何特性又是如何？受到主觀和客觀條件的限制，目前，人類對於宇宙的了解非常有限。在描述宇宙變化的傅利德曼方程式中，有一個表示宇宙幾何特性的參數 k，它代表空間曲率。這個參數不是描述某顆恆星、某個黑洞、某個星系或某個星系團附近的空間彎曲特性，它描述宇宙整體的空間幾何彎曲情況。

在均勻和各向同性的宇宙模型下，宇宙會有三種不同的幾何類型，分別對應 k＞0、k＜0 和 k＝0 的情況。第一種情況，k＞0，對應球面幾何（三角形內角和大於 180°），此時宇宙的密度參數 Ω＞1，這種類型的宇宙是有限和閉合的。[03] 第二種情況，k＜0，對應雙曲幾何（三角形內角和小於 180°），此時 Ω＜1，這種類型的宇宙是無限和開放的。第三種情況，k＝0，對應平面幾何（三角形內角和等於 180°），此時 Ω＝1，這種類型的宇宙介於前兩者之間，是平坦的，它可能是有限的，也可能是無限的。

---

[03] 宇宙的密度參數 Ω 定義為宇宙的物質密度 ρ 與臨界密度 ρc 的比值。

第二部分　星系結構與宇宙的起源

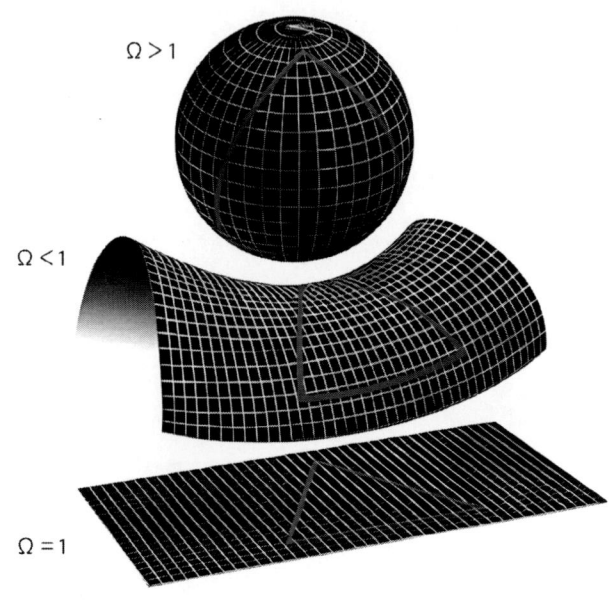

Ω > 1

Ω < 1

Ω = 1

宇宙有三種不同的幾何類型（圖片來源：NASA/WMAP Science Team）

現在的天文觀測顯示，我們的宇宙是非常平坦的，宇宙密度參數 Ω 十分接近 1，與 1 的差值率在 0.5％ 以內。另一方面，根據理論計算可以知道，隨著宇宙年齡增加，宇宙的不平坦性會被迅速地放大。這樣我們倒推回宇宙初期，比如原初核合成時期，Ω 與 1 的差值率應該只有 10 — 60。宇宙早期呈現如此高的平坦性，這是大爆炸理論在初期無法解釋的，這就是所謂的平坦性問題。

磁單極子問題

自然界中，既有正電荷，也有負電荷，它們產生自己的電場，那有沒有產生磁場的「磁荷」呢？一根磁鐵棒有兩個磁極——北極和南極，它們共同產生出磁場。能不能將磁鐵棒分為兩個各自產生自己磁場的獨

10　暴脹：宇宙初期的急速擴張

立部分？當我們將磁鐵棒從中間切開，每根磁鐵棒的兩端又會是不同的極性，即便無限切分下去，我們也不可能得到只有一種極性的磁單極子（磁荷）。科學家們認為，根據粒子物理學，在宇宙大爆炸初始階段，可以產生大量磁單極子，然而目前並沒有發現任何磁單極子。這就是大爆炸宇宙論遇到的又一個難題，它被稱為磁單極子問題。

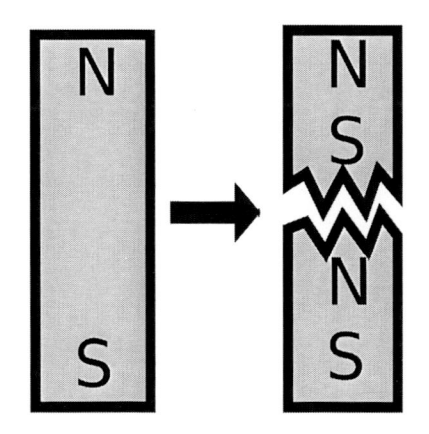

將磁鐵棒一分為二，
並不會發生一半是北極、另一半是南極的狀況，
每一部分都有自己的北極與南極

上述這三個難題讓大爆炸宇宙論帶來了不少質疑，這個理論該何去何從？1981年，美國天文學家和粒子物理學家古斯（Alan Harvey Guth）借用真空相變理論，提出在宇宙極早期發生過一次急速膨脹過程，即暴脹。宇宙誕生後，隨著膨脹而逐漸冷卻下來。當宇宙演化到10～35秒時，溫度降為1027K，在這個臨界溫度下，宇宙經歷了一次相變（物質從一種聚集態轉變為另一種聚集態）。在非常短的距離內，強核力（即強相互作用，四種基本力之一）從其他作用力中分離出來，物理學家稱之為「對稱性破缺」，此時釋放大量能量，使得宇宙以指數形式膨脹，在10～33秒內宇宙膨脹了1,030倍。古斯的宇宙暴脹理論使得大爆炸理論面臨

的三個宇宙難題得以解決。根據暴脹理論，我們今天觀測到的宇宙實際上是由大統一時代遠小於視界的一個極小區域膨脹產生的。現在彼此不在對方視界內的兩點，比如前面提到的 A 點和 B 點，暴脹前都在處於熱平衡狀態的同一個小區域內，也就是說這兩點在一開始就完成資訊的交流，具有相同的溫度。再說平坦性問題，在宇宙剛產生時，也許不會太平坦，但是由於暴脹，很容易一下子把宇宙空間拉平，從而變得非常平坦，就像氣球在未吹氣之前的些許褶皺在吹氣之後馬上消失一樣。這樣，暴脹讓宇宙的平坦性問題也得以解決。同樣，由於宇宙的暴脹，宇宙中的磁單極子被稀釋到非常小的程度，找不到磁單極子也變成一種正常情況。

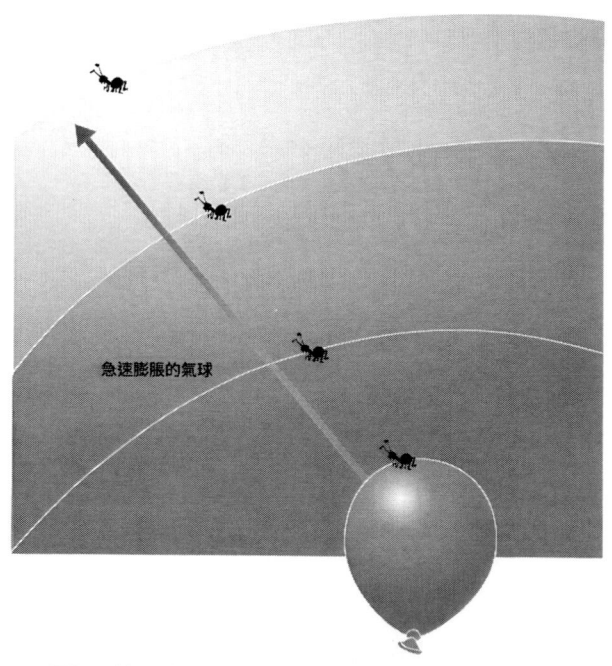

急速膨脹的氣球

暴脹理論認為不均勻的宇宙因急遽膨脹而變得平坦，
就像站在氣球表面的螞蟻：當氣球急速膨脹時，螞蟻的周圍變得平坦

後來，宇宙暴脹理論得到安德烈・林德（Andrei Linde）等人的不斷修正和完善，讓標準宇宙大爆炸模型更趨完整。另外，包括宇宙微波背景輻射的多個天文學觀測事實也支持宇宙暴脹對宇宙演化環節的補充。

第二部分　星系結構與宇宙的起源

11
宇宙是如何誕生與演化的？

　　根據大爆炸理論，宇宙已有約 138 億年的歷史。在宇宙漫長的過去，它自導自演著一場場精彩紛繁的連續劇。宇宙的源頭是什麼？它經歷了哪些階段？為何其中輻射、物質（包括暗物質）和暗能量輪番扮演主角？基本粒子為什麼逐步結合成為更大更重的物質粒子？四種基本力是如何相繼登場的？恆星和星系是何時形成的？

　　對於這些問題，天文學家已經得到初步的答案。但受限於現代物理學的發展程度，天文學家並不能清楚地回答宇宙謎團的所有疑問，尤其是對於宇宙的極早期，沒有成熟理論的支持，人們的理解是非常初步、粗略和具有猜測性的。天文學家把他們可以探討的宇宙最早期稱為普朗克時期。我們就從普朗克時期開始，盤點一下宇宙的演化過程。

◆ 宇宙的演化

　　普朗克時期 宇宙誕生後 $0 \sim 10^{-43}$ 秒，這段極早期的時間叫做普朗克時期，或者稱為超統一時期。此時宇宙中的四種基本相互作用，即強相互作用（強核力）、弱相互作用（弱核力）、電磁相互作用（電磁力）和引力相互作用（引力），統一成一體，不可區分，表現為同一種基本相互作

用形式（基本力）。科學家們認為，這一時期的物理過程需要量子力學理論處理，所以，這一時期又叫做量子宇宙學時期。

大統一時期 從 10^{-43} 秒至 10^{-36} 秒是宇宙的大統一時期。隨著宇宙的膨脹和冷卻，在 10^{-43} 秒的時刻，宇宙的溫度降為 $10^{32}K$，引力從基本力中分離出來。強核力、弱核力和電磁力仍然統一在一起。

弱電統一時期 從 10^{-36} 秒至 10^{-12} 秒是宇宙的弱電統一時期。由於宇宙進一步膨脹和冷卻，在 10^{-36} 秒的時刻，宇宙溫度降為 $10^{28}K$，強核力從弱電力中分離出來，開啟了宇宙弱電統一時期。在這一時期中間 10^{-33} 秒的短暫時間內，伴隨著強核力與弱電力的分離，宇宙發生相變，導致宇宙膨脹了 10^{30} 倍，這一階段被稱為宇宙暴脹。暴脹結束後，宇宙中充滿夸克─膠子等離子體。夸克是構成質子或中子等強子的更小粒子，膠子是傳遞強核力的基本粒子，它可以把夸克束縛在一起形成質子和中子。

夸克時期 從 10^{-12} 秒至 10^{-6} 秒是宇宙的夸克時期。在 10^{-12} 秒時，宇宙的溫度降為 $10^{15}K$，弱核力和電磁力相互分離。至此，宇宙進入四種相互作用力各自獨立存在的狀態，直至如今。此時，宇宙中充滿了熱夸克等離子體，包括夸克、輕子和它們的反粒子。這些粒子具有一定的質量，這一時期宇宙的溫度過高，不允許夸克結合起來形成強子。

強子時期 從 10^{-6} 秒至 1 秒是宇宙的強子時期。強子是受強核力作用影響的亞原子粒子，比原子小，它是構成原子的粒子，包括質子、中子和介子等。這個階段的初期，宇宙中的夸克─膠子等離子體中，不斷形成強子／反強子對。隨著宇宙溫度降低，形成強子／反強子對的過程逐漸停止，大多數強子和反強子在湮滅中消失。在大爆炸後的 1 秒時，湮滅過程結束，宇宙中殘留下少量強子，也就是後期主導宇宙的可見物質。

輕子時期 從 1 秒至 10 秒是宇宙的輕子時期。輕子是指不參與強相互作用的粒子，例如電子、中微子和 μ 子。此時，輕子和反輕子主導宇宙。大爆炸後約 10 秒，宇宙溫度降到不能再產生新的輕子和反輕子的程度，大多數輕子和反輕子透過湮滅而消失，只留下少量殘餘輕子。

輕元素核合成時期 從 10 秒至 10^3 秒是宇宙的輕元素核合成時期。由於溫度降低，在這段時間，質子和中子透過核反應形成穩定的氦 -4、氘、氦 -3 以及鋰，另外，還有不穩定的氚和鈹 -7。

復合時期 在大爆炸後約 38 萬年，宇宙經歷了一個複合時期。由於宇宙的溫度和密度進一步降低，氫核和氦核不斷捕獲電子，形成電中性的氫原子和氦原子，此過程稱為「複合」。復合結束時，宇宙中大部分物質為電中性原子，光子在宇宙中幾乎通行無阻，不再與稠密的自由電子以及質子相碰撞，即所謂「光子退耦」。退耦時存在的光子就是如今觀測到的宇宙微波背景輻射。

黑暗時期 大爆炸後 38 萬年至 2 億年，光子與物質退耦，宇宙處於電中性狀態，沒有閃閃發光的恆星。而且，由於宇宙不斷膨脹，微波背景輻射的溫度已經足夠低，無法發出可見光輻射了。所以，這一宇宙時期被稱為黑暗時期。

第一代恆星形成 大爆炸之後 5 萬年，暗物質開始簇聚，宇宙中形成很多凝結體，大量原子落入其中。隨著宇宙演化，原子繼續墜入暗物質群，由於引力不穩定性，宇宙中出現了恆星般大小的物質團塊和包含無數原星系巨大絲狀結構。大約在大爆炸後 2 億年，宇宙中出現了第一代恆星。恆星照亮了宇宙，黑暗時期結束。

11 宇宙是如何誕生與演化的？

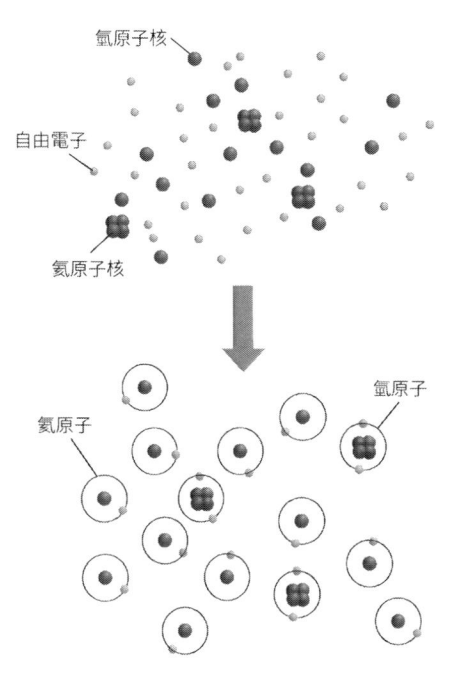

氫原子核
自由電子
氦原子核

氦原子　氫原子

電子和原子核結合，整個宇宙變得中性化

再電離時期 大爆炸後 2 億年至 10 億年，第一代恆星向周圍發出極高能量的輻射，能夠以高能光子**轟擊**的方式，將電子從中性氫原子和氦原子中剝離，使得宇宙再次電離。

第一批星系形成 隨著宇宙的繼續膨脹和冷卻，前期宇宙中出現的恆星般大小的物質團塊和包含無數原星系的巨大絲狀結構繼續演化，在大爆炸後約 10 億年（也有天文學家認為約 7 億年），第一批星系形成。

宇宙的密度、溫度、輻射、粒子的變化，以及恆星和星系形成的過程，大致如上所述。當然有些推測並沒有得到觀測方面的嚴謹證實。

根據大爆炸理論，宇宙早期處於高溫、高壓和高密度狀態，沒有穩定的原子，更沒有恆星和星系。此時宇宙一片混沌，能量主要由光子主導。原初核合成後，光子頻繁地與質子、電子相互作用，輻射能量仍大

幅超過物質能量。因此,從大爆炸開始至 5 萬年的宇宙時期稱為輻射主導時期。在大爆炸後約 5 萬年,隨著溫度下降,原子形成,普通物質和暗物質的能量逐漸超過輻射能量,成為主導部分,直到大爆炸後約 98 億年。因此,5 萬年至 98 億年的宇宙時期稱為物質主導時期。隨著宇宙膨脹,無論輻射密度還是物質密度都迅速下降,但是暗能量密度卻保持不變。在大爆炸後 98 億年,暗能量在宇宙中占主導地位,自此,宇宙進入暗能量主導時期。

宇宙的終結

回顧了宇宙的演化過程,我們再來展望一下宇宙的未來。根據傅利德曼的均勻各向同性宇宙模型,宇宙有三種可能的未來走向,終於不同的結局。

若宇宙密度大於臨界密度,未來將發生大擠壓(大崩墜)。在這種情況下,宇宙膨脹將逐漸減緩,然後轉為收縮。收縮起初緩慢,而後將加速,星系將逐漸靠近,直到合併成一個巨大的恆星集團。恆星最終將在相互碰撞中瓦解,或者被強烈的輻射熱所蒸發,形成一個火球。這時的火球很不均勻,密度更高的區域會率先塌縮形成黑洞,然後合併成為更大的黑洞,直至在大擠壓的作用下,所有物質合併到一起。

11　宇宙是如何誕生與演化的？

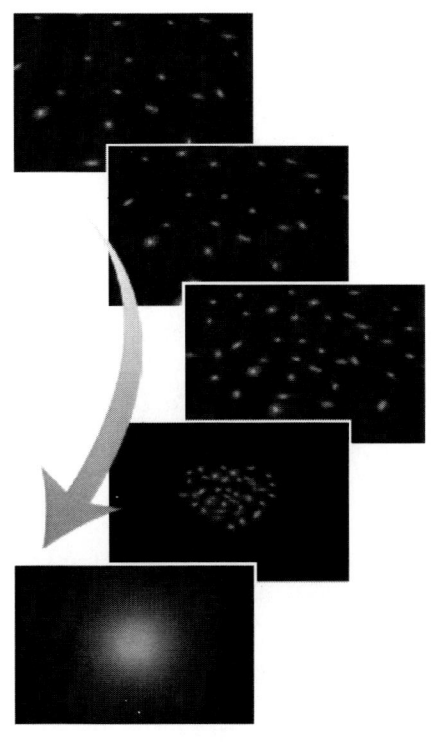

大擠壓的想像圖

　　若宇宙密度小於臨界密度，宇宙未來將分裂至解體（大撕裂）。在這種情況下，宇宙將永遠膨脹下去。在不到一萬億年的時間內，所有的恆星都將燃盡其核燃料，變為一群冷卻的恆星遺跡，如白矮星、中子星和黑洞。宇宙將變得完全黑暗，昏暗的星系將分散開來，向膨脹空間的遠處飛去。這種狀態要持續約 1,031 年，構成恆星遺跡的物質最終衰變為正電子、電子和中微子這種更輕的粒子。電子和正電子湮滅放出光子，恆星遺跡就這樣慢慢分解，就連黑洞也不例外。在不到 10,100 年的時間內，宇宙中我們所熟知的結構，如恆星、星系、星系團都將消失得無影無蹤，只留下日益稀薄的中微子和輻射混合體。

| 第二部分　星系結構與宇宙的起源

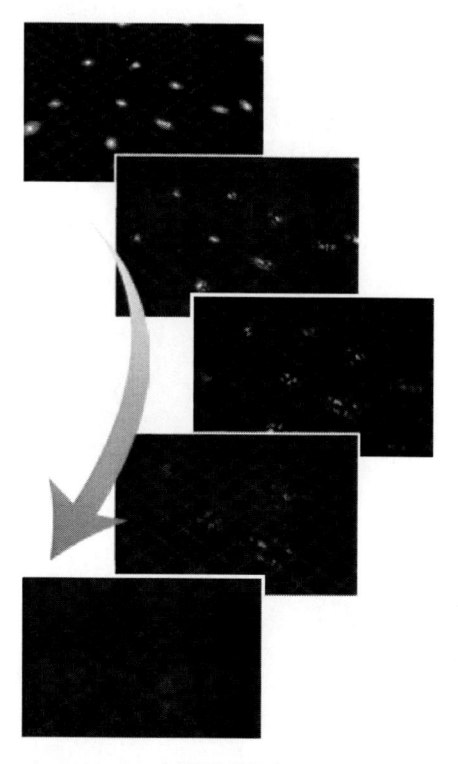

大撕裂的想象圖

　　若宇宙密度等於臨界密度，在這一臨界狀況下，宇宙未來會膨脹得越來越慢，但永遠不會完全停止，這樣的宇宙勉強逃脫了大擠壓的命運，最終會變成一個荒涼寒冷之地。

　　目前，天文學家的測量結果是宇宙的密度非常接近臨界密度，那麼，宇宙未來的命運到底會如何？是不是會按照第三種情況發展？期待將來科學家們進一步的研究結果。

12 暗物質：隱形的宇宙成分

19 世紀末和 20 世紀初，物理學的天空中漂浮著兩朵烏雲：第一朵是邁克生─莫雷實驗導致「以太」說破滅；第二朵是黑體輻射的「紫外災變」。這兩朵烏雲，讓物理學家們憂心忡忡，在一段時間內，他們不知如何是好。然而，而在驅散這兩朵科學疑雲的過程中，物理學家建立起兩門嶄新學科：相對論和量子力學。在物理學發展歷史上，這是一段令人讚嘆的時期，出現了愛因斯坦、普朗克（Max Planck）等一大批卓越的物理學家。如今，在天文學和物理學的天空中，又出現數朵烏雲，暗物質就是其中之一，它是當前的研究焦點，這朵烏雲是否也能帶來新的科學呢？

說起暗物質，它最早被提及已是 100 多年前的事情了。1922 年，荷蘭天文學家卡普坦（Jacobus Cornelius Kapteyn）根據銀河系天體的旋轉運動，首先提出銀河系中應該有不可見物質，這些不能被觀測到的物質便被稱為暗物質、不可視物質或短缺質量。1932 年，荷蘭天文學家歐特（Jan Oort）研究太陽附近其他恆星的運動，得出同樣的結論，並指出銀盤中有幾倍於普通可見物質的暗物質。1933 年，在美國加州理工學院工作的瑞士天文學家弗里茨・茨維基（Fritz Zwicky）仔細研究了后髮座星系團中星系的運動，發現星系的光度質量與動力學質量相差懸殊，這意味著

第二部分　星系結構與宇宙的起源

星系團中有大量的暗物質。

三位天文學家關於星系和星系團中有暗物質的想法在當時並沒有引起其他眾多天文學家的重視。或許這一觀點過於離奇，在此後的 40 年內，暗物質問題幾乎無人問津。

1970 年代，美國卡內基研究院的天文學家薇拉・魯賓（Vera Rubin）和肯特・福特（Kent Ford）研究星系自身的旋轉運動，重新將暗物質問題呈現在人們面前。他們首先使用精密的光譜觀測鄰近的仙女星系，發現星系中恆星的執行速度在恆星與星系中心的距離超過特定值後，開始趨於平穩、不再下降，即所謂的「平坦自轉曲線」。根據物理學定律，星系中恆星的運轉速度應該與它們受到的引力有關。當時已知的狀況是：星系中心的物質密度較高，越靠近邊緣，其物質密度越低；考慮到距離星系中心更遠處受到的引力更小，那麼遠處恆星的運轉速度應該更慢。魯賓和福特的觀測結果與理論預期之間產生了矛盾，這是為什麼？

仙女星系呈現的矛盾是個別現象還是普遍問題？為弄清真相，魯賓和福特又連續觀測了其他幾十個星系，結果所有星系的自轉曲線和仙女星系如出一轍。後來，魯賓猜測，如果每個星系都伴有一個不可見的暗物質暈，其質量遍布整個星系，而不是集中在星系中心，那麼他們觀測的自轉曲線難題便迎刃而解。僅僅幾年之後，普林斯頓大學教授、諾貝爾物理學獎得主詹姆士・皮伯斯便在魯賓和福特的研究基礎上，將暗物質的概念融入宇宙學的框架中。

12　暗物質：隱形的宇宙成分

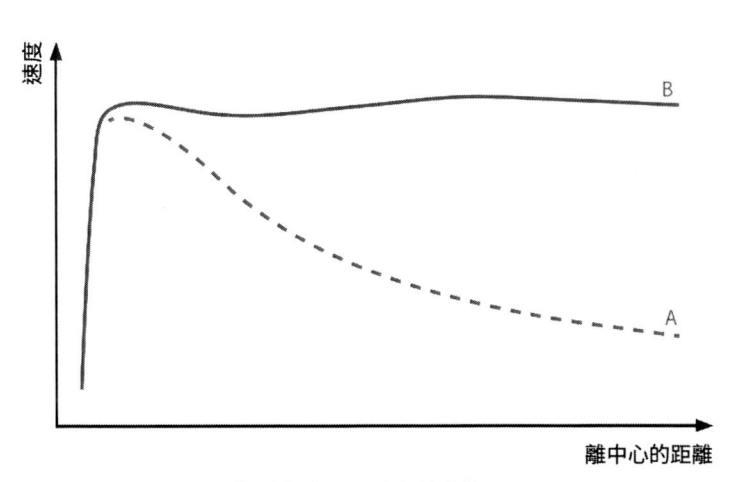

典型的漩渦星系自轉曲線。
如果只有重子物質存在，
星系自轉曲線應當如虛線（A）那樣在星系外圍迅速衰減，
然而實際的觀測（B）卻發現並非如此，
這意味著星系外圍有著大量「不可見」的物質存在

　　一個星系發出的光線在傳播的過程中經過一個大質量物質團塊（不管是普通物質團塊還是暗物質團塊）附近時，它的光線會發生彎曲，從而遠處的觀察者會看到這個星系的兩個像（或者多重像），這就是強引力透鏡現象（除強引力透鏡現象之外，還有弱引力透鏡現象和微引力透鏡現象）。1980年代以來，隨著望遠鏡技術的發展，在深空天體觀測中，天文學家發現的引力透鏡現象越來越多。利用引力透鏡進行星系團研究，可以提出星系團中暗物質的多少和分布情況，這讓天文學家更加確信宇宙中存在暗物質。

　　近年來，天文學家發射了三個觀測宇宙微波背景輻射的衛星：宇宙背景探測器（COBE）、威爾金森微波各向異性探測器（WMAP）和普朗克衛星（PLANK）。它們的觀測結果顯示，在宇宙的總物質能量密度中，普通物質占4.9%，暗物質占26.8%，暗能量占68.3%。而且，只有假定存

在暗物質,才能解釋大爆炸宇宙論中的一些演化細節,如星系、星系團和恆星的形成,以及宇宙的平坦性。因此,儘管科學家並不知道暗物質為何,但它必須是宇宙中必不可少的組成部分。

可是,暗物質究竟是什麼?時至今日,面對這個難題,天文學家們仍是一頭霧水。

最初,天文學家認為,暗物質是宇宙中那些不發光的天體,如黑洞、棕矮星、行星等,它們被稱為暈族大質量緻密天體(Massive Astrophysical Compact Halo Objects,MACHOs)。雖然這些天體不發光或者發光極其微弱,但是當它們經過背景天體前方時,可以發揮透鏡作用,使得背景天體亮度暫時上升,藉此,天文學家便可以得知這些天體的存在。1980年代,波蘭天文學家玻丹・帕欽斯基(Bohdan Paczyński)基於引力透鏡效應,發起了對麥哲倫雲的MACHO巡天計畫。然而,巡天結果顯示,至少在大小麥哲倫雲中,MACHOs的數量遠遠無法滿足所需要的暗物質質量,於是這一假說很快被否定了。此後,科學家們只好向基本粒子尋求解答。

中微子是最先進入科學家視線的基本粒子,它們呈電中性,可以在宇宙中大量存在,並且質量極小,運動速度可以接近光速。這就意味著,它們在宇宙早期冷卻下來的時間較晚,甚至比重子物質更晚。這些粒子被選作熱暗物質(Hot Dark Matter,HDM)的候選物。此時,適逢電腦技術興起,多體模擬在電腦中得以實現。因此,科學家們以這些粒子的性質作為變數,使用電腦數值模擬宇宙的演化。依據宇宙微波背景輻射的觀測結果,宇宙是從一個高度均勻的狀態開始膨脹的。這種情況下,在數值模擬中,熱暗物質粒子無法幫助宇宙形成星系這樣「小尺度」的團塊。這樣的話,這些基本粒子也被從暗物質候選物中排除了。

12　暗物質：隱形的宇宙成分

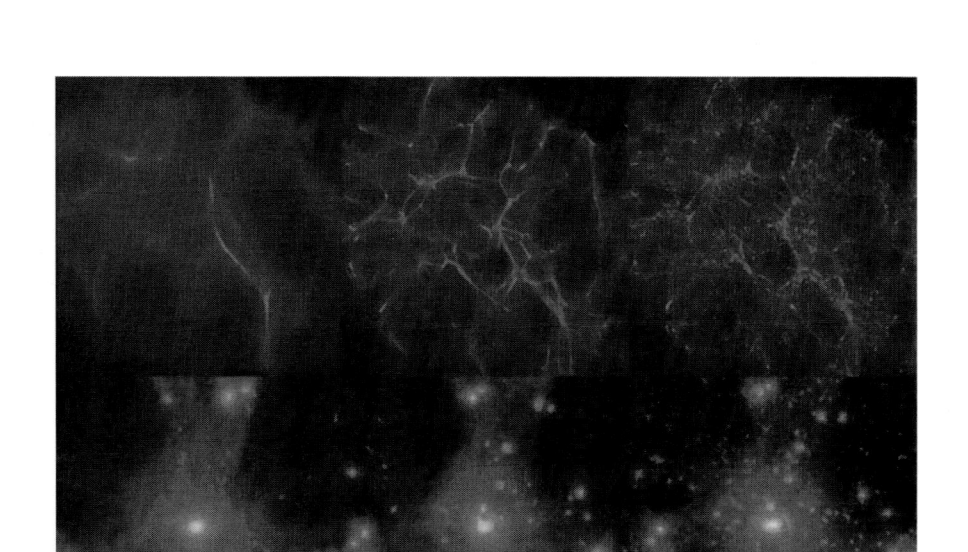

數值模擬中的熱（左）、溫（中）、冷（右）暗物質模型，
顯示了宇宙早期（上）以及現階段宇宙（下）中的物質分布結構，
隨著暗物質「溫度」逐漸降低，能夠形成的小尺度結構就越密集
（圖片來源：蘇黎世大學）

有了熱暗物質作為參考，冷暗物質（Cold Dark Matter，CDM）模型也便應運而生。這類模型是對那些質量較大、速度更小的粒子的統稱，它們被稱為弱相互作用大質量粒子（Weakly Interacting Massive Particles，WIMPs）。它們是質量和相互作用強度都在電弱相互作用量級的基本粒子，不參與電磁作用和強相互作用。

◆ 尋找暗物質

目前，WIMPs 是暗物質的最佳候選者。但由於 WIMPs 本身的物理性質極其不活潑，因此很難直接尋找到它們。不過，眾多物理實驗已經

第二部分　星系結構與宇宙的起源

建立起來，科學家們大致採用三類辦法尋找這類神祕莫測的物質。

第一類為直接探測法，利用的是暗物質粒子與實驗室物質的直接作用。目前，世界上有不少這樣的實驗室。銀河系中的暗物質可以穿透地球，到達地下實驗室，並且跟探測器中的氙原子發生相互作用，從而產生能量轉移，在探測器中以氙原子發光和電離的形式表現出來。

第二類為間接探測法。暗物質粒子衰變和湮滅的過程中，會產生我們能夠探測到的其他粒子，如伽馬射線、正負電子對等，透過探測這些已知粒子可以找尋暗物質粒子。華裔美籍物理學家丁肇中主持的阿爾法磁譜儀（AMS-02）實驗試圖透過探測正負電子對的高能譜尋找暗物質粒子。

第三類為高能粒子對撞法。兩個高能粒子在對撞的過程中可能產生暗物質粒子，精確測量對撞後的各個部分，再與對撞粒子的各物理量對比，就可以了解所產生的暗物質粒子的物理屬性，從而發現暗物質。歐洲核子研究中心（CERN）的大型強子對撞機（LHC）正在進行這方面的實驗。

阿爾法磁譜儀（AMS-02）是太空中探測暗物質的實驗裝置（圖片來源：NASA）

12　暗物質：隱形的宇宙成分

◆ 暗物質並不存在？

　　如今，星系和宇宙學中有多個證據讓絕大多數天文學家相信，宇宙中一定存在暗物質。然而，另有一些天文學家持不同的見解，他們認為暗物質可能根本不存在，天文觀測遇到的引力困境可以透過改進物理定律解決。鑒於當前尋找暗物質的僵持局面，這也是解決問題的一種合理做法。

　　1980 年，以色列物理學家米爾格羅姆（Mordehai Milgrom）從經驗規律出發，假定當萬有引力的強度（即重力加速度的大小）比較大時，物體受到的引力可以用牛頓萬有引力的公式描述；但是當其減弱到一定程度時，則偏離了標準的牛頓動力學。具體地說，密爾格羅姆把牛頓第二定律改為 $F=m\mu(x)a$。他在中間加入了一個未知項 $\mu(x)$，其中的變數 x 為加速度 a 和常數 a_0 的比值。當 x 非常大時，$\mu(x)$ 趨近於 1；而當 x 趨近於 0 時，$\mu(x)$ 趨近於 x。所以在加速度很大的情況下 $F=ma$。而在加速度非常小的情況下，引力像觀測到的資料那樣和加速度的平方成正比；又根據向心加速度的計算公式，可以得出這時速度和中心距離無關，這就解釋了軌道速度不隨距離變化的現象。後來，這一理論被稱為修正的牛頓動力學理論（MOdified Newtonian Dynamics），簡稱 MOND 理論。

　　MOND 理論在處理單個星系的問題時比較成功。但是，一個物理學理論必須能在各種情況下都適用。對於宇宙演化、光線偏折（引力透鏡）、宇宙微波背景輻射等需要相對論才能解決的問題，原始的 MOND 理論無法提出明確的預測。

　　MOND 理論的支持者們一直在努力建構相對論性的修正引力理論，並作了很多嘗試。2002 年，另一位以色列物理學家、以提出黑洞熵公式

而著稱的貝肯斯坦（Jacob David Bekenstein）發表一種既滿足相對論、又能產生 MOND 行為的理論，它被稱為張量—向量—標量（TeVeS）理論。但是，TeVeS 理論有明顯缺陷，比如，在用於預測宇宙結構增長速度時，得到的結果與觀測結果不太一致。尤其是在 2017 年，人們探測到一對中子星併合時產生的重力波（GW170817），同時探測到了這次事件的伽馬射線訊號，二者幾乎同時到達，說明重力波的傳播速度非常接近光速。而 TeVeS 預測的重力波傳播速度低於光速，因此，這一理論現在已經被拋棄了。

雖然 TeVeS 理論被實驗否定了，但這一理論仍然帶給人們有益的啟發。2019 年到 2021 年，兩位捷克物理學家斯科蒂斯（Skodt）和茲羅斯尼克（Zítek）在分析了 TeVeS 失敗原因的基礎上，又構造了一種新的理論，他們稱之為相對論 MOND（RMOND）理論。在這一理論中，重力波傳播速度等於光速。另外，RMOND 理論在早期宇宙裡也能產生更強的引力作用，從而使它能替代暗物質模型，提出正確的宇宙微波背景輻射的各向異性，滿足現有的各種宇宙學觀測。這是一項重要的成果，在各方面都可以和暗物質理論競爭。

整體來說，在星系尺度上，MOND 理論與觀測符合得不錯。但是，在星系團尺度上，MOND 理論表現不佳，還面臨子彈星系團的挑戰。近期發現的一些暗星系也對該理論構成新的挑戰。而暗物質在解釋天文觀測現象和宇宙學問題上較占優勢。

尋找暗物質的工作依然繼續著，人們都在等待將來某一天，暗物質以一種嶄新的方式突然出現。但目前，對於暗物質這個「怪物」，我們只知道：它擁有質量，約是普通物質質量的 5 倍；用各種波段的望遠鏡都不能看見；它跟星系待在一起，遍布我們周圍，但是普通物質碰不到

12　暗物質：隱形的宇宙成分

它，暗物質團塊之間也可以相互穿過而毫髮無損；除了引力相互作用外，它沒有任何其他作用力。當然，暗物質之間以及暗物質跟普通物質之間，可能有我們尚未了解的作用力。

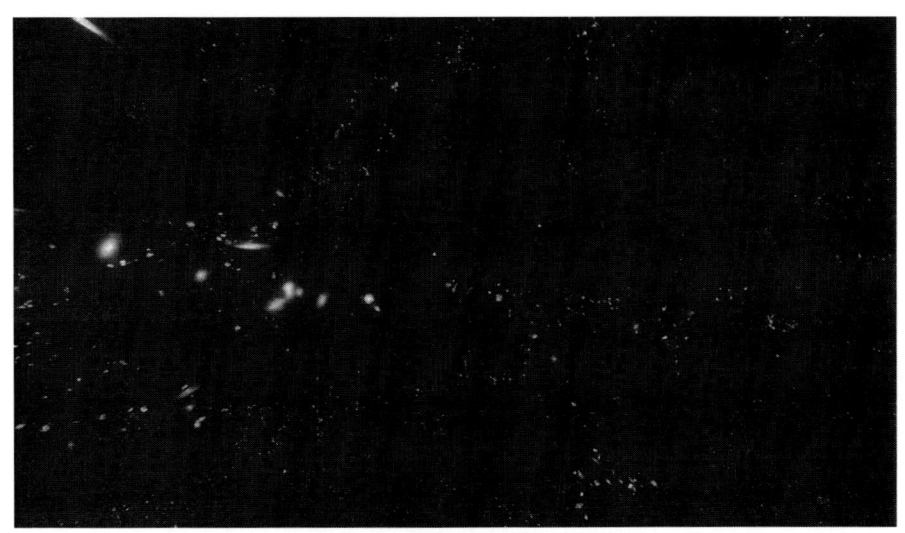

宇宙中的暗物質呈網路狀分布，
可見星系團在暗物質纖維的節點處出現。（圖片來源：WGBH）

如今，暗物質不僅是科學家追逐的對象，普通民眾甚至國中、小學生對它同樣感到好奇。或許，暗物質的世界更加豐富多彩，暗物質食物更加美味，暗物質生命具有更高級的智慧。讓我們期待破解暗物質之謎那一天的到來。

第二部分　星系結構與宇宙的起源

13
暗能量是什麼？它如何影響宇宙？

如今，人們陶醉在現代科學技術取得的輝煌成就中，可以透過網路即時獲取全球各處的資訊，未來或許還可以乘坐太空船到其他星球旅行。然而，天文學家卻宣稱我們能夠看到、嗅到、觸摸到以及用科學儀器探測到的東西，只是宇宙的一小部分，約占宇宙總物質能量密度的5%，另有約27%的暗物質和68%的暗能量，我們既抓不到，也不知道它們是什麼。暗物質已經弄得科學家暈頭轉向，還有一個更加莫名其妙的暗能量讓局面更加迷亂。

想要理解暗能量是怎麼回事，還得從1920年代說起。

1929年，透過觀測遠方星系的距離以及它們的運動速度，美國天文學家哈伯發現，宇宙中許多星系正在遠離我們所在的銀河系，且退行的速度與距離成正比，這說明宇宙在膨脹。這一發現大幅出乎人們的預料，因為按照物理學定律，宇宙中任何物體之間都有引力作用，星系之間也如此。在引力作用下，星系遠離我們的速度應該逐漸緩慢下來。那麼，星系運動的實際情況是如何呢？只有天文觀測才能給出問題的答案。

1998年，天文學家利用良好的標準燭光，即Ⅰa型超新星，探究星系的運動情況。他們發現，目前的宇宙不僅在膨脹，而且在加速

13 暗能量是什麼？它如何影響宇宙？

膨脹。這項觀測成果再次顛覆了人們對宇宙的認知。憑此觀測成果，美國勞倫斯柏克萊國家實驗室及加州大學柏克萊分校的索爾・珀爾穆特（Saul Perlmutter）、澳洲國立大學的布萊恩・施密特（Brian Paul Schmidt）、美國約翰・霍普金斯大學及太空望遠鏡科學研究所的亞當・黎斯（Adam Guy Riess）獲得2011年諾貝爾物理學獎。宇宙加速膨脹的觀測事實顯示，宇宙中除了星系和其他物質之間的引力以外，必定還存在著巨大的斥力，只有斥力超過引力，宇宙才會加速膨脹。那麼關鍵的問題是，巨大的斥力作用來自哪裡？對此，天文學家百思不得其解。於是，他們將這種神祕莫測的推動宇宙加速膨脹的斥力稱為暗能量。暗能量顯然不同於人們常見的任何能量，天文學家既不知道它來自何處，也不知道它是什麼，其中的「暗」字代表了天文學家對這種斥力的無知與無奈。

還有一項觀測研究能證明暗能量的存在，那就是宇宙微波背景輻射。它來自宇宙大爆炸後的38萬年，即光子退耦時期，它經歷了整個宇宙演化過程的絕大部分時間，攜帶了宇宙早期演化的許多訊息。1965年，彭齊亞斯和威爾遜首次觀測到宇宙中的微波背景輻射，從此以後，觀測微波背景輻射便成為天文學家探究宇宙的一個有效途徑。隨著科學目標的不斷優化、觀測儀器的不斷升級和觀測技術的極大進步，透過這條途徑，天文學家獲取到不少研究成果。2001年發射的威爾金森微波各向異性探測器和2009年發射的普朗克衛星是目前世界上兩個觀測微波背景輻射的先進設備。透過分析它們的高精度觀測資料，天文學家推斷，宇宙中必然存在暗能量，而且暗能量約占宇宙總物質能量的68.3%。

第二部分　星系結構與宇宙的起源

由普朗克衛星觀測得到的微波背景輻射圖。
局部方向的溫度差異以不同的顏色表示。
（圖片來源：ESA, the Planck Collaboration-D. Ducros）

觀測Ⅰa型超新星，進而發現宇宙加速膨脹，該測量結果是暗能量存在的直接證據；微波背景輻射的觀測資料算是暗能量存在的間接證據。此外，還有一些暗能量的間接觀測證據。例如，澳洲天文臺的「兩度視場星系紅移巡天」（2dFGRS）專案，透過星系光譜巡天，也為暗能量的存在提供了證據；美國史隆數位巡天專案，利用位於美國新墨西哥州阿帕契點天文臺口徑 2.5 公尺的望遠鏡，測得大量星系的資料，天文學家以此建構星系的三維空間大尺度結構，也得到了支持暗能量存在的證據。

多種觀測事實支持宇宙中存在暗能量，那麼，暗能量是一種什麼樣的東西？它的存在形式和物理本質是如何的？目前，科學家們還沒有確定的答案。不過，科學家們對此有多種猜測，最早進入他們視野的是愛因斯坦曾經提出的宇宙學常數。

1916 年愛因斯坦發表廣義相對論，1917 年他利用引力場方程式研究宇宙的特性。在只有引力的情況下，愛因斯坦得到的宇宙學解並不穩

13 暗能量是什麼？它如何影響宇宙？

定，不是膨脹就是收縮，不能得到當時人們心目中的穩態宇宙。為了解決這個問題，愛因斯坦在引力場方程式中新增了一個常數項 Λ，這一常數項發揮斥力作用，來對抗引力，使得宇宙穩定。但是，幾年之後，哈伯發現宇宙實際上在膨脹。得知這一消息，愛因斯坦非常懊悔，認為宇宙學常數是他犯下的一個大錯誤，並將該常數從引力場方程式中去掉。然而，又過了將近 60 年，天文學家發現宇宙在加速膨脹，這就需要一種具有斥力作用的暗能量，於是，愛因斯坦提出的宇宙學常數便被科學家們重新關注。

宇宙學常數作為暗能量的候選體，具有負壓特性，可以很好地解釋宇宙的演化歷程，深受天文學家青睞。考慮在靜態空間中，有兩個星系以近似恆定的速度相互遠離，引力會使它們遠離的速度逐漸變慢。目前，天文學家找不到任何其他外力使得它們加速遠離。如果空間（或者說真空）具有某種與其相關的能量，該能量密度引起空間（或真空）加速生成，充當負壓角色，從而導致宇宙膨脹，那麼，宇宙膨脹就有了適當的因果邏輯。天文學家試圖將那個能量密度歸結為宇宙學常數。但是，根據量子理論計算，量子真空能量比實際宇宙學常數大 120 個數量級。這一結果讓宇宙學常數作為暗能量的候選體面臨挑戰。

除了宇宙學常數外，科學家們還從其他角度尋找暗能量，指出暗能量是類似於引力場的動力學場，它可以隨著空間位置和時間而變化。至於構成動力學場的微觀粒子，科學家們提出了多種模型，比如精質模型、幽靈模型和精靈模型等等。如今，科學家們非常深入的研究暗能量，比如提出了全息暗能量的概念。儘管各種暗能量模型百花齊放，但是，關於暗能量的本質仍然不能確定。不過，暗能量有幾個特點基本上是確定無疑的。比如暗能量具有負壓強、不參與電磁等相互作用、只存

在引力相互作用、在宇宙中的分布是均勻的、並且各向同性、不會集結成團等等。

儘管暗能量的研究如火如荼，但是我們必須理解，暗能量是為了解釋宇宙加速膨脹引入的物理客體，實際上，這等於修改愛因斯坦引力場方程式的右側。其實也有另一種可能，在大尺度上，引力場方程式對時空的描述可能存在缺陷。因此，我們需要另一種方案，那就是修改引力場方程式左側的時空曲率，即修改引力，以便得到與觀測宇宙相一致的理論。

由此看來，暗能量是否存在或許還是一個未知數。

14 銀河系長什麼樣子？

　　18 世紀後期，英國天文學家威廉・赫雪爾透過觀測天上的眾多恆星，探討這些恆星之間的關係。為什麼夜空中有一條密集的恆星亮帶？這條亮帶有多厚？它會延伸到哪裡？赫雪爾最終得出結論，銀河亮帶和天空中其他恆星構成一個巨大的系統，該系統具有類似凸透鏡或鐵餅的扁平結構，我們的太陽系位於這個恆星系統的中心。20 世紀早期，美國天文學家哈羅・沙普利採用新的觀測方法，再次探究這個恆星系統，對於太陽的位置，他得出了不一樣的結論。沙普利指出，太陽不在這個系統的中心。這個巨大的恆星系統就是銀河系。

　　宇宙中有許多銀河系這樣的龐大恆星系統，它們被稱為星系，一個個星系就像宇宙中的一座座島嶼，我們居住在銀河系這座宇宙島上。繼赫雪爾及沙普利之後，天文學家一直在探究銀河系這座島嶼，它究竟是什麼樣子？包含多少恆星？它的邊界在哪裡？

　　如果天文學家坐上太空船，帶上先進的天文望遠鏡，飛出銀河系，去往距離銀河系中心非常遠的地方，比如 15 萬光年或者 30 萬光年以外，在那裡回頭瞭望，那麼銀河系的形狀便一目了然。可是，人類目前還沒有足夠高級的太空飛行技術，不能從外部洞察銀河系的形狀。如跟我們身處草木繁茂、層巒疊嶂、蜿蜒曲折的山脈，不易辨識它的真面目一樣，地球位於銀河系中的一個偏僻角落，受到星際氣體和塵埃以及眾多

> 第二部分　星系結構與宇宙的起源

恆星的阻擋和干擾，要了解銀河系的形狀和結構，同樣非常困難。

20世紀中期，第二次世界大戰結束，軍用技術迅速應用到天文學領域，射電波段和紅外線波段的天文觀測技術逐漸發展起來。射電波不受星際氣體和塵埃的消光影響，可以帶來銀河系遠處的資訊，為天文學家了解銀河系的形狀和結構打開了一扇大門。最近幾十年，大口徑地面望遠鏡技術和空間望遠鏡技術也突飛猛進，天文學家可以觀測到許多遙遠的星系，參考這些星系的狀況，天文學家對銀河系的整體結構和形狀已經有了比較深入的了解。

銀河系是一個棒旋星系，它擁有幾千億顆恆星，總質量達上兆倍太陽質量。銀河系的絕大部分質量（約93%）來自暗物質，而我們熟悉的可見物質只占約7%，包括恆星、氣體和塵埃，它們形成銀河系的可見結構，讓銀河系呈現為特定形狀。就可見物質來看，整個銀河系可以劃分為三個不同的部分，分別是居於中心的核球狀銀心、圍繞銀心的扁平狀銀盤以及包裹著銀心和銀盤的球狀銀暈。

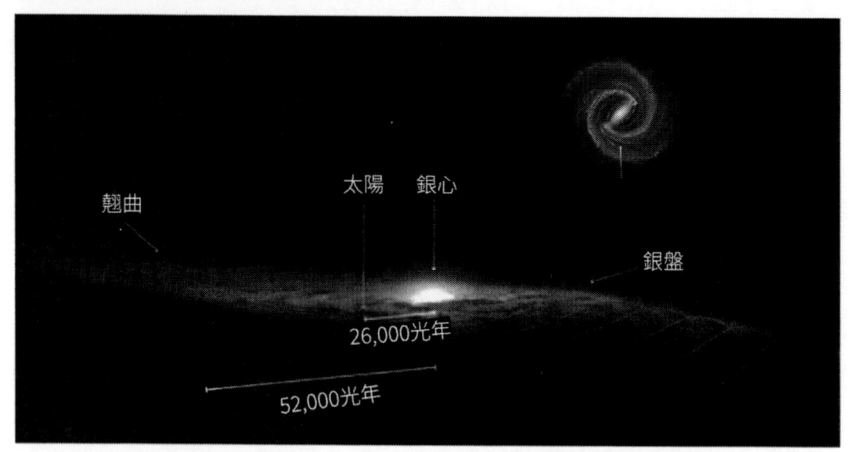

從銀河系的側面看，可以看出銀河系有一個翹曲的銀盤，
右上側小圖是俯看銀河系，可以看見銀河系的旋臂。
（圖片來源：Stefan Payne-Wardenaar; NASA/JPL-Caltech; ESA）

14 銀河系長什麼樣子？

如果我們去往南半球的某地，比如說南美洲的智利，在觀察銀河最佳的 5 月分，選一個晴朗無月的夜晚，抬頭仰望射手座區域，會看到此處的銀河亮帶格外明亮而寬闊，這裡是銀河系的中心方向，不過，我們並不能辨識出一個核球。天文學家利用專業的觀測方法，確定在銀河系的中心有一個核球結構，跟周圍扁平的銀盤相比，這裡有明顯的隆起。從銀盤的上方或下方看，銀心像一顆花生或馬鈴薯，呈現為棒的形狀，長度約 2 萬～3 萬光年。銀心中間積聚著上百億倍太陽質量的物質，這裡的恆星密度非常高，大多數是年老的貧金屬恆星，也有少部分年輕的富金屬恆星。

桃子和杏桃是人們喜愛的水果，它們的中心有桃核和杏核；地球的核心是一個高溫鐵核，這裡是地球磁場的發源地；太陽中心的日核是它的核反應區，為太陽發光發熱提供能量；太陽系的核心是它的唯一恆星太陽。從上述例項可見，核心往往是一個非常特殊的地方。那麼，銀河系的核心有沒有特殊之處？這是一個極具吸引力的問題，它吸引許多天文學家進行思考和探究。

1960 年代，天文學家發現了遙遠的類星體，後來，人們理解到類星體的中心有大質量黑洞。受到類星體的啟發，有天文學家提出，近處的星系可能是已經熄滅的類星體，銀河系很可能就是這種情況。難道在銀河系的中心也有大質量黑洞？

為了尋找答案，天文學家主要從兩條路徑進行探測：一條路徑是探測銀心的緻密射電源；另一條路徑是尋找被約束在銀心黑洞引力勢中的介質或恆星的運動學效應。1974 年，美國天文學家布魯斯·巴利克（Bruce Balick）和羅伯特·布朗（Robert Brown）發現了位於銀河系中心的射電源射手座 A*。進入 21 世紀，口徑 8～10 公尺的大型望遠鏡相繼投入使用，

> 第二部分　星系結構與宇宙的起源

它們配備了自適應光學系統，讓繞射極限達到 0.05 角秒。有兩個團隊的研究工作非常出色，一個是賴因哈德・根舍（Reinhard Genzel）帶領的德國馬克斯・普朗克地外物理研究所（MPE）團隊，他們使用位於智利的歐洲南方天文臺甚大望遠鏡；另一個是安德烈婭・蓋茲（Andrea Mia Ghez）帶領的美國加州大學洛杉磯分校團隊，使用位於夏威夷的凱克望遠鏡。他們在近紅外線波段觀測銀心，分析其中恆星的運動，結果顯示銀心處存在一個 400 萬倍太陽質量的緻密天體。憑藉這項成果，根舍和蓋茲獲得了 2020 年諾貝爾物理學獎。2022 年 5 月 12 日，傳來一條更加令人振奮的消息，事件視界望遠鏡合作組織向全球釋出銀河系中心超大質量黑洞射手座 A* 的首張照片。

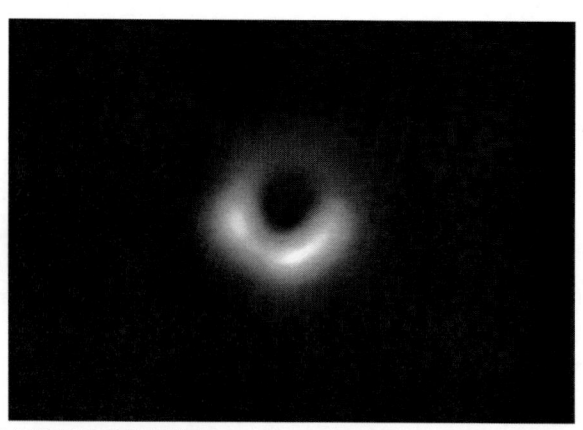

事件視界望遠鏡拍攝的銀河系中心黑洞（圖片來源：EHT/NASA）

在銀河系中央核球的四周，圍繞著一個扁平的圓盤，它向外延伸到距離銀心 5 萬～6 萬光年的地方，包含大量的恆星、星雲、星際氣體和塵埃。銀盤中的恆星數量約占銀河系恆星總數的 90%。我們的太陽系處在銀盤中，距離銀心約 2.6 萬光年。北半球中緯度的夏季夜晚，天空朝向銀河系內部，面對著數量極大的恆星，銀盤投影產生的銀河亮帶十分顯著；冬季夜晚，天空朝向背離銀心的方向，銀河亮帶則遜色許多。

14　銀河系長什麼樣子？

　　銀盤中的恆星、氣體和塵埃分佈並不均勻，大致上，距離銀心由近到遠，這些物質的密度逐漸減小。如果從遠處面對銀盤觀看，銀盤呈現出一些獨特結構。從銀盤中央的核球（棒）的末端，延伸出幾條朝相同方向彎曲的臂，它們被稱為旋臂。銀盤旋臂的整體形狀就像草坪上旋轉噴水龍頭噴出的一道道彎曲水流。中間的棒加上周圍的旋臂，這一構造是銀河系被稱為棒旋星系的原因。旋臂中恆星、氣體和塵埃的密度比旋臂之間的區域更大。銀盤中的恆星主要是富金屬的星族 I 恆星。實際上，銀盤是一個轉動的圓盤，其中的恆星和氣體都在圍繞銀心旋轉。太陽圍繞銀心公轉的速度是 220 公里／秒，公轉一周需要 2.4 億年。

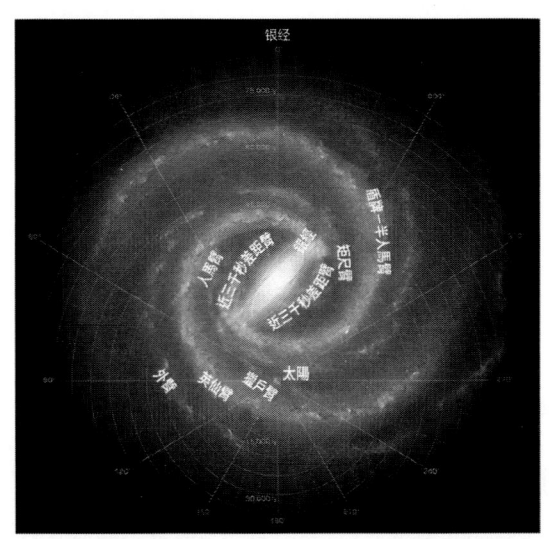

銀河系的旋臂結構 [圖片來源：NASA/JPL-Caltech/R. Hurt(SSC-Caltech)]

　　銀盤中有四條主旋臂，分別是人馬臂、英仙臂、盾牌—半人馬臂和矩尺臂，在中心棒的兩側附近是近三千秒差距臂和遠三千秒差距臂。太陽位於人馬臂跟英仙臂之間的一條被稱為獵戶支臂的旋臂上。近些年，天文學家發現，銀盤並非一個平直的扁盤，在邊緣附近呈翹曲的形狀，像一片洋芋片，而且銀盤邊緣附近的厚度有所增大。2010 年，費米伽馬

第二部分　星系結構與宇宙的起源

射線衛星在銀道面上下發現了一對巨大的氣泡狀結構，相對銀盤和銀心對稱分布，直徑約 25,000 光年。這對氣泡被稱為費米泡泡。

在銀心和銀盤的上下和四周，零星地分布著一些恆星、星流，還有約 150 個球狀星團，這些天體分布在一個圓球形的區域內，這個球形區域被稱為銀暈，銀暈中恆星的質量約占銀河系總質量的 1%。在銀暈中，朝特定方向運動的一系列恆星形成星流，而恆星和球狀星團則隨機運動，沒有規律。銀暈中的恆星主要為貧金屬的星族 II 恆星，它們大多集中在距離銀心 10 萬光年的範圍內，也有少部分成員位於 10 萬～20 萬光年的區域中。近幾十年，X 射線觀測顯示，在比恆星暈更大的範圍內有極其稀薄的氣體暈，氣體暈中高溫氣體的總質量十分巨大。銀河系總質量中，由於暗物質占 90% 以上，因此，銀河系還有一個看不見的暗物質暈，它的範圍可能延伸到距離銀心 20 萬光年甚至更遠的地方。

銀心超大質量黑洞、中心核球、銀盤及旋臂、X 射線氣泡和銀暈等不同但相互連繫的各個部分構成整個銀河系，它看上去好像一個巨大的藝術品，自然界的鬼斧神工令人敬佩。可是，對於天文學家來說，關於銀河系仍有許多有待研究和破解的謎團。

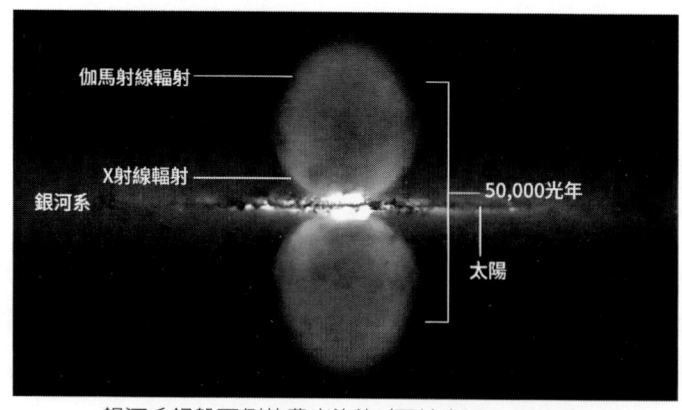

銀河系銀盤兩側的費米泡泡（圖片來源：NASA）

15 星系有哪些分類方式？

　　在銀河系以外的浩瀚太空中，有數量眾多的星系，它們距離地球十分遙遠，因而絕大多數星系顯得非常黯淡，人眼不能直接看見它們。望遠鏡是人類的觀天利器，隨著科學技術的發展，天文學家不斷製造出功能強大的大口徑地面望遠鏡和先進的太空望遠鏡，透過這些望遠鏡進行觀測，一個個遙遠的河外星系猶如近在眼前。

　　哈伯太空望遠鏡是一個貢獻卓越的太空望遠鏡，它以美國著名天文學家愛德溫·哈伯的名字命名，於 1990 年 4 月 24 日發射升空，口徑為 2.4 公尺。多年來，它讓人們清楚地目睹了河外星系的千姿百態。

　　北斗七星是人們非常熟悉的一個星空圖案，七顆星構成一個「大勺子」，它們是大熊座的一部分。勺柄最外端的兩顆星叫開陽和瑤光，在這兩顆星附近，靠近北極星的一側，有一個赫赫有名的河外星系，它的形狀像一個旋轉的風車，被命名為風車星系，它是 101 號梅西耶天體（M101）。非常巧合，風車星系正向面對我們，因此，利用望遠鏡可以看到它的清晰「標準照」。它的中心是明亮的球狀核心，從這裡伸出幾條纏繞的旋臂，旋臂是恆星、塵埃和氣體的集聚區，其中包含許多年輕恆星。風車星系是一個大型漩渦星系，直徑約 170,000 光年，接近銀河系的兩倍，距離地球約 2,090 萬光年。透過風車星系，人們可以看到它背後更遠處的星系，可見其旋臂構成的圓盤的厚度並不大。

第二部分　星系結構與宇宙的起源

風車星系 M101（圖片來源：NASA, ESA）

　　宇宙中如風車星系這樣的漩渦星系為數眾多，其中一些看上去跟風車星系的形狀相似，同樣分布著纏繞的旋臂，但在星系的中心有一個明亮的棒狀結構，旋臂發源於棒的兩端，天文學家稱它們為棒旋星系。位於波江座的 NGC1300 就是一個典型的棒旋星系，其直徑約 10 萬光年，大小跟銀河系相近，它距離地球約 7000 萬光年。近些年，天文學家想盡辦法探測銀河系的真實形狀，從目前的結果看，銀河系也是一個典型的棒旋星系。

棒旋星系 NGC1300（圖片來源：NASA, ESA）

15 星系有哪些分類方式？

星系相對於地球的方位或朝向千變萬化，風車星系和 NGC1300 跟我們正面相對，有些星系則是側向或斜向地球，比如草帽星系 M104 和仙女星系 M31，這兩個星系顯示出盤的形狀，也表現出漩渦星系的樣貌。儘管我們不能圍繞一個星系從四面八方觀看它，但是，透過眾多星系呈現的多種角度及其顯示的各種形狀，人們能夠推斷和了解某一類星系的實際構形。

草帽星系 M104（圖片來源：HST/NASA/ESA）

宇宙中有一類星系被稱為橢圓星系。它們的形狀看上去是一個橢圓，中心最亮；從中心向四周的邊緣，亮度平滑地減小。它們沒有旋臂結構，星系的顏色整體偏紅，其中主要是年齡較老、質量較小的恆星。由於我們觀測的是星系的投影形狀，因此，橢圓星系的扁度並不是星系真實三維結構的反映。各個橢圓星系的體積大小和包含的恆星數量會相差很大，星系尺度從 3,000 光年到 70 萬光年不等，恆星數量從幾百億顆到上兆顆。

西元 1781 年，法國天文學家梅西耶在處女座發現了一個被稱為 M87 的天體，它是一個巨大的橢圓星系，看上去呈圓形。M87 距離地球 5,400

萬光年，它擁有幾兆顆恆星，中心有一個超大質量黑洞，還擁有 15,000 個球狀星團。M87 是處女星系團的主角。而另一個橢圓星系 NGC4660 看上去要扁許多，它跟 M87 同屬於處女星系團。

樣貌相對單調的橢圓星系也會為人們帶來驚奇，帶來迷茫。NGC3923 位於長蛇座，它距離地球 9,000 多萬光年。透過高解析度圖片，天文學家竟然發現它的星系暈呈現為一層套著一層的多殼層結構，共有 20 多層。這樣獨特的樣貌是如何形成的？這種層狀結構會一直保持下去，還是會慢慢消失？對於這些問題，目前還沒有確切答案。不過，有的天文學家猜測，這可能是大星系吞噬小星系時，引力作用產生的「漣漪」。

橢圓星系 M87
[圖片來源：NASA, ESA and the Hubble Heritage Team(STScI/AURA)]

椭圆星系 NGC3923
（圖片來源：ESA/Hubble& NASA）

不管是漩渦星系、棒旋星系，還是橢圓星系，它們看上去都具有比較規則的形狀，也有明亮的核心以及大致對稱的結構。可是，有些星系既沒有明亮的球狀核心，其整體形狀也不規則，這些星系被稱為不規則星系。位於獵犬座的 NGC4449 就是一個不規則星系，它距離地球約 1,200 萬光年，直徑約 20,000 光年。NGC4449 的顯著特點是它包含不少氣體雲，這裡是恆星正在誕生的地方。

在南半球的天空中，肉眼可以看到銀河系的兩個近鄰星系 —— 大麥哲倫雲和小麥哲倫雲，它們與地球的距離分別為 16 萬光年和 19 萬光年，直徑分別為 14,000 光年和 7,000 光年。它們也是不規則星系，不過，這兩個星系中有棒狀結構。天文學家發現這兩個星系之間以及它們與銀河系之間有氣體橋連接。

第二部分　星系結構與宇宙的起源

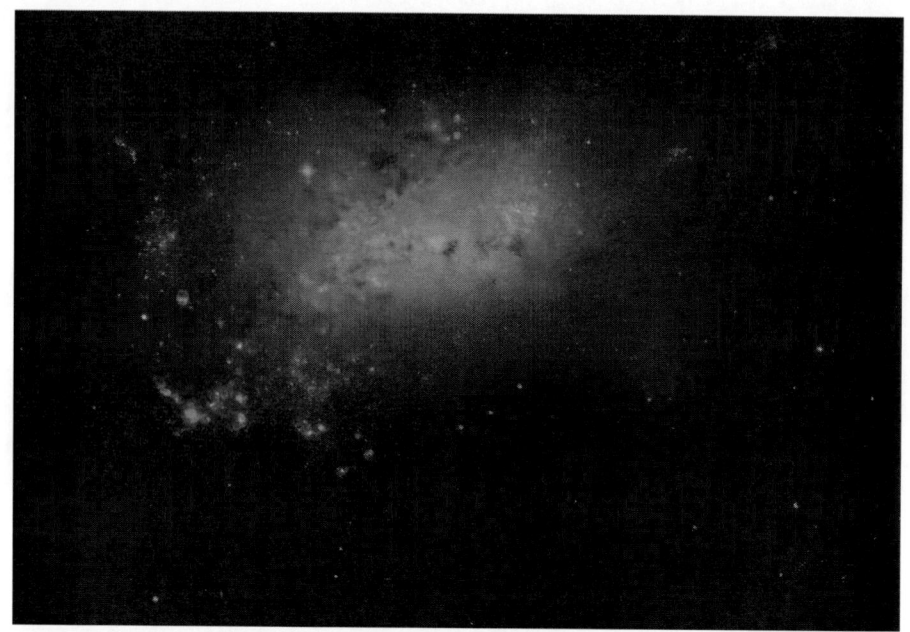

NGC4449（圖片來源：ESA/Hubble& NASA）

大小麥哲倫雲（圖片來源：Lorenzo Comolli）

15 星系有哪些分類方式？

◆ 星系的分類

宇宙中的星系就像河床上的鵝卵石，多姿多彩，千變萬化，它們是構成宇宙的基本單元。美國天文學家哈伯被稱為星系天文學之父，1936年，他在觀測了大量星系後，根據形態不同分類星系，後來美國天文學家桑德奇等人對補充和改進哈伯的工作，形成如今流行的「哈伯序列」或「哈伯音叉圖」。

音叉圖的左側是橢圓星系，它又被分為 8 個次型：E0、E1、E3……E7，依扁度從小到大排列。音叉圖的右側分別是漩渦星系和棒旋星系，它們構成音叉的兩個支叉。其中的漩渦星系，根據核球由大到小、旋臂由緊到鬆，分為 Sa、Sb、Sc 三個次型；與之類似，另一支叉的棒旋星系分為 SBa、SBb、SBc 三個次型。在橢圓星系和漩渦星系（棒旋星系）之間的星系，被稱為透鏡狀星系，它們是橢圓星系和盤星系兩大類型之間的過渡。

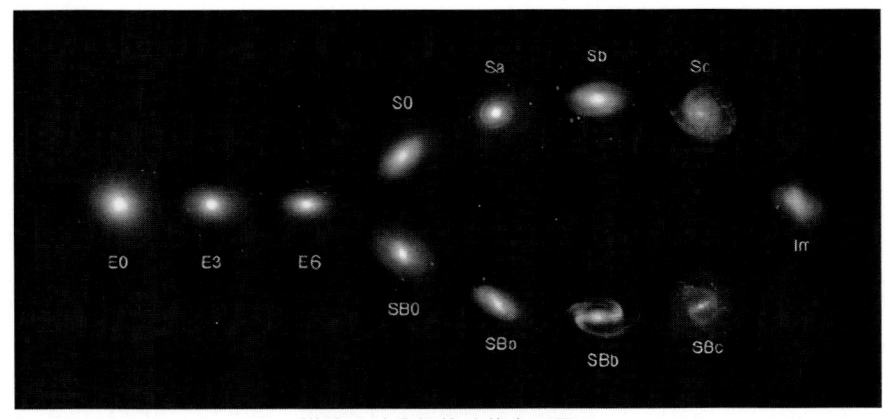

描述星系分類的哈伯音叉圖。

在科學研究中，分類是一個有效的研究方法，它往往可以透露出被研究對象的一些奧祕。星系音叉圖是否可以告訴我們星系的一些奧祕？

根據不同星系中恆星的性質以及其他屬性，哈伯初期將左側的橢圓星系看成年齡較老的早型星系，將右側的盤星系看成較為年輕的晚型星系。然而，後期的觀測研究顯示，這一看法並不正確。那麼實際情況是怎麼樣的？

在浩瀚的太空中，天體距離地球非常遙遠。在真空中，光的傳播速度是一個有限的固定數值。天體發出的光線傳播到地球需要一段時間，因此，人們看到的天體不是它當前的面貌，而是該天體以前的形象。比如，人們看到的太陽是 8 分鐘前的太陽，看到的比鄰星是 4.2 年以前的比鄰星。對於更加遙遠的星系來說，人們目前看到的影像是星系幾十萬、幾百萬甚至幾十億年前的形狀。這樣一來，人們看到的不同距離處的星系具有不同的宇宙年齡。

一個人從幼年，到青年，再到老年，身高和相貌都會發生明顯變化。星系是否也是如此？它們是如何演化的？

宇宙膨脹讓星系的光譜表現為紅移，紅移越大的星系，距離地球越遠，對應的宇宙年齡就越小。天文學家觀測發現，在紅移為 1 的時候，星系的形態已經呈現出人們所熟知的哈伯序列，而形態不規則的星系占比明顯比近鄰宇宙中高出很多；紅移大於 2 時，宇宙主要由形態不規則的星系主導，規則星系數量很少。只有紅移小於 0.3，也就是更近處，高齡星系的諸多特徵才與近鄰星系一致。結合距離與年齡的關係，可以知道，星系演化的大致趨勢應該如下：不規則星系→漩渦星系（棒旋星系）→透鏡狀星系→橢圓星系。

最遙遠的星系代表著早期宇宙的狀況，但是觀測它們的難度非常大，因此，宇宙早期仍然迷霧重重。星系的形成理論是宇宙形成和演化理論的重要組成部分。

標準的現代宇宙學模型是天文學家對宇宙形成和演化的最新論斷。宇宙是由暗能量（約68％）、暗物質（約27％）和少量的重子物質（約5％）組成的。暗能量使得宇宙加速膨脹，暗物質充當星系形成、演化和併合的骨架。物質分布的起伏在大爆發之後極短時間內產生。隨著時間的推移，引力不穩定性加劇物質分布的不均勻。重子物質不斷落入暗暈中心。在較大的暗暈中心，氣體能夠冷卻聚集，形成恆星，並且形成原始的星系。這些暗暈中的星系吸積氣體形成恆星，並透過併合形成更大的星系。

第二部分　星系結構與宇宙的起源

16
類星體是怎麼被發現的？

多種觀測事實顯示，宇宙有一個開端，宇宙誕生後在不斷膨脹。那麼，早期的宇宙是什麼樣子的？早期的星系是什麼樣子的？或許，類星體可以提供部分線索。根據現有的觀測資料，天文學家認為，類星體是最遙遠、最古老且最明亮的天體，它是早期宇宙中的活躍星系核。基於此觀點，發現古老而遙遠的類星體應是天文學中的重大課題。

1960年代是天文學歷史上的一段黃金時期，射電天文觀測在此期間取得了四個重大發現：類星體、脈衝星、星際分子和微波背景輻射。這些新發現意義重大，為天文學研究開闢了全新的領域。而射電天文的發展又跟第二次世界大戰密切相關。當時，德國軍隊幾乎攻占了整個歐洲，但是，英國憑藉英吉利海峽這個天然屏障，並未淪陷。為了對付德國的持續空襲，英國發展了很先進的雷達技術，他們的海岸預警雷達隨時能夠監視敵機的到來。射電天文觀測與軍用雷達技術具有相同的物理原理。二戰結束後，一批為戰爭服務的科學家轉身投入射電天文研究，這讓英國的射電天文學在一段時間內處於世界領先地位。很快，英國劍橋大學的天文學家開始利用射電望遠鏡進行巡天觀測。所謂巡天觀測，就是尋找天空中輻射射電波的天體。不久，他們觀測到多個這類目標，鑒於不知道它們是什麼具體類型的天體，因而統稱其為「射電源」。天

16 類星體是怎麼被發現的？

文學家發現的第一個射電源是天鵝座 A。1950 年，劍橋大學的天文學家發表了他們的第一個射電源表（The first Cambridge Catalogue of Radio Sources），簡稱 1C。1C 包含 50 個射電源。1955 年，他們又發表了 2C，包含 1,936 個射電源。後來，天文學家了解到，由於觀測技術的原因，這些大部分不是真正的射電源。1959 年，經過重新鑑定，劍橋大學的天文學家發表了 3C，3C 射電源表包含 471 個源。

哈伯望遠鏡拍攝的類星體 3C273 的影像（圖片來源：ESA/Hubble）

為了弄清這些射電源到底是怎麼樣的天體，天文學家紛紛採用熟悉的可見光波段辨認這些射電源。1960 年，美國帕洛瑪天文臺的馬修斯（William G. Mathews）和艾倫·桑德奇（Allan Sandage）利用月掩射電源的方法，首先在三角座找到了 3C48（3C 表中的第 48 號源）的光學對應體。它的樣子就像一顆普通的恆星，視星等為 16 等，但其光譜中分布著不少寬發射線，且人們無法證實這些譜線的身分——跟普通恆星光譜中身分明確的吸收線相比，這種光譜看上去十分陌生。另外，射電源 3C48 光學

第二部分　星系結構與宇宙的起源

對應體的紫外線波段輻射也比普通恆星強很多，且具有光變。1962 年，西里爾・哈澤德（Cyril Hazard）等人用位於澳洲帕克斯（Parkes）的口徑 64 公尺的射電望遠鏡，準確地測量了 3C273 的位置，透過進一步的光學觀測，發現其對應光學天體的星等為 13 等，也具有寬的發射線，這些發射線同樣無法被證實。

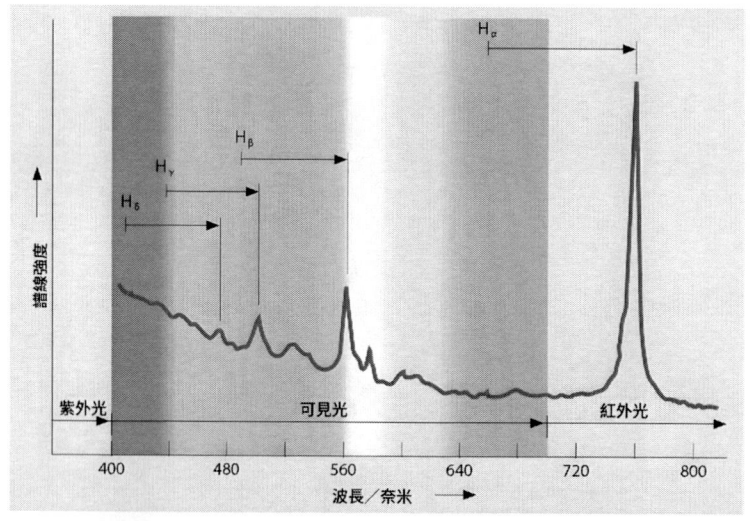

類星體 3C273 的氫原子譜線（圖片來源：University of Alberta）

看上去像恆星，但是有寬的發射線，而且譜線身分難以證實——射電源光學對應體的這些奇怪表現著實讓天文學家一頭霧水。它們究竟是怎麼樣的天體？最終，哈澤德的同事、美國帕洛瑪天文臺的天文學家馬爾滕・施密特（Maarten Schmidt）揭開了謎底。同樣在 1962 年，施密特用帕洛瑪天文臺的 5 公尺海耳光學望遠鏡，進一步觀測 3C273。面對這顆特別的「恆星」的陌生光譜，經過長時間的反覆思考和比對，施密特的靈感悄然降臨。他恍然間了解到，把氫原子的三條巴耳末系譜線向紅端移動其波長的 16%，正好能對應上 3C273 的幾條發射線。按照這樣的邏輯，他進一步推測出 3C273 的另外兩條發射線 Mg II 和 Hα 經過紅移

16　類星體是怎麼被發現的？

後的位置,然後,果真在預測的波長位置觀測到兩條對應的寬發射線。1963 年,施密特將這項開創性的發現發表在《自然》雜誌上。

最初發現的這類天體都是從射電源上尋找的。這些射電源的光學對應體看上去和普通恆星一樣,所以,它們被稱為類星射電源。類星射電源有一個共同的特點:它們的紫外線輻射很強,顏色看上去是明顯的藍色。根據這一特點,天文學家開始用光學方法去尋找這類天體。人們把用光學方法找到的這類天體稱作藍星體。很快,天文學家就理解到,類星射電源和藍星體屬於同一類天體,儘管它們在射電輻射上有時表現不同,而且人們當時也還不清楚它們的物理本質。鑒於這種情況,人們就把這類天體叫做「類似恆星的天體」,英文是「Qusia-Stellar Object」。華裔美國天文學家替這類天體取了一個簡潔的名稱「Quasar」,即類星體,一直沿用至今。

後來,經過大量觀測,天文學家逐漸理解到,大部分類星體在射電波段的輻射都很弱。具有強射電輻射的類星體只占類星體總數的 10% 左右。這樣一來,想要發現更多的類星體,必須使用傳統的光學方法。那麼,天文學家是如何從茫茫星海中去尋找類星體的?實際上,類星體的最大特徵表現在它的光譜上。一顆恆星的光譜主要由兩部分組成:連續譜和線譜。連續譜是光譜強度按波長的連續分布;線譜則是分布在連續譜上的一些孤立的譜線,可以是發射型的亮譜線,也可以是吸收型的暗譜線。類星體的連續譜有一個顯著的特徵,就是隨波長變化非常平滑。不過,其光譜在短波一端,也就是藍端,輻射強度很強。用光學方法尋找類星體,首先就要利用連續譜的這一特性,也就是它和普通恆星在顏色上的差別。這種方法叫做「多色方法」,類星體的發現者施密特和他的學生,就是利用這種方法尋找類星體的。他們巡天北天區中 10,714 平方

度的天區，歷時近 10 年，共發現了 114 顆類星體。

隨著類星體數量的增加，天文學家建立了類星體的標準光譜，其上有很多發射線。歷史上，天文學家很早就使用物端稜鏡或物端光柵得到天體的無縫光譜。1970 年代，天文學家開始將之用於發現類星體。利用發射線尋找新類星體的方法叫做「無縫分光光譜法」。最初，這種方法是由位於智利的託洛洛山美洲際天文臺的科學家開創的，他們用一架 60 公分的施密特望遠鏡加上物端稜鏡去尋找類星體和發射星系 1980～90 年代，在澳洲的英澳天文臺，天文學家用無縫分光光譜法尋找類星體時，分析強發射線氫萊曼 α 線（Lyα）、電離碳的 2 條線（CИ，C III）和電離鎂（Mg II）的一條線。在正常的恆星光譜中，這些譜線處於紫外線波段；而對於類星體，由於紅移，觀測到的波長需乘以紅移因子，這些譜線會出現在可見光區，剛好被觀測到。天文學家在無縫光譜底片上搜尋有這些發射線的天體，作為類星體的候選體。將候選體找出來之後，再用大口徑望遠鏡仔細觀測它的光譜，測出其紅移值，便可宣告發現了新的類星體。

除了最原始的射電源方法和上述兩種光學方法外，隨著觀測技術的發展，天文學家還發展了弱變光天體法、X 射線法、紅外線輻射法和零自行法等。所有這些方法都是先找出類星體的候選體，再進行單星分光觀測予以確認。弱變光天體方法是基於類星體有不規則的光變；X 射線方法和紅外線輻射方法是基於有些類星體在 X 射線或紅外線波段上有不尋常的輻射，根據其輻射特徵找出相應的光學對應體進行證實。

到目前為止，類星體仍是一種充滿太多未知的天體。多年來，它吸引了眾多天文學家的注意，人們爭相尋找更多、更遠的類星體。早在 1977 年，由赫維特（Arthur Hewitt）和貝比奇（Geoffrey Burbidge）合編了

第一個類星體總表，共包括 637 顆類星體。貝比奇曾任美國國立基特峰天文臺的臺長。2000 年，法國天文學家維隆（Véron）夫婦編輯了「類星體和活躍星系核表」（第 9 版），其收錄的類星體總數達到 13,214 顆。近年來，基於光纖光譜望遠鏡的巡天專案陸續執行，如澳洲兩度視場類星體紅移巡天（2dF QSO Redshift Survey）、美國史隆數位巡天（Sloan Digital Sky Survey）、中國郭守敬望遠鏡類星體巡天（LAMOST QSO Survey）等。這些巡天望遠鏡透過幾百到幾千個光纖將目標天體在焦平面上的像引導到後端若干個光譜儀，大幅提高了獲取天體光譜的效率，將人類發現的類星體數量增加至數十萬。

第二部分　星系結構與宇宙的起源

17
為什麼類星體被稱為活躍星系核？

　　天文學家一邊找尋類星體，一邊努力探尋這種神祕天體的本質。最早，施密特研究射電源 3C273 光學對應體的發射線光譜，得出它的紅移值 $Z = 0.158$，根據哈伯定律估算，該天體距離地球約 31 億光年，這顯示該天體處在銀河系之外。既然它是河外天體，而且那麼亮，就應該跟河外星系一樣，有一定的結構。為此，天文學家利用世界上最大的望遠鏡，去拍攝類星體的像。可是，無論曝光時間多麼長，拍到的總是一個點像，這種結果讓人失望。類星體本身有沒有結構？如果有，那麼結構是什麼樣的？這些疑問成為此後天文學家熱衷探究的課題。

　　1980 年代，為了理解類星體是一種什麼樣的河外天體，加拿大籍美國天文學家歐克做了有效的嘗試。當時，天文學家已經觀測到，在類星體周圍有一些模糊的東西，但是他們無法確定這些東西是否和類星體有物理關聯，因為浩瀚的太空中有數量繁多的各類天體，或許它們碰巧重疊到一起。歐克教授的工作地點在美國帕洛瑪天文臺，那裡有當時世界上最大的口徑 5 公尺的海耳望遠鏡。利用這臺強大的望遠鏡，歐克尋找一些帶結構的亮類星體，並拍攝其周圍結構的光譜。這項工作的困難在於，類星體周圍的結構十分闇弱，極難拍到其光譜。另外，如果和類星體一起拍攝，後者必然曝光過度。因此，必須非常小心地僅把類星體本

17 為什麼類星體被稱為活躍星系核？

身擋住，只露出其周圍的結構。如果周圍的結構和類星體的光譜一致，也就是它們的紅移大小一樣，則它們必然屬於同一個天體。最終，歐克教授獲得了成功。

美國帕洛瑪天文臺口徑 5 公尺的海耳望遠鏡。

近幾十年，射電天文觀測技術不斷發展，射電觀測發現類星體有細長的噴流從中心噴出，並且形成巨大的瓣。比如，對於類星體 3C175，美國天文學家利用甚大陣射電望遠鏡（VLA）觀測到：位於中心的是一個亮點，其兩側各有一個展源；它有一條長達 100 萬光年的噴流與一個展源相連。儘管沒有直接觀測到，但是不難猜測，另一側的展源也會有一條闇弱的噴流與中心亮點相連。

後來，天文學家們發現大部分亮類星體都是有結構的。由此可以推斷，不僅是亮類星體，而是全部類星體都應該有一定的結構，絕不是一眼看上去會被忽視的一個亮點。

透過拍攝光譜可以直接測出類星體的紅移值，於是就可以得出類星體的距離，再測量出類星體的視星等，便不難計算出類星體的絕對星

等。目前，普遍定義類星體的絕對星等值必須小於 -23 等。這樣的話，一個類星體究竟有多亮？不妨用太陽光度作單位來進行對比，計算可知，只要稱得上是類星體，就算是最暗的，也能發出 10^{11} 個太陽的光芒！

一個類星體至少能發出 1,000 億個太陽的能量，其規模和我們的銀河系差不多。更亮的類星體甚至能發出成百上千個星系的能量。發射出如此巨大的能量，類星體的尺度應該有多大呢？測量一個天體的大小，或是它的直徑，並不是一件容易的事情。對於正常的天體，可以測出它的角直徑，再測出它的距離，兩者相乘便得出它的實際直徑。然而，類星體是一個個的恆星，根本無法測量角直徑。不過，天文學家想出了一個十分簡單的方法，可以判斷類星體的大小。方法源自類星體的光變。一個天體有光變，它的光變週期不應該短於光穿過這個天體的時間。類星體的光變週期長短不一，有的幾個月，有的幾年。透過計算，類星體的直徑大致是幾個光年的量級。作為對比，銀河系的直徑大約是 10 萬光年。一個大小只有幾光年的天體，卻能發出比銀河系大 1 萬倍以上的能量，這是一件不可思議的事情。

天文學家推斷，類星體其實是一些遙遠星系的極為明亮的核心區域，其光度可以高達普通星系光度的數萬倍。絕大多數星系的中心普遍存在著超大質量黑洞，黑洞質量等於幾十萬甚至上百億倍太陽質量。與銀河系這種普通星系的核區相比，類星體中心的黑洞正在大量吞噬它周圍的氣體。被黑洞巨大引力所束縛著的這些氣體，在黑洞周圍高速地旋轉、向黑洞聚集，並在緊靠黑洞的邊緣形成吸積盤。科學家們推測，吸積盤中的物質一邊繞著黑洞旋轉，一邊透過黏滯耗散將自身動能轉化為熱能，熱能又進一步變為電磁輻射從吸積盤發出。大量的電磁輻射激發了周圍高速運動的氣體，產生在光譜上看到的寬發射線。在這整個過程

中，黑洞靠吞噬周圍的氣體越來越大，並釋放出巨大的能量。

關於類星體，天文學家已獲得大量觀測資料，也提出了合理的理論假設，但是，由於它是非常遙遠、非常古老的天體，至今仍有許多待確定的部分。

特殊的星系

西佛星系 NGC7742，又名荷包蛋星系。
（圖片來源：ESA/NASA/STScI）

哈伯分類中包括橢圓星系、漩渦星系、棒旋星系以及不規則星系等，跟這些普通星系相比，類星體的表現的確大相逕庭。然而，在近百年的星系觀測中，天文學家也觀測到許多有獨特表現的特殊星系，它們在形態、結構和輻射特徵方面與普通星系顯著不同，從它們身上似乎可以看到類星體的蹤影。普通星系通常比較平靜，演化也非常緩慢。1943年，美國天文學家西佛（Carl Keenan Seyfert）發現，有的漩渦星系卻有異常的表現，它們的中心區域輻射很強，有強發射線。後來，天文學家將

這類星系命名為西佛星系。西佛星系的體積和質量比一般星系小很多，有充沛的能量來源，在可見光、紅外線、紫外線和 X 射線等波段輻射出非常高的能量，可達一般星系的數十倍到上百倍。西佛星系約占漩渦星系總數的 1%～2%。

1960 年代，蘇聯天文學家馬克仁（Benjamin Markarian）觀測到一類特殊星系，總共 800 多個，被稱為馬克仁星系。這類星系的最大特點是具有很強的紫外線連續譜輻射。它分為兩種次型，一種是亮核型，明亮的星系核本身就是紫外線連續譜輻射源，它們大多為漩渦星系；另一種是瀰漫型，紫外線連續譜輻射源分布在整個星系內，這類星系通常為闇弱的不規則星系。

西佛星系和馬克仁星系有激烈的活動，它們被稱為活躍星系。天文學家還觀測到其他不同表現的活躍星系，如直徑很小、密度很大的緻密星系。

蠍虎座 BL 型天體也是一類活躍星系。它們看上去通常像恆星，看不出結構，也有部分這類天體（包括蠍虎座 BL）有闇弱薄層。其光譜屬於非熱連續譜，沒有或有很弱的發射線和吸收線，它們在紅外線、射電和可見光波段都有快速光變，週期從幾個小時到幾個月不等。其輻射的偏振度大，且快速變化。

透過射電望遠鏡觀測，天文學家發現，許多光學星系也是射電輻射源，這些星系被稱為射電星系。射電星系的特點是射電輻射非常強，不僅大於本身的光學波段的輻射功率，而且比一般普通星系的射電輻射強 10 萬倍到 1 億倍。其光學對應體大多為橢圓星系。

17 為什麼類星體被稱為活躍星系核？

還有兩類特殊星系：爆發星系和星爆星系。爆發星系以爆發和拋射物質為特點；星爆星系則是恆星大量形成的星系，它的恆星誕生率比一般星系要高出幾十倍到幾百倍。大熊座中的M82，又叫雪茄星系，既是爆發星系，又是星爆星系。

長期的觀測顯示，各種特殊星系或多或少表現出類星體的某些屬性，特別是與鄰近星系相互作用的擾動星系也會表現出類星體的屬性。因此，有天文學家認為，類星體是星系核在演化早期的劇烈活動，活躍星系和射電星系是後期的類星體，其活動性已變得緩和。從紅移的大小看，類星體最大，西佛星系次之，射電星系最小。在宇宙學紅移的前提下，各類星系的演化序列為：類星體、蠍虎天體、西佛星系、射電星系，最終到普通星系。根據這種觀點，類星體是極度活躍的星系核。

目前，類星體仍然是天文學的熱門研究課題，天文學家不斷得到類星體觀測的新成果。2015年2月16日，北京大學的研究團隊在《自然》雜誌上發表論文，宣布發現了紅移為6.3、遙遠宇宙裡發光最明亮、中心黑洞質量最大（120億倍太陽質量）的類星體！2021年1月20日，一名天文學家在《天體物理學雜誌快報》上發表文章，宣布發現最古老、最遙遠的類星體J0313-1806，該類星體紅移為7.642，對應的距離為131.5億光年。它在大爆炸後約6.7億年形成，中心黑洞質量約16億倍太陽質量，該類星體是截至當時觀測到的紅移最大的類星體。

第二部分　星系結構與宇宙的起源

第三部分

恆星的誕生、生命與死亡

第三部分　恆星的誕生、生命與死亡

18
我們怎麼知道恆星有多遠？

天空是一個神祕莫測的地方，那裡有不計其數的點點繁星。一天天，一月月，一年年，它們不言不語；除了少數幾個外，絕大多數一動不動。人們凝望星空，非常希望知道這些恆久不動的星星是什麼？它們是一隻螢火蟲，還是一盞燈？要了解點點繁星的本質，首先必須知道它們距離地球有多遠。

為了揭開恆星的面紗，很久以前，天文學家就試圖測量它們的距離。

◆ 三角視差法

在日常生活和工作中，測量距離不是一件困難的事情。只要有一把尺，採用一定的方式，人們就可以進行測量。對於有經驗的人來說，如果距離不太大，僅憑目測就可以估計出某個目標的距離。實際上，人的兩隻眼睛是測量距離的一種天然儀器。

假設我們在浪濤洶湧的河流一側的點 A 處，另一側有一個目標 C。如果無法渡過河流，要如何測量目標 C 到我們 (A) 的距離？此時，我們

18 我們怎麼知道恆星有多遠？

在河的同側另找一個地點 B，它和點 C 以及我們所在的位置點 A 構成一個三角形 ABC。只要測得∠A、∠B 以及邊長 AB（基線）的值，就可以求得邊長 AC 的值，也就是目標 C 到我們的距離。在數學中，這是一個簡單的解三角形問題，其實，這種三角視差法也是人的雙眼判斷物體距離所利用的原理。測量太空中天體的距離跟上述情形相似。在無法抵達一顆恆星的時候，我們可以採用三角視差法。西元 1752 年，法國天文學家拉卡伊（Nicolas-Louis de Lacaille）採用這種方法測量月球的距離。拉卡伊來到非洲南端的好望角，他的學生拉朗德（Jérôme Lalande）則去柏林。兩個地點基本上處於同一經度，緯度相差 90° 有餘。在月亮達到天空最高點時，兩人同時測出月亮的天頂距，再根據地理資料，經過一番運算，他們便獲得月亮到地球的距離，他們的測量結果跟現代值很接近。

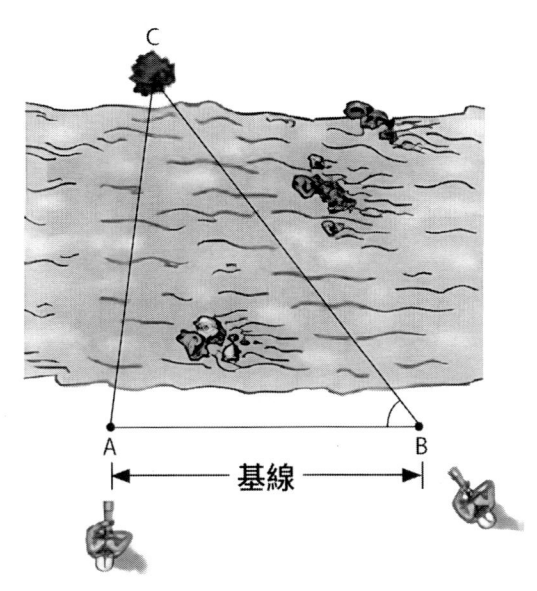

透過測量點 A 和點 B 處的角度以及基線的長度，
透過簡單的三角關係就能計算出距離 AC

周年視差法

當天文學家將拉卡伊的方法用於測量恆星的距離時，他們發現這種方法不能奏效。因為從地球上任意兩個不同的地點看同一顆恆星，視線方向基本平行，不能形成有效的三角形。這說明地球上兩點之間的距離遠小於恆星的距離，或者說恆星距離我們非常遙遠。如何找到相距遙遠的兩個觀測地點？哥白尼的日心說指出，地球和其他行星圍繞太陽公轉。如果在相隔半年的兩個夜晚觀測同一顆恆星在夜空中的位置變化，以地球公轉直徑（2 天文單位 [04]）充當基線，再測得恆星對基線的張角，就能算出恆星的距離，這個方法叫做周年視差法。如下圖所示，圖中 E' 點為地球從 E 點公轉半年後的新位置，S 點是太陽的位置，P 點是目標恆星的位置。只要測得∠EPS 的值，就可以計算出地球到恆星的距離 EP。∠EPS 叫做恆星 P 的周年視差，也簡稱為視差。視差的單位為角秒（"），視差為 1 角秒的天體的距離定義為 1 秒差距（pc），1 秒差距 ≈ 3.26 光年。一個天體的距離（以秒差距度量）是視差（以角秒度量）的倒數。

周年視差法是一個很好的想法，然而實踐起來卻並沒有那麼順利。早期，利用周年視差法仍然不能輕易測出眾多恆星的距離。因為以地球公轉直徑為基線，恆星的視差仍然極其微小。只要比較冬至夜晚跟夏日夜晚的星空圖案，就可以理解，恆星的位置幾乎沒有變化。基於這個原因，一直有人試圖否定哥白尼的日心說。

---

[04] 天文單位指地球和太陽間的平均距離，單位為 AU。1AU 約為 1.5 億千公尺。

18 我們怎麼知道恆星有多遠？

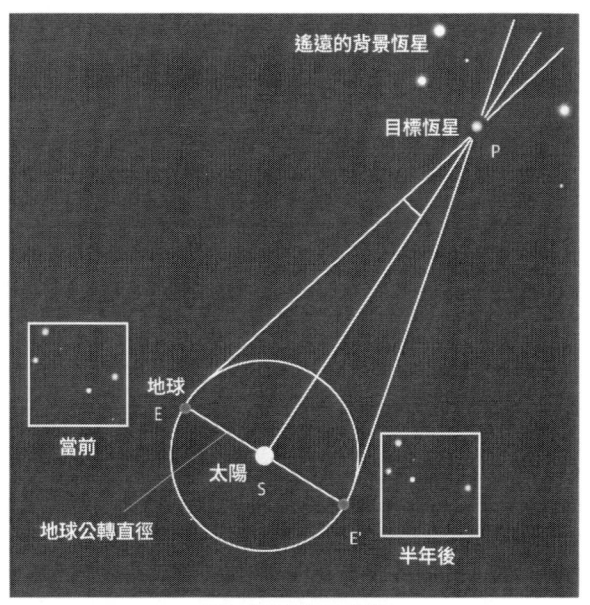

周年視差法示意圖

時間來到了 19 世紀。此時，德國出現了一位製作天文儀器的天才人物，他的名字叫夫朗和斐（Joseph von Fraunhofer，西元 1787～1826 年）。夫朗和斐曾經跟隨一位光學技師當學徒，他勤奮學習，研究玻璃的特性以及不同製備方法下的變化規律。後來，夫朗和斐改進了多種光學儀器，為天文儀器和天文學的發展做出了驚人的貢獻，使得望遠鏡測量角度的精度達到 0.01 角秒的空前水準。

與夫朗和斐同一時期，德國還出現了另一位傑出的天文學家兼數學家貝塞爾（Friedrich Wilhelm Bessel）。貝塞爾最初是一位會計師，他自學天文。西元 1805 年，貝塞爾重新計算哈雷彗星的軌道，因此名聲遠颺。34 歲時，貝塞爾完成一份當時最好的星表，繼而，貝塞爾開始測量恆星的視差。

從哥白尼時代以來的近三個世紀裡，測量恆星視差這項工作難倒了

第三部分　恆星的誕生、生命與死亡

眾多天文學家，他們個個無功而返。鑒於這種狀況，開始這項工作前，貝塞爾做了大量準備。首先，他發明了一種叫做「量日儀」的精密天文儀器，用來測量天空中各種星體的角度；其次，為了保證儀器的優良品質和效能，他請光學儀器專家夫朗和斐親自製作。此外，貝塞爾還制定了尋找「合適」觀測目標的判斷依據：第一，目標恆星的視亮度要足夠大；第二，目標恆星的自行應當明顯；第三，雙星繞轉運動週期短，且兩顆星看上去分得開。滿足這三個條件的恆星通常為近距離恆星，貝塞爾把它們作為觀測的目標。

多年累積的觀測經驗讓貝塞爾注意到了天鵝座 61，這顆恆星滿足後兩個條件，但是不會太明亮。然而，當時貝塞爾並沒有找到同時滿足三個條件的目標。西元 1837 年，貝塞爾將量日儀指向了天鵝座 61，整整一年之內，他進行了無數次的觀測。皇天不負苦心人，西元 1838 年 12 月，貝塞爾宣布了這顆恆星的視差觀測結果：0.31 角秒，對應的距離為 66 萬天文單位（10.4 光年），這一測量結果與 11 光年的現代值非常接近。測量天鵝座 61 的距離，等於從 16.6 公里之外測量一元硬幣的張角。

在同一時期，蘇格蘭天文學家亨德森（Thomas Henderson）在南非好望角測出了半人馬座 α（即南門二）的視差，德裔俄國天文學家斯特魯維（Otto Lyudvigovich Struve）測出了織女星的視差。隨後，利用周年視差法，天文學家測量了許多恆星的距離。但由於地面望遠鏡的視差精度為 0.01 角秒，因此，對距離超過 100 秒差距的天體，測量誤差值會等於或大於恆星的視差值，此時周年視差法便失去了功效。

那麼，對於比 100 秒差距更遠的恆星，如何測量它們的距離呢？

18 我們怎麼知道恆星有多遠？

◆ 分光視差法

天文學家發現，光譜型相同的巨星和主序星，其某些譜線的強度比值彼此間存在著顯著差異。拍攝恆星光譜後，可以確定它的光譜類型，再測定其特定譜線的強度比值，由此確定它是巨星還是主序星，也就確定了它在赫羅圖中的位置。這顆恆星的絕對星等大致等於赫羅圖上同樣光譜型已知主序星（或巨星）的絕對星等。確定了被測恆星的絕對星等後，再跟它的視星等進行比較，便可以求出這顆恆星的距離。這種測定恆星距離的方法叫做分光視差法，它測量的恆星距離範圍大於三角視差法。

分光視差法將測得的恆星距離延伸到上萬秒差距，使得恆星距離測量的範圍又向前邁了一大步。然而，分光視差法仍然有局限性。當恆星的距離超過 10 萬秒差距後，即使利用世界上最先進的觀測儀器也難以得到其清晰的光譜。而且，不少恆星並不能用普通的方式確定其光譜和絕對星等之間的關係。因此，為了測量更遠處恆星的距離，天文學家還要尋找新的測距方法。

◆ 造父視差法

尋找恆星測距新方法的故事，還得從荷蘭裔英國業餘天文學家古德利克（John Goodricke，西元 1764～1786 年）說起。古德利克自幼就是一位聾啞人，壽命只有短短的 22 歲。但是，他在天文學上取得的成就讓人們至今仍記得這個不平凡的名字。西元 1782 年 11 月 12 日，古德利克觀測到英仙座 β（即大陵五）的亮度變化，並假設導致這顆恆星亮度變化的

第三部分　恆星的誕生、生命與死亡

原因。他認為，可能有一顆暗得看不見的星陪伴著它，互相圍繞著彼此運轉。就像發生日食那樣，由於伴星週期性的遮掩，大陵五的亮度有了週期性的變化，這種恆星叫變星。後來的觀測事實證明古德利克的假設是正確的。古德利克專門觀測恆星的亮度變化，還發現了另外兩顆變星：仙王座 δ 和天琴座 β。仙王座 δ 的中文名字叫「造父一」，凡是亮度變化方式與造父一相似的變星，都被稱為「仙王座 δ 變星」或「第一類造父變星」。這類變星的整個星體在不停地一脹一縮，其直徑也跟著時大時小地變化著，這是造成第一類造父變星光變的原因。

仙王座 δ（圖片來源：Digitized Sky Survey）

造父變星像一塊埋在泥土中的金子，被發現近 130 年之後，才最終顯露出自己的光輝。1912 年，美國天文學家勒維特在哈佛大學設於秘魯阿雷基帕的一座天文臺，觀測大麥哲倫雲和小麥哲倫雲。她驚喜地發現，所觀測的小麥哲倫雲裡 25 顆造父變星中，光變週期越長的造父變星，亮度也越大。小麥哲倫雲中的這些變星可以看作相等的距離。這意

味著，光變週期越長的造父變星，絕對星等（光度）也越大。因此，確定造父變星周光關係的零點之後，便可以利用造父變星的周光關係測量恆星的距離。這種測量恆星距離的方法被稱為造父視差法。

利用造父變星可以測量更加遙遠的恆星距離，測量距離超過了 10 萬秒差距，甚至可達到百萬秒差距。哈伯和巴德都利用造父變星測量了河外星系 M31 的距離。巴德測定的 M31 的距離為 220 光年。正如三角視差法、分光視差法各有自己的距離測量範圍局限性一樣，造父視差法也有它的局限範圍：當恆星或星系的距離超過 1,300 萬秒差距，即 4,000 萬光年後，這類變星的視星等就會降到 24 等，這種方法就不適用了，必須尋找其他的方法。

測量天體的距離，關鍵是找到好的「標準燭光」（已知光度的天體）。天文學家發現新星和超新星的發光能力比造父變星更強，尤其是Ⅰa型超新星，它的平均絕對星等約 -19 等，比太陽亮 40 億倍。因此，測量恆星和星系距離的接力棒從造父變星傳到了Ⅰa型超新星的手裡。只要測得Ⅰa超新星的視亮度，再利用理論上的絕對星等值，就可以計算出它的實際距離。

實際上，天文學家測量恆星和星系距離的方法豐富多樣，遠不止上述這幾種，準確地測量遙遠天體的距離是揭祕宇宙的基礎。

第三部分　恆星的誕生、生命與死亡

19
恆星為何會閃耀？

　　夜空中一顆顆閃光的星星，實際上大多數都是跟太陽一樣的恆星，能夠自己發射出萬丈光芒。太陽帶給人類光明和溫暖，點點繁星昭示著宇宙的浩瀚。面對著這些看似永恆的光源，人們心中一定會產生一個疑問：它們為什麼能夠發光？

　　西元前 5 世紀，古希臘自然哲學家阿那克薩哥拉（Anaxagoras）就試圖回答太陽為什麼能夠發光這一問題。有一次，他目睹了火球般的隕石從天而降，落地後的隕石仍然熾熱高溫。阿那克薩哥拉便思索起來：天上只有太陽才是這樣熱的天體，那麼隕石一定是從太陽身上掉下的碎塊。因此，阿那克薩哥拉認為，太陽應該是一個熾熱火紅的巨大石球，視面積比伯羅奔尼撒半島略大。然而，由於這樣的論斷是對神的冒犯和不尊敬，阿那克薩哥拉受到指控，並最終被迫離開雅典。

　　古代天文學受到宗教神學的束縛，不允許天文學家自由地探討。此外，物理學、化學等其他科學的發展程度也制約著天文學家對天體奧祕的理解。伽利略發明天文望遠鏡之後，天文學家理解宇宙的速度明顯加快。英國天文學家威廉·赫雪爾以研究恆星著名，被譽為「恆星天文學之父」。他用自己製造的望遠鏡對太陽和其他恆星做了大量觀測，也提出了關於恆星發光原因的獨特見解。

19　恆星為何會閃耀？

赫雪爾認為，太陽之所以發光，是因為它有一個因熾熱而發光的大氣層；太陽大氣層的下面可能是一個涼爽、甚至有生命存在的固態表面。當然，赫歇爾的論斷有自己的依據和邏輯，他注意到了太陽上的黑子，並認為那是透過太陽大氣層中的空隙所看到的太陽表面，表面既然是黑色的，就應該是涼爽的。今天看來，赫雪爾的見解實在太離譜，但由於當時對太陽的觀測和了解十分有限，人們並不知道太陽黑子的真實溫度其實也高於 4,000K。而且，赫雪爾也沒有考慮到，無論多高溫的大氣層，如果沒有能量補充，也會很快冷卻下來，不可能長久地穩定發光。

1840 年代後期，德國物理學家邁爾（Julius Robert von Mayer，西元 1814～1878 年）和蘇格蘭物理學家渥拉斯頓（William Hyde Wollaston，西元 1811～1883 年），先後提出太陽發光的相同物理原理：太陽是一個由煤炭構成的燃燒的球體。此時，物理學尤其是熱力學已取得了較大發展，兩位科學家知道，太陽的發光能源需要有一定的持續性。實際上，這兩位物理學家都是當時非常優秀的學者，邁爾進行了熱功當量和能量守恆之先驅性的研究，渥拉斯頓則在氣體分子運動論方面做出了較大貢獻。

太陽燃燒煤炭發出光和熱，從常識看似乎講得通。那麼，太陽發光的「煤球說」是否能夠站住腳呢？後來邁爾運用物理和化學原理進行計算，發現煤炭燃燒達不到太陽的光度，並且這種燃燒只能持續幾千年，此外，也不能確定太陽上是否存在維持煤炭燃燒的氧氣。渥拉斯頓的計算結果更樂觀一點，但也只是將燃燒的時間延長至 20,000 年。在那個時代，依照康德和拉普拉斯（Pierre-Simon Laplace）的星雲說，太陽和地球由同一團星雲收縮而成，因此，兩者年齡應該相近，遠不止幾千年或幾萬年的時間。

第三部分　恆星的誕生、生命與死亡

　　很快，太陽發光的「煤球說」被拋棄了。邁爾拋棄「煤球說」後不久，又提出了新觀點。他認為隕星不斷墜落到太陽上，使得太陽發射出光和熱。如何看待邁爾的新觀點呢？熱力學絕對溫標的創立者，有「熱力學之父」之稱的英國物理學家湯姆森（William Thomson，西元 1824～1907 年）指出：太陽的巨大能量需要非常多的隕星不斷墜落到太陽上，那麼一樣應該有不少隕星墜落到地球上，然而現實情況顯示，並沒有足夠多的隕星墜落到地球上；再者，足夠多的隕星墜落會不斷增大太陽的質量，這會改變地球的運動軌道和週期，幾千年中地球繞日公轉的週期會縮短幾個星期，這也與天文觀測互相矛盾。顯然，邁爾的「大量隕星墜落說」也不可能是太陽發光發熱的真正原因。

邁爾猜測，恆星發光的原因可能是隕星墜入恆星
（圖片來源：James Gitlin/ESA/STScI）

　　「煤球說」被否定後，渥拉斯頓向倫敦皇家學會提交論文，也提出了太陽發光的一種新機制：太陽自身收縮產生的熱量是太陽發光的能量來源。可惜，這篇論文被拒絕發表。渥拉斯頓沒有氣餒，繼續宣傳自己的新觀點，吸引了不少科學家的注意。其中，亥姆霍茲（Hermann von

19 恆星為何會閃耀？

Helmholtz，西元 1821～1894 年）和湯姆森非常贊同這一學說。亥姆霍茲也是著名的物理學家，他創立了能量守恆定律。這兩位物理學家還親自計算，其結果顯示，要保持太陽目前的發光強度，太陽每年只需要縮減幾十公尺，對於直徑 140 萬公里的太陽來說，人們不可能察覺到這種變化。由於這一學說與康德和拉普拉斯的星雲說有共同之處，且推算出的太陽發光時間可以維持幾千萬年，因此，這一學說流行了很長的時期，直到 20 世紀，仍有人相信它。

19 世紀末到 20 世紀初，各門科學尤其是物理學快速發展，新的理論和技術不斷湧現。利用放射性同位素方法，科學家估算地球年齡為幾十億年，顯然，太陽年齡至少也要有幾十億年。這讓太陽發光發熱源於自身引力收縮的觀點岌岌可危，人們不得不將目光轉向其他方向。

1905 年，愛因斯坦創立狹義相對論，提出了質能方程式：$E=mc^2$。從這個方程式中可以看出，物質之中蘊藏著巨大的能量。1919 年，英國物理學家盧瑟福（Ernest Rutherford，西元 1871～1937 年）在劍橋大學卡文迪許實驗室成功進行了人工原子核反應，創造出新原子核。緊接著，1922 年，英國物理學家阿斯頓（Francis William Aston，西元 1877～1945 年）發現，氫原子核（即質子）的質量比重元素中單個核子的平均質量略大。

科學疑難的解決依賴於科學自身的發展，只有科學發展到一定程度，科學難題才能水到渠成地被攻克。英國著名天文學家愛丁頓（Arthur Eddington）洞察物理學和化學領域的各項新進展，再經過嚴密的思考，對於太陽等恆星的能量來源問題，他大膽地提出一個假設：原子核可以透過核反應變成新的原子核，那麼，氫原子核（質子）結合變成更重的原子核的話，核反應前後物質的總質量發生了變化，根據愛因斯坦的質能

第三部分　恆星的誕生、生命與死亡

方程式,這個過程可以釋放出巨大能量。

愛丁頓(西元 1882～1944 年)是世界知名的天文學家、物理學家和數學家,在恆星結構、恆星的質光關係和白矮星等研究方面成果卓著。為了解釋太陽和恆星的能量來源問題,他不只局限於假設,而是透過研究恆星的結構模型,估算了太陽核心的溫度約為 4,000 萬°C,密度為 80 克／公分^3。不過,愛丁頓的假設遭到了同樣是英國著名物理學家金斯(James Jeans)的質疑。金斯認為,質子之間存在很強的靜電斥力,要使得它們發生核反應,需要讓質子彼此非常靠近,這就要求質子具有非常高的熱運動速度,即恆星內部應具有非常高的溫度。在金斯看來,這種情況是不可能的。

在那個時代,作為原子核成員的中子仍未被發現,有關核子之間相互作用的理論也沒有建立起來。因此,愛丁頓無法給出核聚變的細節。然而,1920～30 年代,量子力學和核物理學飛速發展,新成果接連湧現,這種局面為解決恆星發光的謎團奠定了基礎。

1928 年,俄裔美國天文學家和物理學家伽莫夫(1904～1968 年)發現了量子力學的隧穿效應,即微觀粒子有一定機率穿越經典意義上不可穿越的能量「屏障」。這個發現基本上消解了金斯的質疑,因為即使恆星內部溫度不夠高,仍然有一部分質子可以透過量子隧穿效應來克服靜電斥力造成的能量勢壘。1932 年,英國物理學家查兌克(James Chadwick)發現中子,為理解原子核的結構掃清了障礙。

1934 年,義大利裔美國物理學家費米(Enrico Fermi)提出弱相互作用的四費米子理論,為近似描述核反應中的弱相互作用部分提供了理論基礎。1935 年,日本物理學家湯川秀樹提出強相互作用的介子理論,為近似描述核反應中強相互作用部分提供了理論基礎。

19 恆星為何會閃耀？

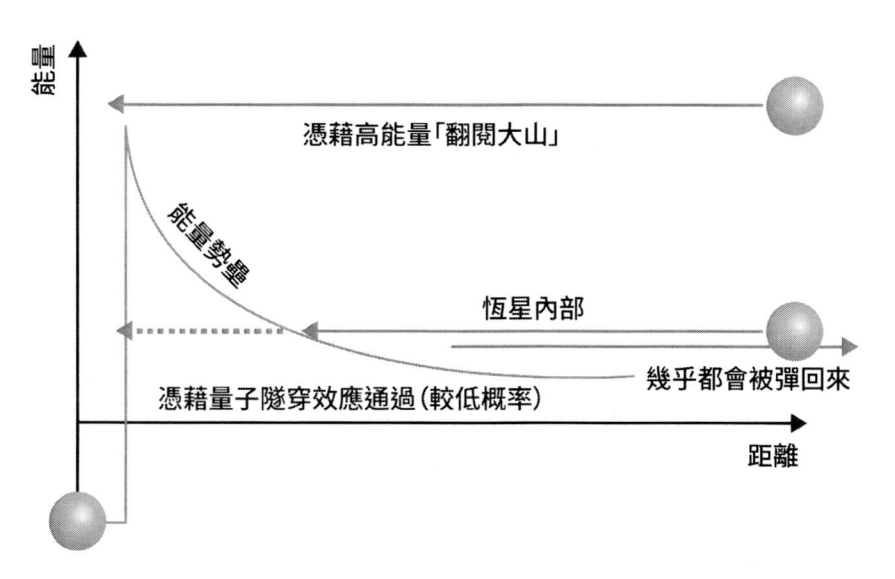

```
能量 ↑
         ←―――― 憑藉高能量「翻閱大山」―――― ●
  能量勢壘
           ←―― 恆星內部 ――
         ←┈┈┈┈┈┈┈┈┈┈┈┈ ●
                              幾乎都會被彈回來
     憑藉量子隧穿效應通過（較低概率）
  ●                                   → 距離
```

帶正電荷的質子為了能相互撞擊，需要巨大的動能，
可是恆星內部溫度不夠。
然而，有了量子隧穿效應，雖然成功率不高，
但也可以在動能不足的情況下進行反應。

隨著原子核物理的迅速發展，許多天體物理學家將研究興趣轉移到恆星能源問題上，試圖解決這個難題。最終美國物理學家漢斯·貝特和查爾斯·克里奇菲爾德（Charles Louis Critchfield）取得了成功。1938年，在伽莫夫的建議下，克里奇菲爾德研究質子與質子之間的核反應，伽莫夫得知貝特也在從事相同的研究後，促成兩人合作。

很快，貝特和克里奇菲爾德找到了太陽核心最重要的核反應過程，即質子—質子鏈反應。這種核反應中最主要的一類，即第一類質子—質子鏈的過程如下：(1) 兩個質子 p 聚合成氫的同位素氘核 ^2H；(2) 一個氘核 ^2H 與一個質子 p 聚合成氦的同位素 ^3He；(3) 兩個 ^3He 透過丟棄兩個質子 p 而聚合成氦的同位素 ^4He。除了質子—質子鏈外，貝特還提出了另一種恆星內部核反應機制，叫做碳氮氧循環（或碳氧循環）。這種反應所

needs的溫度比質子—質子鏈更高,在太陽這樣質量的恆星中,這種能量產出只占1%左右,但在比太陽質量大30%以上的恆星中,這種能量產出卻占據著主導地位。1939年,貝特將自己的恆星能量來源研究成果寫成論文發表;1967年,憑此成果,貝特獲得了諾貝爾物理學獎。

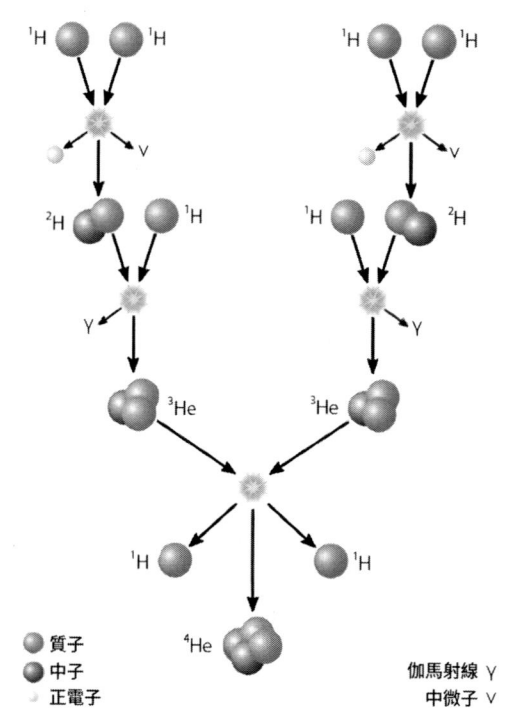

質子—質子鏈反應
在太陽或更小質量的恆星上占有主導地位

天文學家找到了太陽和其他恆星的能量來源機制,同時,對太陽核心的物理狀態參數也作了相應調整:太陽核心溫度約為1,570萬℃,核心密度為160克/公分^3,核心壓力為2,500億個大氣壓。後來,天文學家透過檢驗太陽中心核反應釋放出的中微子,證明了貝特理論的正確性。

20 恆星之外，太空中還有什麼？

人類生活的地球表面有一層厚厚的大氣，它可以滿足各種動植物的生命需求。可是，上升到地表之上 300～400 公里的高空，那裡的空氣已經極其稀薄，大氣的密度和壓力只有地表的幾千萬分之一。在如此高的太空，太空員必須身穿太空服才能生存，否則他們既呼吸不到氧氣，又會由於壓力幾乎為零而導致身體膨脹或炸裂。而到了距離地面 1,000 公里以外的太空，氣體的密度和壓力已經小於地表的兆分之一，人們把那裡看成真空狀態。

遠離地球後的太空屬於太陽系範圍內的行星際空間；距離太陽系非常遠的地方，則是銀河系的恆星際空間。銀河系是一個龐大的恆星系統，其中有上千億顆恆星。若不考慮雙星、聚星和星團的情況，恆星之間的距離從幾光年到十幾光年不等，而恆星直徑僅為百萬公里量級。如果按等比例縮小，恆星在太空中的分布，猶如相隔幾百公里的不同地點零星散布著一顆顆的花生（直徑公分量級）。可見，銀河系中恆星之間是非常廣闊的空曠地帶。那麼，這廣闊的空曠地帶裡有沒有物質？有哪些物質？物質密度又是如何？

1904 年，德國天文學家哈特曼（Johannes Franz Hartmann）用光譜儀觀測參宿三（獵戶座 δ），在這個分光雙星中發現了固定的電離鈣線

(Ca II)。在分光雙星系統中，雙星相互繞轉產生的譜線會呈現週期性的都卜勒位移，而不會是固定的譜線，所以觀測到固定的電離鈣線一定不是產生於獵戶座 δ 本身，它應該來源於星光經過的恆星與地球之間的某些物質。這是天文學家第一次從光譜觀測角度證明星際氣體的存在。此後對更多恆星吸收線的觀測證實了星際氣體和星際雲的存在。

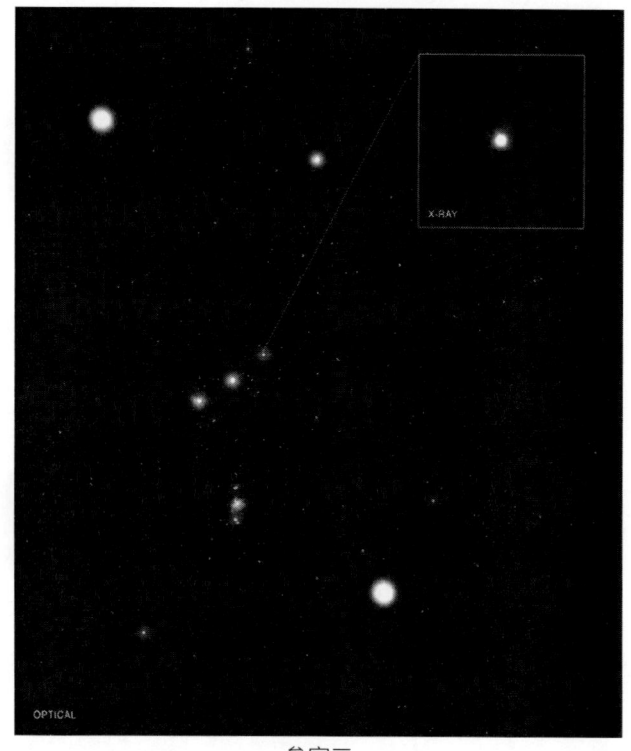

參宿三
（圖片來源：X-ray: NASA/CXC/GSFC/M. Corcoran et al.; Optical: Eckhard Slawik）

恆星之間被證實存在星際氣體之後不久，1930 年，美國天文學家川普勒（Robert Julius Trumpler）深入研究疏散星團的性質，證實星際空間還填充著其他星際物質。根據疏散星團中恆星的光譜型和視亮度，川普勒首先估算出它們的距離，他假設星際空間是透明的，用距離乘以星團

20 恆星之外，太空中還有什麼？

的視直徑則得到星團的直徑。結果顯示，越遠的疏散星團越大，考慮到太陽系和地球在銀河系中並不處於什麼特殊的位置，這顯然不太合理。經過進一步分析，川普勒認為，由於忽略了某種消光，我們高估了星團的距離，從而高估了星團的大小。引起這種消光效應的「元凶」就是星際塵埃。

從此，人們知道，恆星之間的太空並不是完全真空，而是充滿了各種氣體和塵埃顆粒，即星際氣體和星際塵埃，統稱為星際介質，它們是宇宙中極其重要的成分。廣義的星際介質還包括輻射場和磁場。

在星際介質中，星際氣體質量占比約為99%，星際塵埃質量占比約為1%。在星際氣體中，按照原子數劃分，氫約占91%，氦約占9%，其他重元素（或稱金屬[05]）約占0.1%；按照質量劃分，氫約占70.2%，氦約占28.3%，重元素約占1.5%。根據溫度和密度不同，星際氣體可分為溫度低密度大的分子雲、溫度低密度小的中性氫區（H I 區）、溫度高密度中等的電離氫區（H II 區）以及溫度非常高密度很小的冕氣體區等等。星際塵埃的成分包括豐富的矽酸鹽、金屬顆粒（尤其是鐵的顆粒）、石墨、水冰以及其他有機冰。

川普勒還發現，塵埃在等於自身尺寸的波段消光最明顯。塵埃顆粒通常很小，只有幾微米甚至幾奈米級別，所以藍光的散射和吸收明顯高於紅光，這使得比較遠的恆星看起來比它本身更紅，這種現象叫做星際紅化。星際紅化一定程度上可以表徵恆星的距離：越遠的恆星，紅化越大。紅化也顯示了星際空間的確存在著星際塵埃。

歷史上，天文學家赫雪爾、卡普坦和沙普利都研究過銀河系的大小、結構和形狀，他們描繪的銀河系都有一定的偏差。導致這種偏差的

---

[05] 在天文學上，比氫和氦重的元素都叫金屬。

第三部分　恆星的誕生、生命與死亡

一個重要原因就是他們忽略了星際介質的掩埋和消光。星際消光讓赫雪爾和卡普坦錯誤地認為：離我們越遠，恆星越暗，數密度越小，於是我們應該位於銀河系的中心。現在反觀赫雪爾的模型，可以看到模型右側有一個分叉，那就是對應的銀心方向，銀心處是消光最嚴重的，受消光影響，赫雪爾觀測到的恆星數目也是最少的。沙普利的觀測受消光影響較小，因為球狀星團相比恆星更亮更容易辨認，且多位於銀河系的薄盤（銀盤中星際消光較重的區域）之外。忽略來自於視線方向的銀盤中星際介質的消光，就會高估星團的光度距離，從而高估了銀河系範圍。

星際介質的密度極小，通常每立方公分只有 1 個氫原子。但也有些地方星際介質的密度大一點，每立方公分有 10～1,000 個氫原子，利用天文望遠鏡觀測，我們會看見一塊塊「雲朵」漂浮在星際空間，它們被稱為星雲。早在 18 世紀，赫雪爾就觀測到天空中這類模糊的雲霧狀天體，但他並不清楚這些天體的本質。事實上，赫雪爾所觀測的這類雲霧狀天體的一部分是河外星系，而非星雲。

大爆炸最初的幾分鐘，宇宙中形成原始的氣體雲，其中氫和氦分別約占 75% 和 25%，還有微量的氘和氦-3，以及痕量的鋰。銀河系由巨大的氣體雲演變而來，氣體雲一部分形成恆星，一部分則形成星際介質。不同溫度、密度下的星際介質與恆星形成、演化以及死亡等物理過程緊密相連。恆星形成於星際介質的分子雲緻密團塊中，並在後續的演化與死亡過程中進行星際介質物質和能量的回饋，如大質量恆星在形成早期電離周圍的星際介質形成電離氫區、在演化晚期透過超新星爆發與星際介質作用形成超新星遺跡，中小質量恆星在演化晚期電離周圍的星際介質形成行星狀星雲等。

20 恆星之外，太空中還有什麼？

天文學家根據星雲的不同表現、不同形狀和光譜性質等因素，賦予星雲特定的名稱。比如，根據明暗狀況，那些明亮發光的星雲叫亮星雲，那些在明亮背景下暗黑不發光的星雲叫暗星雲。根據光譜性質，那些在很弱的連續光譜背景上有許多發射線的亮星雲叫發射星雲，那些僅僅反射和散射近旁的光而顯得明亮的星雲叫反射星雲。發射星雲和反射星雲都是亮星雲。著名的三葉星雲中同時包含發射星雲、反射星雲和暗星雲。早期，赫雪爾觀測到圓形或扁圓形的星雲，由於它們看上去像大行星，因而取名行星狀星雲。實際上，行星狀星雲與行星沒有關係，但這一不適當的名字被沿用下來。那些形狀不規則的星雲叫瀰漫星雲。

冬夜星空中亮星雲集，最壯觀的星座當屬獵戶座。獵戶座的中間有三顆星整齊地排列成一條直線，它是獵人的腰帶。在這三顆星的南面，另外還有三顆斜向排列的小星，它們被看作獵人的佩劍。這三顆星中間的一顆泛著紅光，它就是獵戶座大星雲（M42）。M42 距離地球約 1,300 光年，其直徑約 25 光年，視亮度約 4 等，為全天最亮的星雲。在效能良好的望遠鏡中，M42 呈瀰漫的雲霧狀，沒有明顯的邊界。M42 是一個恆星搖籃，這裡有許多正在形成的恆星。在星雲最亮的部分，有四顆年輕恆星組成一個四邊形，它們加熱周圍的氣體，使它們發光，因此，M42 是一個發射星雲。實際上，M42 外圍的氣體也散射附近恆星的光，因此，它周邊部分是反射星雲。

第三部分　恆星的誕生、生命與死亡

三葉星雲中包含發射星雲、
反射星雲和暗星雲（三叉狀的黑暗縫隙）。
（圖片來源：NAOJ/HST）

　　同樣在獵戶座中，還有一個暗星雲，它是馬頭星雲（B33）。馬頭星雲位於非常靠近參宿一（獵戶座ζ）的西南側的位置，它本身不發光，由濃密的氣體和塵埃構成，相對於明亮的背景天光呈現為暗黑色，形狀像馬的頭部，故而得名馬頭星雲。在濃密的星雲中有正在形成的恆星。馬頭星雲距離地球 1,500 光年，其實際直徑約 3～5 光年。

　　在夏季星空中，天鵝座的南側是狐狸座，這裡恆星黯淡稀疏。狐狸座中有一個知名的星雲，叫啞鈴星雲（M27），它是一個行星狀星雲。啞鈴星雲距離地球 1,250 光年，視星等 7.5 等。行星狀星雲是類太陽恆星演化到晚期以後的產物。演化到晚期的類太陽恆星，經過紅巨星的階段以後，最終會收縮成為白矮星，並拋射出大量氣體，形成行星狀星雲。因

此，每一個行星狀星雲的中心都有一顆白矮星或其他緻密天體。啞鈴星雲的中心星是一顆亮度僅為 12 等的白矮星。

在金牛座 ζ（天關星）近旁東北方向，有一個著名的星雲 —— 蟹狀星雲。蟹狀星雲距離地球 6,500 光年，直徑近 10 光年，視星等 8.4 等。1942 年，美國和荷蘭天文學家結合中國古代關於天關客星的紀錄，將蟹狀星雲證實為超新星爆發的遺跡。1969 年，澳洲天文學家在蟹狀星雲中發現了超新星的殘骸 —— 中子星。

星雲和星際介質是太空中特殊的天體，它們包含著許多宇宙奧祕，或許未來會為天文學家帶來更多線索，幫助人們探索宇宙中的未知。

馬頭星雲（圖片來源：NASA）

第三部分　恆星的誕生、生命與死亡

21
恆星的一生會經歷什麼階段？

人類和地球上的其他生物都有生老病死，這是人們熟悉的自然現象。可是，天文學家宣稱，天空中那些看上去永遠恆定不變的恆星，也會經歷誕生、幼年、中年、老年和死亡的過程，完成它們的「生命」週期。這實在讓人驚訝！天文學家指出，恆星的壽命短至幾百萬年，長則上兆年。相比一個人幾十年、近百年的壽命，恆星的一生很漫長。

夜空中的繁星位於太空深處，即使是熾熱的太陽，也是遠在 1.5 億公里之外，高高地懸在藍天上，可望而不可及。在這樣的情形下，天文學家是如何知道恆星壽命的長短的？恆星又是如何懷胎孕育、發育生長、垂老死亡的？

恆星的壽命遠遠大於人的壽命，要完整地觀察一顆恆星從生到死的過程，對天文學家來說，是不可能完成的一項任務。但是，天空中恆星數量龐大、類型多樣，利用獨到的天文方法並結合物理學原理，進行觀測、分析，最終，天文學家理解恆星從誕生到死亡的演化過程。

恆星觀測具有悠久的歷史，亮度是一顆恆星最明顯的可觀測屬性。很久以前，天文學家就根據亮度差別把恆星分為不同的星等。西元 1814～1818 年，德國物理學家夫朗和斐利用自製的分光儀器觀測到太陽連續光譜中的暗線，這是恆星觀測的重要發現。在物理實驗室裡，科

學家可以得到物質的明亮發射譜線，但太陽光譜中的暗線是怎麼回事？又過了 40 多年，德國物理學家基爾霍夫（Gustav Kirchhoff）和化學家本生（Robert Wilhelm Bunsen）經過多次實驗，弄清楚夫朗和斐暗線（即吸收線）和發射線之間的關係：太陽暗線是溫度較低的太陽大氣層中的原子吸收相應譜線造成的。他們解決了困擾天文學家 40 年之久的神祕暗線問題。從此，透過恆星光譜中的暗線，天文學家可以得到太陽及其他恆星大氣的化學成分，也可以了解它們的溫度等其他資訊。這些天文學成果為了解恆星的深層奧祕奠定了基礎。

恆星光譜是洞察恆星性質的重要依據，為了探究眾多恆星之間的關係，天文學家嘗試根據光譜來分類恆星，並試圖找出恆星的演化規律。其中，19 世紀末到 20 世紀初的美國哈佛大學天文學家坎農（Annie Jump Cannon）等人的工作最為出色。她們按照有效溫度由高到低，將恆星分成 7 個次型：O、B、A、F、G、K 和 M，她們的恆星分類方法被沿用至今。當時，天文學家將哈佛分類序列的恆星看成恆星演化的順序，但後來發現這種看法是錯誤的。

找到恆星的演化規律絕非一件容易的事情。在科學研究中，一些偶然的想法往往會讓科學家獲得意外的巨大收穫。在探究恆星演化規律的過程中，赫羅圖就是一個例子。

1911 年，丹麥天文學家赫茨普龍（Ejnar Hertzsprung）在自己前期研究工作的基礎上，發表了昴宿星團和畢星團的顏色—光度圖，以恆星的顏色為橫座標，光度為縱座標，將恆星標註在座標系中的相應位置。1913 年，美國普林斯頓大學的天文學家羅素（Henry Norris Russell），在自己獨立研究工作的論文中，提出了約 220 顆恆星的光度—光譜型圖，橫座標是哈佛分類的光譜型，縱座標是按照卡普坦理論提出的絕對星等

（光度）。在同一時期，兩位天文學家各自獨立地繪製了恆星的光度—光譜型圖，這就是天文學中著名的赫羅圖，長期以來，它被天文學家廣泛應用於研究恆星的演化規律。

隨著恆星觀測資料的增加，赫羅圖被不斷的發展和完善。在赫羅圖中，從左上方延伸到右下方的一條帶狀區域集中了絕大多數的恆星，它被稱為主序帶。在主序帶的右上方，從下往上分布著亞巨星區域、紅巨星區域和超巨星區域。在主序帶的左下方是白矮星區域。1930 年代，天文學家確定了恆星能量的熱核反應來源，這對於理解恆星的演化有極大的幫助。如今，天文學家理解了恆星演化的大致過程：主序星→亞巨星→紅巨星（超巨星）→白矮星（中子星或黑洞）。

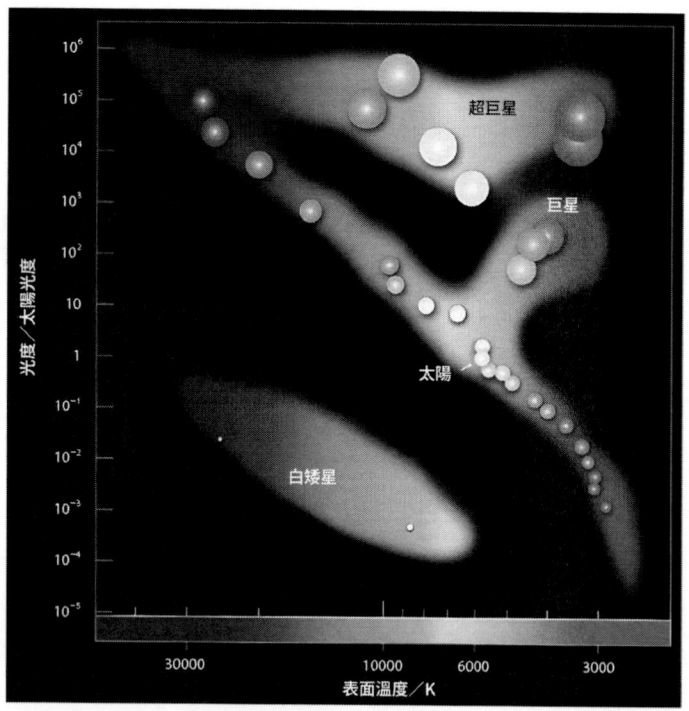

赫羅圖（圖片來源：ESO）

那麼，主序星來源於哪裡？

1960 年代，天文學家在星際空間發現了氣體分子雲，以及嵌埋在其中正在形成中的原恆星。經過更深入的研究，天文學家認為：恆星形成於星際的分子雲中，這種冷暗分子雲的溫度通常只有 10K 左右，其空間尺度可以達到幾秒差距至幾百秒差距，總質量高達幾十至上千倍太陽質量，這些氣體雲在其自身引力作用下塌縮形成恆星。小質量恆星通常不會單獨形成，分子雲受到擾動時會碎裂成與其金斯質量相等的小雲核，小質量恆星便在小雲核中形成。

具體而言，中小質量恆星的形成可分為四個階段。

分子雲／分子雲核階段 星際空間中的冷暗分子雲最初處於壓力平衡狀態，即內部熱動能與自引力基本平衡的狀態。此時的分子雲會緩慢地旋轉和收縮，分子雲內溫度上升。當分子雲內熱壓不足以對抗自身引力，分子雲會碎裂成金斯質量大小的分子雲核。

引力塌縮階段 當分子雲核的熱壓無法抵抗自身引力時，雲核便向內塌縮。由於雲核外層氣體的角動量較大，中心區域的角動量較小，外層氣體不會馬上落入中心區域，而是圍繞中心區域旋轉，形成一個旋轉的扁平吸積盤（典型小質量恆星的吸積盤的尺度約為幾十到上百天文單位）。靠近中心區域的氣體則直接落向中心，在那裡形成原恆星。

吸積階段 雲核中的大部分物質不會馬上落入中心的原恆星，而是聚集在旋轉的吸積盤上。中心的原恆星透過從其兩極區域產生的高準直性噴流（分子外向流）釋放氣體的多餘角動量，使吸積盤中的物質可以下落到原恆星上，從而使原恆星質量持續增加。

物質驅散階段 隨著吸積盤中的物質不斷落向中心星，原恆星內部的熱壓和光壓不斷增大，導致吸積率下降，外向流張角變大。當原恆星的

◆ 第三部分　恆星的誕生、生命與死亡

中心溫度達到 107K，能夠點燃熱核反應時，中心原恆星的質量不再有實質性的增長，而是開始準靜態收縮，並且表面出現對流層。此時中心星進入零齡主序星階段。吸積盤中殘留的物質不會繼續下落到中心星上，而是部分形成行星系統，部分被驅散。

原恆星（圖片來源：Scitechdaily）

　　目前，天文學家對中小質量恆星的形成過程了解得比較深入，而且也得到了觀測結果的支持，但描繪大質量恆星（大於 8 倍太陽質量）的形成過程卻是一個難題。首先，由於深埋在高度不透明的巨分子雲中，大質量原恆星所發出的光學輻射會被周圍的氣體吸收，而光學望遠鏡無法觀測，只能依靠紅外線和射電望遠鏡進行觀測。其次，大質量恆星的形成遠快於中小質量恆星，它們點燃氫元素的熱核反應時，還深埋在分子雲中，以致其無法被觀測到。最後，大質量恆星一旦進入主序階段，就會發生劇烈的熱核反應，以對抗自身強大的引力，強烈的核反應所發出的高能光子電離並吹散周圍的分子雲，從而使大質量恆星形成的原始環境被破壞而無法被追溯。由於大質量恆星的形成過程很難被觀測到，因此，天文學家更多從理論上解釋它們的形成過程。目前主要有三種理論模型：單體吸積模型、

競爭吸積模型和星體碰撞併合模型。觀測結果顯示，大質量恆星的形成可能是一個複雜的過程，需要混合多個模型來解釋。

隨著原恆星的質量逐漸增大，其中心的溫度和壓力達到臨界點並點燃氫的熱核反應，恆星誕生，進入主序星階段。在這一階段內，恆星內部基本上處於準平衡狀態，包括靜力平衡和熱平衡。在主序星階段，恆星質量越大，在這一階段停留的時間就越短，因為大質量恆星的氫燃料消耗比小質量恆星快得多。主序星階段是恆星一生中停留時間最長的階段，約占恆星壽命的90％。太陽處於主序星階段的時間長達100億年，幾十倍太陽質量的恆星駐留主序星階段的時間只有幾百萬年，極小質量的恆星處於主序星階段的時間可達上兆年。

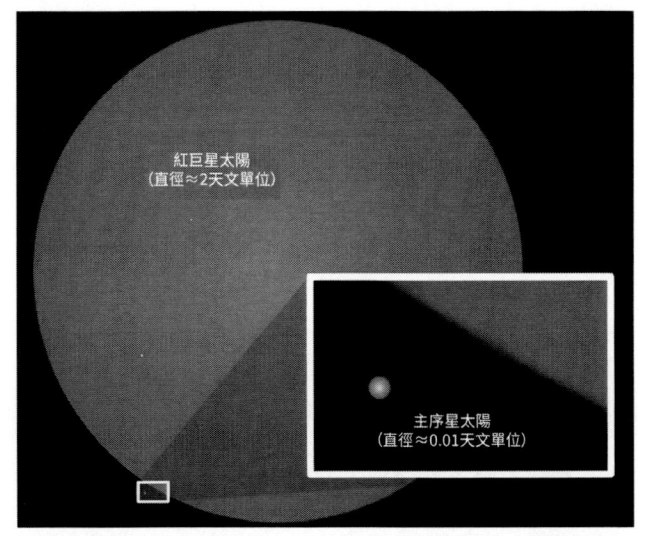

目前太陽處於主序星階段，50億年後太陽將變成一顆紅巨星，屆時它的直徑將膨脹到約2天文單位。（圖片來源：https://www.sun.org）

除質量最小的恆星外，隨著中心氫的燃燒，氦不斷在中心區累積，產能隨之減少，在引力作用下，氦中心區收縮，溫度升高，臨近中心區的氫層開始燃燒，接著氫燃燒殼層向外蔓延，導致恆星的外層膨脹、溫

第三部分　恆星的誕生、生命與死亡

度降低。此時，中小質量的恆星邁向紅巨星階段，大質量恆星則進入超巨星階段。當恆星氦中心區因收縮使得溫度達到 1.2×10^8K 時，便開始氦核燃燒，生成碳和氧。對於 0.4～3 倍太陽質量的恆星，會出現爆發性的氦燃燒瞬間，即氦閃；其他恆星的氦燃燒都平穩進行。對於太陽這樣的恆星，其中心的碳由於達不到點燃溫度而永遠不能夠燃燒。但是，對於更大質量的恆星，其中心更重的元素可以繼續燃燒，且由內向外存在多個越來越輕的元素燃燒的殼層，形成類似洋蔥的結構。

當恆星的核燃燒結束，便進入它的演化晚期，最終生成一個恆星遺骸。中小質量的恆星由於沒有向外的能量來源，逐漸塌縮成為一顆白矮星，有時周圍還有一個核燃燒末期產生的行星狀星雲包層。白矮星的能量來自恆星塌縮階段的引力勢能，其表面溫度很高，但由於白矮星沒有新的能量來源，自身不斷冷卻，逐漸變成黯淡的黑矮星。而質量超過 8 倍太陽質量的大質量恆星內部的核聚變反應停止後，則透過超新星爆發成為一個中子星，超大質量恆星也會發生超新星爆發，遺留下一個黑洞。從此，恆星結束閃閃發光的一生，變成肉眼不可見的闇弱的恆星遺骸 ── 白矮星、中子星或黑洞。

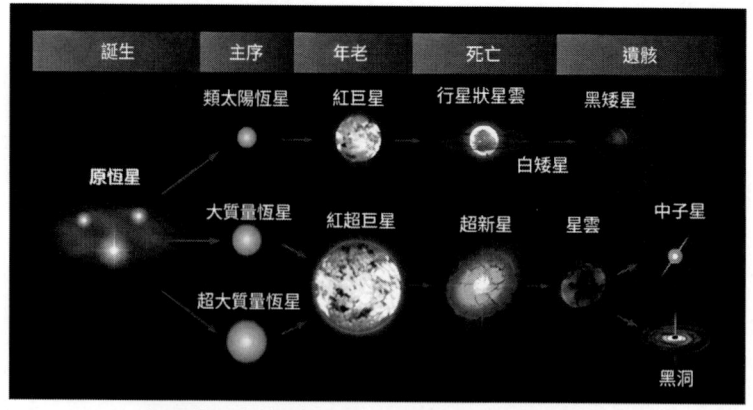

恆星的一生（圖片來源：https://www.albert.io）

22
超新星爆發是什麼現象？

　　如果夜空中出現了本來不存在的明亮星星，那些熟悉星空的天文學家或天文愛好者通常會很容易發現它。中國古代的天文學家發現過許多新出現的星，並稱它們為「客星」，意思是遠方的來客。北宋時期有一個著名的客星紀錄，據《宋會要》記載：「嘉祐元年三月，司天監言：『客星沒，客去之兆也。』初，至和元年五月，晨出東方，守天關，晝見如太白，芒角四出，色赤白，凡見二十三日。」西元1054年7月4日清晨，客星出現在東方的天空，位於天關星附近，白天看上去像太白金星一樣明亮，星芒都可以看見，顏色赤白，白天可見的狀況持續了23天。天關客星一直持續到西元1056年4月6日才消失，總共643天。

　　在中國歷史上的眾多客星紀錄中，西元1054年的客星觀測，乍看起來並沒有特別之處。但是，約900年之後的現代天體物理學研究讓這次天象觀測成為無價之寶，它大大地推進了人類對恆星演化和超新星爆發的理解。

　　故事要從近代天文學家對蟹狀星雲的研究說起。西元1850年左右，愛爾蘭天文學家威廉・帕森斯・羅斯（William Parsons, 3rd Earl of Rosse）使用自製的1.8公尺反射望遠鏡觀測梅西耶天體M1，他發現該星雲呈現纖維結構。由於望遠鏡的解析度不夠高，其手繪的星雲結構類似於一隻

第三部分　恆星的誕生、生命與死亡

螃蟹鉗，所以他將其命名為「蟹狀星雲」。1921 年，美國天文學家約翰・鄧肯（John Duncan）為驗證卡爾・拉姆普藍德（Carl Lampland）「蟹狀星雲的結構正在發生變化」的觀點，將威爾遜山天文臺在 1921 年 4 月 7 日所拍攝的蟹狀星雲的照相底片和 1909 年 10 月 13 日的照相底片一起放在體視比較儀上進行比較。他發現星雲不同部位的光度出現了明顯的變化，尤其是中心區域西北方向的亮區、外邊緣的纖維結構最為明顯，這些變化顯示「星雲物質遠離中心而去」。1928 年，美國天文學家愛德溫・哈伯首次將鄧肯的論文與倫德馬克（Knut Lundmark）的星表連繫起來，並作出以下判斷：蟹狀星雲膨脹的速度很快，按照這種速度，它膨脹到現在的大小只用了大約 900 年的時間。

蟹狀星雲（圖片來源：NASA）

一方面，天文學家觀測蟹狀星雲並不斷取得新成果；另一方面，20 世紀前期，隨著物理學的快速發展，人們對基本粒子以及恆星演化的理解也取得了長足進步。1932 年，英國物理學家詹姆斯・查兒克發現中子。不久，蘇聯物理學家列夫・達維多維奇・朗道（Lev Davidovich Landau）首次提出中子星的概念，他認為存在一類全部由中子構成的星體。1934 年，瑞士天文學家弗里茨·茨維基（Fritz Zwicky）、德國天文學家華特·巴德（Wilhelm Heinrich Walter Baade）共同提出了超新星的概念：超新星代表了普通恆星向中子星的轉變，中子星主要由中子組成，可能擁有非常小的半徑和極高的密度。1942 年，美國天文學家尼古拉斯·梅耶爾（Nicholas Mayall）、荷蘭天文學家簡·亨德里克·奧爾特（Jan Hendrik Oort）和荷蘭漢學家戴聞達（Jan Julius Lodewijk Duyvendak），在查閱了宋朝關於天關客星的全部史料的基礎上，透過建立光變曲線，進行光譜分析、天體測距、絕對星等計算等環節，最後得出天關客星爆發時的絕對星等高達 -16.6 等，遠亮於已知最暗超新星的 -14 等。據此，他們判定天關客星是一顆超新星。蟹狀星雲和天關客星位置一致，由蟹狀星雲膨脹倒推星雲的起始時間與天關客星出現的時間相符，這兩個鐵證顯示：蟹狀星雲 M1 是天關客星（即超新星 1054）爆發後的遺跡。

如今，天文學家使用大型望遠鏡觀測天空，尋找超新星爆發的天象，而不再局限於只有肉眼能看見的客星。實際上，超新星是晚年恆星的爆發現象。從可見光波段觀測，超新星往往在幾個小時到幾天的時間內光度就上升到最大，然後緩慢減弱，整個過程持續數天、數十天或數百天。超新星光輻射最大時，其亮度是太陽亮度的幾十億倍，甚至更多。一顆超新星的電磁輻射總量約 1,043 焦耳，等於太陽 100 億年壽命中的電磁輻射總和。不過，電磁輻射只占超新星爆發釋放的總能量的一小部分。可見，超新星爆發是一種非常劇烈的能量釋放現象。

光譜觀測是天文學家洞察天體的深層奧祕的利器。依據接近最大亮度時光譜中是否出現氫線，超新星被分為Ⅰ型和Ⅱ型，Ⅰ型超新星無氫譜線，Ⅱ型超新星有氫譜線。根據光譜中是否含有矽吸收線和氦吸收

線，Ⅰ型超新星又被進一步細分為Ⅰa、Ⅰb和Ⅰc三種類型。Ⅰa型超新星有明顯的電離矽吸收線；Ⅰb型超新星沒有矽吸收線，有氦吸收線；Ⅰc型超新星沒有矽吸收線，也沒有氦吸收線。根據其光譜和光變曲線的差異，Ⅱ型超新星可以進一步被細分為ⅡP、ⅡL、Ⅱn和Ⅱb四種類型。隨著大視場巡天和時域天文學的發展，天文學家發現了許多絕對星等亮於 -21 等的超新星，它們被稱為超亮超新星。目前，超新星研究仍是一個非常活躍的領域，不斷湧現出理論或實測的新成果。

光譜和光變曲線的特性暗示著超新星爆發的不同物理機制，再加上射電輻射和 X 射線輻射等多波段電磁輻射資料，以及中微子觀測等多方面資訊，天文學家認為超新星爆發的物理機制分為兩類：熱核爆炸型和核塌縮型。

白矮星吸積伴星物質可產生Ⅰa型超新星爆發

初始質量小於 8 倍太陽質量的恆星屬於中小質量恆星，太陽是這類恆星的一個代表。它們在氫和氦燃燒後，由於內部溫度不足以使更重的元素發生核聚變，最終形成主要由碳、氧和氖等元素組成的電子簡併白矮星。太陽演化最終會生成一顆白矮星。依靠電子簡併壓力維持的白矮

星有一個 1.44 倍太陽質量的質量上限，也就是錢德拉塞卡極限。當雙星系統中白矮星吸積伴星的物質，或者兩個白矮星合併，使得質量超過錢德拉塞卡極限後，星體無法再抵抗引力而向內塌縮，這導致溫度和壓力急遽升高，進而使得碳和氧元素重新點燃，發生核聚變，就會產生更重的元素，並釋放巨大的能量而發生爆炸。爆炸使整個星體瓦解，所有物質被丟擲，這就是熱核爆炸型超新星。這種爆炸在白矮星原來位置形成一個物質空洞。研究顯示Ⅰa型超新星爆發的物理機制屬於這種情況。

　　Ⅱ型、Ⅰb型和Ⅰc型超新星屬於另一種爆發型別。對於初始質量大於 8 倍太陽質量的大質量恆星，內部核聚變可點燃碳、氧元素，甚至可以形成結合能最大的鐵元素。在其演化末期，恆星內部形成類似洋蔥的層狀核燃燒結構，從外到內燃燒的元素越來越重。恆星中心區域鐵元素不斷聚集，在高溫高壓下處於電子簡併狀態，當中心區域達到電子簡併壓力能維持的質量上限之後，核心也開始塌縮。與中小質量恆星不同的是，由於鐵元素具有最大的結合能，不能再發生聚變反應，中心物質只是在更高壓力下發生質子的逆 β 衰變，產生中子和中微子。中子在核心逐漸聚集形成中子星或黑洞等緻密星；高能的中微子則從中心向外逃逸。中心緻密星表面將產生高速（0.1 倍光速）向外傳播的激波，在激波作用下，核心外的物質以極高速向外膨脹並被拋射出去。被丟擲的物質若不具有足夠高的速度逃出中心緻密星的引力束縛，則會重新掉落到核心表面。向外傳播的激波若具有足夠的能量，將使超新星發出第一束光，從而形成一個核塌縮型超新星。

　　超新星是部分恆星演化末期的爆炸現象，它好似浩瀚宇宙中一簇簇壯觀的煙花，發射出高能粒子、多波段電磁輻射、中微子和激波。限於人眼的感知能力，人們可以直接看到的超新星數量很少。如今，利用各

第三部分　恆星的誕生、生命與死亡

種先進儀器，天文學家每年可以發現數千至上萬顆超新星。

　　1987 年 2 月 24 日，在大麥哲倫雲中蜘蛛星雲的西南區，智利拉斯坎帕納斯天文臺的伊安・謝爾頓（Ian Shelton）意外地發現了一個奇怪的光點，這一光點很快被證實為一顆超新星，隨後被命名為 SN1987a。當時，它的視星等為 5 等，推算出的絕對星等約 -13 等。在 SN1987a 的光訊號抵達地球之前，日本神岡中微子探測器先行探測到 12 個中微子。後來，天文學家猜測 SN1987a 產生了 10^{58} 個中微子，其釋放總能量為 10^{46} 焦耳。SN1987a 屬於 II 型超新星，其光度偏小。天文學家推測，其前身星是一顆藍超巨星，光譜型為 B3 I，質量約 15 倍太陽質量，光度是太陽的 10 萬倍，半徑為太陽的 50 倍，表面有效溫度約 16,000K；SN1987a 爆發時的氫包層約為 10 倍太陽質量。按照 II 型超新星理論，其星核應該塌縮成一顆中子星，但是，天文學家在 SN1987a 的位置至今還沒有找到中子星，這成為天文學家心中揮之不去的疑問。不過，2020 年，在 SN1987a 塵埃核心中，阿塔卡瑪大型毫米及次毫米波陣列（ALMA）發現了一個熱斑，或許這個熱斑可以幫助人們尋找 SN1987a 遺留的緻密星。

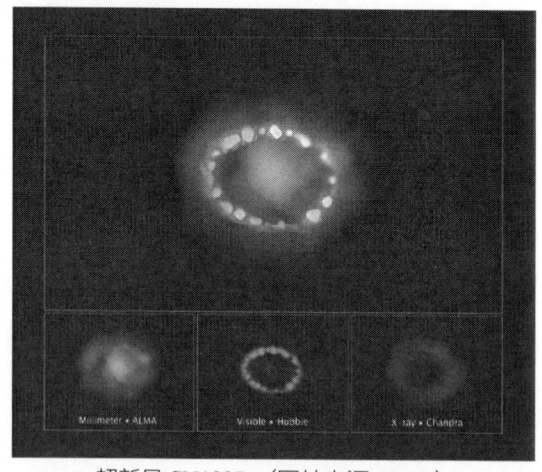

超新星 SN1987a（圖片來源：HST）

22 超新星爆發是什麼現象？

　　一顆顆超新星爆發，製造出了比鐵更重的元素，比如金、銀等貴金屬以及我們身體中的多種微量元素。因此，如果沒有超新星，就不會有地球和人類的出現。然而，劇烈的超新星爆發會不會為地球和人類帶來災難？有天文學家指出，鄰近超新星爆發所釋放出的伽馬射線可以在數十年裡破壞掉臭氧層，使地球表面完全暴露在對生物有害的紫外線下；此外，對生命產生更致命威脅的還有從超新星中產生的宇宙線。如果宇宙線增強 100 倍，輻射產生的放射性物質將在大型動物體內累積，降低其繁殖能力，直到它們絕育、絕種。如果宇宙線繼續增強 100 倍，昆蟲和單細胞生物也將從地球上消失。天文學家推斷，如果在距離我們 20 光年的範圍內爆發超新星，地球生命將會遭受嚴峻威脅；人類離超新星的「安全距離」可能在 50～100 光年之外。幸運的是，離我們最近的太陽不會造成超新星爆發，而且在 50 光年的範圍內，目前人們也沒有發現將會成為超新星的大質量恆星。

　　那麼，不久的將來，在更遠一些的太空，是否存在可能發生超新星爆發的恆星候選體？能夠成為超新星的大質量恆星，在主序星階段壽命達 1,000 萬年，在紅超巨星階段也要持續幾十萬年。對於人類來說，這是一個漫長的時期，但對於恆星而言，卻是短暫的一段時間。在各種恆星中，紅超巨星是距離發生超新星爆發最近的恆星類型。

　　近年來，天文學家注意到了幾顆紅超巨星。第一顆是天蠍座的心宿二，它是一個處於紅超巨星階段的大質量恆星，其質量為 15～18 倍太陽質量，直徑為太陽的 800～900 倍，距離我們約 600 光年。第二顆是獵戶座的參宿四，其質量為 10～20 倍太陽質量，直徑約為太陽的 800 倍，距離我們約 640 光年。這兩顆紅超巨星是即將會發生超新星爆發的大質量恆星，或許在明天，或許 100 年後，或許更長時間以後，它們

第三部分　恆星的誕生、生命與死亡

將以核塌縮的形式發生超新星爆發。第三個超新星爆發候選天體在飛馬座，飛馬座 IK 是一對雙星，距離我們 150 光年，視星等為 6 等，主星飛馬座 IKa 是一顆 1.7 倍太陽質量的主序星，伴星飛馬座 IKb 是一顆白矮星，質量為 1.3 倍太陽質量。當主星演化到紅巨星階段，伴星吸積主星物質達到錢德拉塞卡極限後，就會透過熱核爆炸的方式產生 Ia 超新星，天文學家估計它可能會在 500 萬年內爆炸。

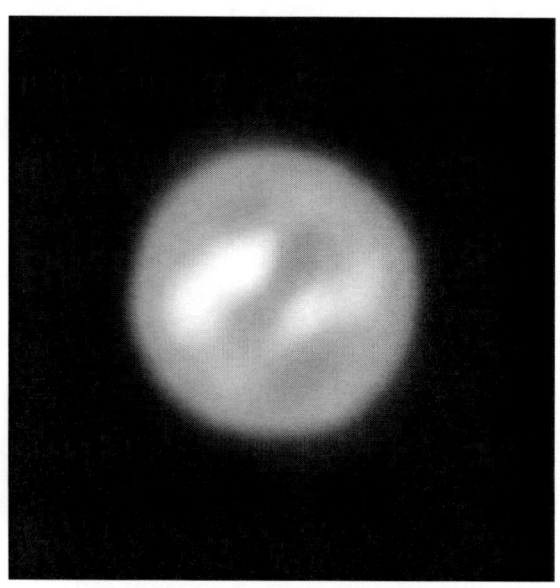

使用歐洲南方天文臺甚大望遠鏡干涉儀拍攝的紅超巨星心宿二（圖片來源：ESO/K. Ohnaka）

23 恆星死後留下什麼？

19 世紀前期，測量恆星視差是當時天文觀測的一個焦點，它是一項非常困難的天文工作。為此，天文學家想盡辦法，以提高天體距離的測量精度。在努力測量恆星視差的眾多天文學家中，德國天文學家貝塞爾（西元 1784～1846 年）是非常出色的一位。西元 1838 年，他測得了天鵝座 61 的周年視差，實現了 300 年來數代天文學家的共同夙願。

在貝塞爾的天體測量工作中，全天最亮的恆星天狼星是他選定的觀測目標之一。經過近十年的長期觀測，西元 1844 年，他發現天狼星在一個小範圍內不斷變化位置，運動軌跡呈波浪形，好像被一個處在特定軌道上的天體的引力拉扯著。經驗豐富的獵手根據叢林或原野中的少許蹤跡，便可以判斷野獸的動向。同樣，頭腦充滿智慧的天文學家，根據某一天體的特殊行為，也可以洞悉其中的宇宙奧祕。貝塞爾根據天狼星的表現，推測它應該有一顆伴星，兩顆恆星互相繞轉的週期約為 50 年。但是，憑藉自己的觀測儀器，貝塞爾找不到伴星的任何蹤影。

未能觀測到天狼星的伴星成為貝塞爾的終身遺憾。西元 1862 年，美國天文學家、著名的望遠鏡製造大師阿爾萬・克拉克（Alvan Clark）製造了一架口徑 47 公分的折射望遠鏡，在望遠鏡的測試觀測時，他將望遠鏡指向了天狼星，結果取得了意外的收穫。在天狼星明亮刺眼的光芒中，

第三部分　恆星的誕生、生命與死亡

隱隱呈現一顆闇弱很多的恆星。按照克拉克等人的猜測，暗星距離它們的質心是天狼星的兩倍，因此，暗星質量應為天狼星的二分之一，亮度僅為天狼星的千分之一。這顆暗星最終被確定為天狼星的伴星，兩個天體繞著共同的質心轉動。但是，有一個疑問久久縈繞在天文學家的心中 —— 天狼星的伴星為何如此闇弱？

天狼星和它的伴星
［圖片來源：NASA, ESA, H. Bond (STScI), and M. Barstow (University of Leicester)］

一個天體看上去非常闇弱，可能是由於它的溫度非常低，向外輻射的能量少；也可能是由於體積小，因而發光面積也很小。天狼星的伴星天狼星 B 屬於哪種情況？1915 年，美國威爾遜山天文臺的天文學家亞當斯（Walter Sydney Adams）觀測了天狼星 B 的光譜，發現它的溫度比天狼星還高，約是天狼星溫度的三倍。那麼，天狼星 B 的低光度只屬於第二種情況。利用各種觀測資料，再結合物理學原理，亞當斯推測，天狼星 B 的質量約為一個太陽質量，而它的體積不會比地球大。天文學家將溫

度高、光度非常小、尺度也比較小的恆星叫做矮星，而天狼星 B 的溫度非常高，它發出的光為白色，因此，被稱為白矮星。白矮星是具有這些特性的一類恆星的統稱。

按照亞當斯的估算，像天狼星 B 這樣的白矮星的密度可以達到水的密度的 300 萬倍。現代的觀測得出，天狼星 B 的質量為 1.034 倍太陽質量，半徑為 0.0084 倍太陽半徑，平均密度達 2.5×10^6 克／公分^3。那麼，如此高密度的白矮星是透過何種物理機制來維持自身的力學平衡狀態的？

對於白矮星內部物質的罕見高密度狀態，最初，天文學家百思不得其解。20 世紀前期，隨著量子力學和原子物理學的發展，天文學家對恆星結構和演化的理解一步步深入。1926 年，英國物理學家、天文學家雷夫·福勒（Ralph Howard Fowler）提出，白矮星內電子氣的簡併壓力可以抗衡星體物質的自身引力。根據量子力學中的包力不相容原理，每個電子都只處於不同的量子態，也就是它們的軌道能級和自旋狀態不能完全相同。在白矮星的高溫高密狀態下，電子擺脫原子核的束縛，成為自由電子氣體。這導致白矮星中的自由電子數密度非常大，為了保持電子處於不同的能量狀態，大多數電子不得不處於高能量狀態。相應地，電子也具有高動量，由此產生的簡併壓力遠遠大於普通的氣體壓力。白矮星就是以電子簡併壓力維持白矮星的靜力學平衡狀態。

第三部分　恆星的誕生、生命與死亡

被塵埃環繞圍繞的白矮星（藝術構想圖）
（圖片來源：NASA's Goddard Space Flight Center/ScottWiessinger）

1930 年代，恆星的能量來源、結構和演化是眾多天文學家和物理學家爭相追逐的天文課題。1935 年，印度裔天體物理學家錢德拉塞卡（Subrahmanyan Chandrasekhar）在這個領域做了非常出色的工作。透過複雜而嚴謹的計算，他指出，在不考慮磁場和自轉的情況下，依靠電子簡併壓力維持靜力學平衡的白矮星存在一個質量上限，即 1.44 倍太陽質量。後來，天文觀測有力地支持他的預言，憑藉這項研究成果，錢德拉塞卡獲得 1983 年的諾貝爾物理學獎。那麼，當一個大質量恆星內部的核燃燒結束後，產生的恆星遺骸超過 1.44 倍太陽質量時，它又會成為什麼樣的天體？

1932 年，朗道提出恆星可能由中子組成的想法。1934 年，弗里茨·茨維基和華特·巴德共同提出了超新星的概念，他們認為超新星爆發代表了普通恆星向中子星轉變的過程，中子星主要由中子組成。科學是一個神奇的東西，根據已有的事實進行邏輯推理，往往能夠預測到某種科學結果。某些恆星最終演化形成中子星就是這樣的一個理論推斷。但它是否跟客觀實際符合，還有待後來的天文學觀測做出驗證。

1967 年 10 月，英國劍橋大學的研究生喬瑟琳·貝爾（Susan Jocelyn Bell）和她的導師休伊什（Antony Hewis）偶然發現了一顆射電脈衝星，該脈衝星的週期為 1.3373 秒，脈衝寬度大致為 0.04 秒。從脈衝週期推測，這種星體在高速自轉，但它們竟然沒有被巨大的離心力瓦解，說明其密度很高。經過仔細研究，他們認為這是一顆中子星。隨後，透過更多觀測和理論研究，天文學家們指出，該中子星的質量約 1～2 倍太陽質量，半徑在 10 公里量級，典型的表面溫度約為 6×10^5K，密度達 $10^{14}\sim10^{15}$ 克／公分^3。一茶匙（約 5 毫升）的中子星物質就有幾十億噸，可見，中子星是比白矮星更加緻密的天體。此外，中子星還有很強的磁場。

喬瑟琳·貝爾發現脈衝星的天線陣（圖片來源：https://www.cam.ac.uk）

如此緻密的中子星是如何形成的？研究顯示，當 9～25 倍太陽質量的恆星的中心核燃燒結束後，透過超新星爆發，鐵核塌縮，星體內物質密度升高，越來越多的電子獲得非常大的動量。這些電子和質子發生碰撞，透過逆 β 衰變形成中子和中微子，中微子逃逸，留下中子形成中子星。中子星依靠中子的簡併壓力抵抗星體物質的自身引力，保持星體的靜力學平衡。

第三部分　恆星的誕生、生命與死亡

　　進一步的科學研究顯示，與白矮星存在錢德拉塞卡極限類似，中子星也有一個質量上限。若超過該質量上限，星體自身的引力將大於中子的簡併壓力，平衡結構就會被破壞。1939 年，美國物理學家歐本海默 (Julius Robert Oppenheimer) 和加拿大物理學家沃爾科夫 (Aleksandr Volkov) 計算了中子星模型，指出中子星的質量上限在 2～3 倍太陽質量。此後，其他科學家也進行過多次計算，但是，由於對高密度物態了解不夠，中子星的質量極限仍沒有一個確切值。

　　那麼，當恆星遺骸的質量超過中子星質量上限，中子簡併壓力不能夠抵抗星體自身的引力時，它會成為一種什麼樣的天體？此時，恆星會演化成一種密度更大的恆星遺骸，天文學家稱這種天體為黑洞。超過 25 倍太陽質量的恆星演化到生命末期時，會透過超新星爆發形成一個黑洞。

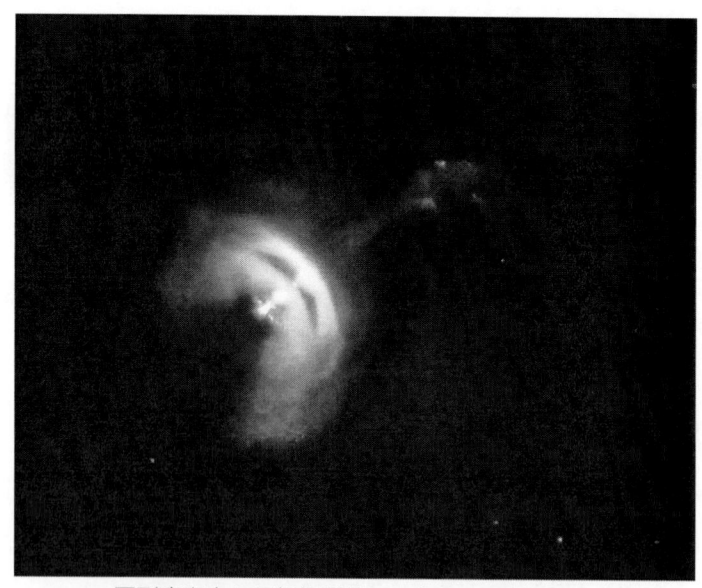

圓形亮斑中心是船帆脈衝星，它是一顆中子星。
(圖片來源：NASA/CXC/Univ of Toronto/M. Durant et al.)

23　恆星死後留下什麼？

　　恆星是宇宙中的基本天體形式，不同質量的恆星最終演化形成的遺骸，按照恆星質量從小到大，分別是白矮星、中子星和黑洞。在恆星晚年形成的這些緻密天體中，白矮星是人們了解最多的一類天體，現在已知其物質構成、物理狀態和溫度等屬性。對於中子星的物理屬性，如今還存在一些不同觀點和疑問，比如，其中心的構成粒子是中子還是夸克？克服這些難題有待天文觀測和物理學理論的共同進步。面對黑洞，科學家們更加力不從心，依靠現有的科學理論和觀測方法，仍不足以解決黑洞物理包含的種種關鍵疑問，尤其是黑洞視界內部的情況。廣闊的太空為人們提供了許多緻密天體的樣本，我們期待將來能夠了解它們的更多奧祕。

第三部分　恆星的誕生、生命與死亡

24
黑洞：宇宙中的極端天體

　　天文觀測是人們探索宇宙奧祕的必要方式。科學家觀測行星的運動，發現了太陽系天體的執行規律；觀測閃閃發光的恆星，理解了恆星如何形成和演化；觀測遙遠的星系，發現宇宙在膨脹……透過不懈的觀測，科學家逐步提煉出精確描述客觀世界及物質運動規律的方程式與定理，建構出豐富的理論體系。以此為基礎，再透過縝密的數學運算與邏輯推理，科學家不斷挖掘出隱藏在現象背後的本質，從而拓寬了人類認知的邊界，深化了對宇宙萬物運行機理的理解。

　　19 年代，科學家利用粒子物理知識提出中子星的概念；1960 年代，天文學家發現脈衝星，並判斷脈衝星就是中子星。發現中子星的故事很好地詮釋了科學探索的魅力。在利用科學理論探究宇宙的故事中，人們對黑洞的研究更是一部精彩的長篇劇，它已經跨越了 4 個世紀，至今仍沒有結束。

　　根據牛頓運動定律，一個物體要離開所在天體的表面，飛向遙遠的地方，它的運動速度必須大於一個特定值，這個特定速度叫逃逸速度。逃逸速度的計算公式為：$v^2=2GM/R$，其中 R 為天體的半徑，G 為萬有引力常數，M 是天體的質量，v 是逃逸速度。從公式可以看出，某天體的逃逸速度只跟該天體的屬性有關，與逃離物體無關。地球的逃逸速度是

11.2 公里／秒。

天空中的天體要麼自身能夠發光，要麼反射其他天體的光線，我們才得以看見它們。如果把光線看成物質粒子，那麼，太空中有沒有某些天體，它們的光線不能離開天體表面，使得它們成為「不可見天體」？

實際上，早在 18 世紀後期，已有科學家思考過這件事情。西元 1783 年，英國科學家蜜雪兒結合逃逸速度的原理和光的微粒說，指出與太陽密度相同但直徑是太陽 500 倍的天體，其表面逃逸速度大於光速，使得它發射的光不能逃逸出來。西元 1796 年，法國科學家拉普拉斯也做了類似的研究，並預言：宇宙中也許存在一種看不見的「暗星」，它的質量與半徑之比太大，以至於逃逸速度超過光速，導致它發出的光線無法逃離該天體。

米歇爾和拉普拉斯的科學猜測並沒有引起眾多科學家的反響。其實，這不難理解。首先，「不可見天體」不能被看見，人們就不能了解它們的各種屬性，甚至不能判斷它們到底是不是真的存在；其次，兩位科學先知進行科學猜測的基礎是光的微粒說，在隨後的 19 世紀裡，光的波動說逐漸占據了上風，光波可以不受引力的影響，因此，關於「不可見天體」的猜測在當時看來有嚴重的理論缺陷。

對於光的屬性研究引發了許多物理學疑問。邁克生—莫雷的光干涉實驗探討的是光的傳播問題，實驗結果讓牛頓的絕對時空受到質疑。對於光到底是物質粒子還是波的問題，科學家逐漸理解到：光既具有粒子屬性，也具有波動屬性。然而，如果光由粒子組成，它就會受到引力作用，這樣的話，光速如何能保持恆定？這樣一來，物理學便出現了一個困難局面。就是在這個時期，湧現出以愛因斯坦為代表的一批傑出科學家，他們的深邃思想推動了物理學的發展。

第三部分　恆星的誕生、生命與死亡

20 世紀初期，愛因斯坦理解到，問題的癥結在於人們對時空、物質和引力的本質缺乏認知。他相繼在 1905 年和 1915 年建立狹義相對論和廣義相對論。在廣義相對論中，他以時空彎曲取代引力。愛因斯坦的引力場方程式就是關於物質和時空關係的方程式，簡單地說，物質決定時空如何彎曲，時空彎曲決定物質如何運動。愛因斯坦發表廣義相對論後不久，1915 年 12 月，德國物理學家卡爾·史瓦西（Karl Schwarzschild）便求解引力場方程式，得到一個描述真空中球形天體周圍時空幾何的解析式。不幸的是，史瓦西於 1916 年 5 月因病去世。

仔細分析引力場方程式的史瓦西度規可以發現，球形天體周圍的時空幾何解具有普遍性，它只與球形天體的質量有關，太陽和相同質量的中子星周圍的時空幾何是一樣的，質量集中於一點的質點也是如此。如果球形天體逐漸縮小，趨向點狀引力源，它就會出現奇異行為，奇異性在臨界半徑 $r_s=2GM/c^2$ 處出現，其中 M 是中心天體的質量，G 是萬有引力常數，c 是光速，這個半徑叫史瓦西半徑。一個天體一旦收縮到半徑小於等於史瓦西半徑，由於時空彎曲，它本身發射的任何粒子和光，都不能逃離到史瓦西半徑以外的區域，從外部落入史瓦西半徑的粒子和光也不能再逃脫出來。對於太陽來說，它的史瓦西半徑是 3 公里，而對於地球，它的史瓦西半徑是 8.9 公釐。

史瓦西度規描述的奇異的時空幾何區域讓人們回想起蜜雪兒和拉普拉斯猜想的「不可見天體」。受到史瓦西度規的觸動，天文學家更加關注那些大質量小體積（高密度）的天體。1930 年，錢德拉塞卡求得白矮星這類緻密天體的質量上限。1939 年，歐本海默等人研究得出中子星的質量上限。他們還認為，如果恆星結束生命後的最終質量大於中子星質量上

限，它將塌縮成星體半徑小於史瓦西半徑的緻密天體，成為一個「不可見天體」。

1967 年 12 月 29 日，美國理論物理學家惠勒（John Archibald Wheeler）在一次講座中，首次使用「黑洞」（blackhole）這個詞語來表述「不可見天體」。黑洞描述恆星或其他天體塌縮排入史瓦西半徑以內的時空區域，包括光在內的任何物質和訊號都無法逃離，史瓦西半徑處的球形介面叫做視界。在視界以內，所有事件（或者說時空點）之間不能自由連繫，也就是說，光線並不能自由地從一個時空點傳播到另一個時空點，而是都朝著中心集聚。這個幾何中心是一個奇點，在那裡物質被無限壓縮，時空變得無限彎曲。在視界以外，光訊號可以在任意距離間互相連繫。隨著距離視界越來越遠，時空彎曲程度越來越小，向無窮遠處漸進為如我們所居住的平坦時空。

太空中的恆星都是旋轉的，不是靜止的，例如太陽就在不停地繞自轉軸旋轉。旋轉恆星塌縮成的黑洞是有角動量的旋轉黑洞，它不能用史瓦西度規描述。1962 年，紐西蘭物理學家羅伊·克爾（Roy Patrick Kerr）求解引力場方程式，得到旋轉黑洞的精確算法，該算法依賴於黑洞的質量和角動量兩個參量，這種黑洞被稱為克爾黑洞。克爾黑洞與尋常的史瓦西黑洞不同，黑洞中心的奇點消失，取代它的是一個平躺在赤道面上的圓形奇異環。奇異環外面是球形的內視界，它包圍著內部的奇異環；在內視界的外面有外視界；外視界的外面還有一個靜止界限（靜界），橢球形的靜止界限與外視界在兩極處相切。

克爾黑洞周圍的時空像一個大漩渦，這裡的彎曲時空以渦流的方式流動。在靜止界限上，輻射被無限紅移，但是只要在外視界以內，任何

東西都不能再逃離出來，所以外視界是克爾黑洞的真正邊界。史瓦西黑洞的唯一視界同時也是無限紅移面。克爾黑洞的外視界和靜止界限之間的時空區域稱為能層，理論上，可以利用這個區域的獨特性質提取黑洞的轉動能量。克爾黑洞中心的奇異環不再是所有物質向其聚集的結點，這裡的物質可以在轉動黑洞的內部運動，或者在環面的上下方運動，或者從環中穿過。克爾黑洞的內視界是一個球形介面，它使得內外視界之間的區域不受奇異性的影響，或者說，從奇異環發出的訊號不能逃出內視界。隨著黑洞角動量增大，內視界和外視界趨於重疊。

黑洞可以從周圍吞噬帶電粒子，使得黑洞帶上電荷，帶有電荷但沒有自轉的黑洞稱為 R-N 黑洞，這類黑洞的結構由物理學家賴斯納（Hans Jacob Reissner）和努德斯特倫（Gunnar Nordström）求解得到。既帶電荷又有自轉的黑洞稱為克爾—紐曼黑洞。恆星可以有各種物理參量來描述各式各樣的屬性。然而，恆星塌縮為黑洞後，除了質量、角動量和電荷，將失去所有其他參量，黑洞的這個特徵被稱為「無毛定理」。

黑洞是一種神祕的天體，它吸引了眾多科學家的注意力，讓他們為此付出辛勤的汗水，甚至畢生的精力。霍金（Stephen William Hawking）就是這樣的一位科學家，他身患重疾，卻在黑洞研究領域取得了卓越的成就。1971 年，霍金提出原初黑洞的概念。他認為，在宇宙大爆炸後的極早期，物質處於高溫高密狀態，原初宇宙中出現大幅度的漲落，並受到極其強大的壓縮，使得質量比星系小得多的物質團塊首先凝聚成由引力控制的物體，即原初黑洞。其中一些原初黑洞質量約 10^{12} 公斤，相等於一座山的質量，但引力半徑僅為 10^{-15} 公尺，與質子的大小相等，它們屬於微型黑洞。不過，天文觀測至今沒有發現它們的蹤跡。

最普通的黑洞應該是恆星演化末期引力塌縮形成的黑洞，此時的黑洞不能發射任何電磁輻射和粒子，我們無法觀測它們。不過，大多數恆星並不是孤立存在的，黑洞可能位於雙星系統中。透過觀測雙星中的可見恆星，可以得到不可見恆星的質量，如果不可見恆星的質量超過中子星質量上限，那麼它很可能就是一個黑洞。除此之外，黑洞往往從伴星周圍吸積物質，圍繞黑洞形成一個吸積盤，在黑洞強大的引力作用下，吸積盤物質流入黑洞，並產生引力輻射和各種獨特的電磁輻射，如紅外線、射電波和 X 射線等。這些獨特的電磁輻射也是判別黑洞的方法。1965 年，天鵝座 X-1 因其強烈的 X 射線輻射，首次被天文學家看作為黑洞的候選體。這類黑洞是恆星質量黑洞，它們的質量在 3 倍太陽質量到百倍太陽質量之間。如今，在銀河系中已發現幾十個這樣的黑洞。

　　1960 年代，天文學家發現了類星體。類星體看上去像一顆恆星，但是其譜線有很大的紅移，因此，它距離地球非常遙遠，它的輻射能量十分巨大。普通恆星中的熱核反應不足以為類星體提供如此巨大的能量，它的能量究竟是如何產生的？1964 年，在類星體發現後不久，蘇聯科學家澤爾多維奇和美國科學家薩爾皮特（Edwin Ernest Salpeter）分別獨立提出觀點，認為超大質量黑洞可能存在於星系中心，這些質量超過百萬倍太陽質量的「怪獸」級黑洞不斷吸積周圍氣體而釋放出巨大能量，從而形成類星體。這一開拓性的假設奠定了類星體的物理基礎。1969 年，英國科學家林登貝爾（Donald Lynden-Bell）進一步確認，類星體的巨大能量來源於被超大質量黑洞所吸積的物質釋放出來的引力能。可見活躍星系中心存在超大質量黑洞。

第三部分　恆星的誕生、生命與死亡

天鵝座 X-1 的藝術構想圖，它由大質量恆星塌縮形成，
黑洞不斷吸積附近藍色恆星的物質。（圖片來源：NASA/CXC/M.Weiss）

1960 年代，科學家還提出正常星系中心也存在大質量黑洞。大型星系中心的黑洞則屬於超大質量黑洞，但透過觀測證實這種想法非常困難。如今，透過多種方式，天文學家已經觀測證實了銀河系中心存在超大質量黑洞。

除了質量為幾倍到上百倍太陽質量的恆星級黑洞，以及質量達幾百萬到幾十億倍太陽質量的超大質量黑洞，天文學家認為太空中還存在質量為幾千到幾十萬倍太陽質量的中等質量黑洞。近些年來，天文學家又提出了絕超質量黑洞的概念，它們的質量範圍涵蓋百億到兆倍太陽質量甚至更大，它們可以在宇宙，包括早期宇宙中的巨大物質庫中因引力塌縮而形成，並且已有重要觀測證據的支持。

近幾年，黑洞研究領域取得的最卓越的成就，是對近鄰星系中心超大質量黑洞的直接成像。這需要高達幾十微角秒的空間解析度。2019年4月10日，由世界上200多位天文學家組成的事件視界望遠鏡（EHT）國際合作團隊，公布了他們拍攝的橢球星系M87中心黑洞的照片，這是首張黑洞照片，拍攝於2017年4月。照片上可直接看到黑洞「陰影」和環繞著黑洞陰影但亮度南北不對稱的光環。照片中的陰影證明了黑洞的存在，並由此得到M87星系中心離地球的更精確距離為5,480萬光年，根據陰影大小得到該黑洞質量為65億倍太陽質量。

第三部分　恆星的誕生、生命與死亡

25
重力波是如何被偵測到的？

　　天文學的研究對象是浩瀚的宇宙以及其中的各種天體。目前，人類親自登陸或者發射探測器到訪過的目標，僅有月亮、火星等太陽系內少數天體。更多情況下，天文學家只能被動地接收來自遙遠天體的某些信使。現在，天文學家已知的天文信使包括電磁波、宇宙線、中微子和重力波。2015 年 9 月 14 日，科學家首次確切無疑地探測到來自宇宙深處的重力波。至此，四種信使全部到天文學家帳下報到，天文學家又增加了一扇瞭望宇宙的新視窗。

　　這次接收到的重力波源自一個很久以前的天體碰撞事件，當時人類還沒有在地球上出現。大約 13 億年前，宇宙中一個遙遠的地方有兩個黑洞，質量分別為 36 倍太陽質量和 29 倍太陽質量。在引力作用下，兩個黑洞相互繞轉並不斷接近，最終，它們碰撞並合成為一個 62 倍太陽質量的黑洞。最後的合併過程將 3 倍太陽質量轉化為重力波的能量。重力波以光速向四面八方傳播，經過漫長的旅途，於 2015 年 9 月 14 日來到地球。剛好在此時，美國的雷射干涉重力波天文臺（LIGO）剛剛完成又一次升級改造，並幸運地捕捉到這一重力波訊號。

　　成功捕獲重力波是人類探索宇宙歷程的一個新里程碑，它的意義不可估量。為此，2017 年，三位探測重力波的美國科學家雷納·韋斯

（Rainer Weiss）、基普・索恩（Kip Stephen Thorne）和巴里・巴利許（Barry Barish）被共同授予諾貝爾物理學獎。

位於美國華盛頓州漢福德市的雷射干涉重力波天文臺（LIGO）。
（圖片來源：Caltech/LIGO Laboratory）

回首過去，從預言重力波到成功捕獲，科學家們努力探索了足足一百年。1915年，愛因斯坦提出廣義相對論，此後不久，他就依此理論預言了重力波的存在。廣義相對論引力場方程式一定程度上是透過理論推演得出的物理學方程式，由此進一步得出的物理概念並不一定與現實世界相對應，因此，針對重力波是否真正存在這一問題，科學家們所持的觀點並不一致。此後長達四十多年的歲月裡，科學家們進行了漫長的科學爭論，愛因斯坦和他的同事羅伯森（Howard Percy Robertson）也參與其中。

1957年，美國普林斯頓大學的物理學家約翰・惠勒組織了一次廣義相對論研討會，會議在美國北卡羅來納教堂山召開，「重力波是否具有實際物理效應」，具體地說，「重力波是否攜帶能量」是研討會的主要議題之一。會議上加州理工學院教授理查・費曼（Richard Phillips Feynman）提出了著名的「黏球」實驗。他假設：在一根粗糙的細桿上放置兩個黏

性小球，兩者間隔一定距離，如果有重力波沿垂直於細桿的方向傳播到這裡，細桿和小球會隨時空變化而收縮或拉伸。此時，細桿作為一個整體，其運動會受到自身物質的抵抗；而兩個小球作為獨立個體其運動變化相較細桿會更顯著，這導致小球在細桿上移動。該過程中，小球與細桿間摩擦產生的熱量應該源於重力波。不久，物理學家赫爾曼・邦迪（Hermann Bondi）嚴謹證明了重力波攜帶能量。

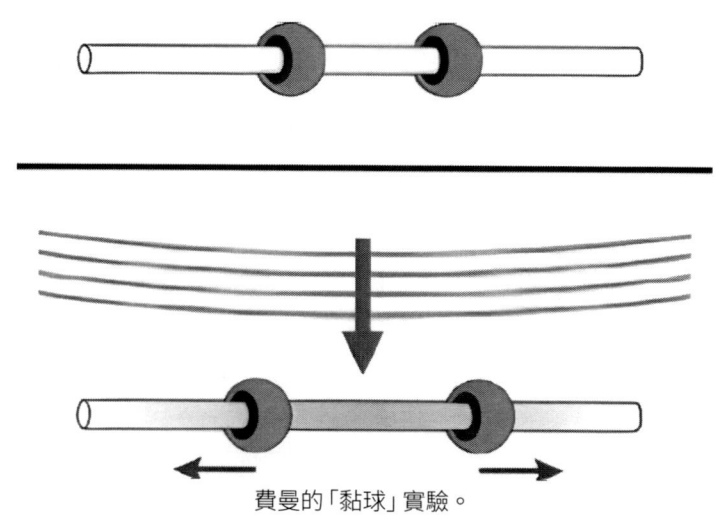

費曼的「黏球」實驗。

科學辯論讓科學家們逐漸取得共識，即重力波是一種真實存在的物理現象，它能夠攜帶能量。不過，一個科學理論或預言的真偽，最終需要科學實驗或天文觀測的檢驗。

根據廣義相對論，物質會彎曲時空。因此，當物體具有加速度且做不完全對稱的運動和形變時，其周圍的時空會隨之發生形變，這種時空形變可以像波一樣向遠處傳播，這就是重力波。時空是一種無處不在的客觀存在，重力波傳播的是時空本身的振動。重力波所到之處，在垂直於傳播方向的平面上，任何長度都會振盪，而且在任意互相垂直的方向上長度變化的步調相反。也就是說，重力波所經之處，除非完全沿著傳

25 重力波是如何被偵測到的？

播方向，任何空間距離都發生振盪。

1960 年代，科學家們便開始了重力波的實驗探尋之旅。美國馬里蘭大學的約瑟夫‧韋伯（Joseph Weber）在這方面的工作成果最為突出。他建立了世界上第一臺重力波探測器，後來人們俗稱「韋伯棒」。實際上，韋伯棒是共振質量重力波探測器的核心部件，它是一個鋁合金圓柱體，重 1.4 噸，底邊直徑 0.66 公尺，長 1.53 公尺。當重力波傳來時，共振棒與重力波共振，因而產生極其微小的形變和位移，透過機械和電耦合到變換器上，然後被放大並產生電磁訊號，電磁訊號代表相應的重力波。理論計算顯示，重力波的效應非常微弱，宇宙中最強烈的重力波傳播到地球時，引起的相對長度變化只有 10-21 的量級，要探測到如此微小的時空形變，需要具有極高靈敏度的探測器。1968 年，韋伯聲稱探測到了重力波訊號，但是沒有被科學家們的後續工作進一步證實，最終沒有被認同。

約瑟夫‧韋伯製作韋伯棒探測重力波
（圖片來源：University of Maryland）

第三部分　恆星的誕生、生命與死亡

　　韋伯探測重力波的努力雖然最終沒有取得成功，但他為後繼的科學研究工作奠定了良好基礎。更重要的是，韋伯的行動激勵了更多科學家來探測重力波。從此，眾多科學家積極加入到這一研究領域。

　　透過理論研究，科學家們推斷：宇宙中超新星爆發及其他引力坍塌事件、非對稱中子星旋轉、雙星尤其是雙緻密星（白矮星、中子星和黑洞）的繞轉和併合，乃至宇宙大爆炸，尤其是宇宙暴脹，都是重力波的發射源。1974年，美國麻薩諸塞大學的赫爾斯（Russell Hulse）和泰勒（Joseph Taylor）發現了一顆中子星和與之相互繞轉的伴星（後來發現它也是一顆中子星）之間的繞轉週期越來越短、距離越來越近，隨後，他們證實這一觀測現象是兩顆緻密雙星輻射重力波因而損失能量造成的。這是首次獲得的重力波存在的間接證據，憑此成果，兩位天體物理學家獲得了1993年的諾貝爾物理學獎。

　　與此同時，不少科學家仍為直接探測重力波而努力。美國麻省理工學院的雷納·韋斯是最早想到用雷射干涉儀來探測重力波的科學家之一，他一直堅持這項研究工作。韋斯教授詳細分析重力波干涉儀的各種背景干擾，包括地震噪聲、引力場梯度、真空管熱梯度導致的噪聲、鏡子及其懸掛索的熱噪聲、雷射輸出功率的變化、雷射頻率的不穩定以及地磁和宇宙線的可能效應等。他還仔細設計了克服這些干擾的方法。早在1972年，他就將研究成果寫成論文，發表在麻省理工學院電子學實驗室的內部刊物上。

　　美國加州理工學院教授基普·索恩是一位理論物理學家。長期以來，他一直研究各式各樣的重力波理論，對重力波的波源、波形和攜帶的資訊做了很多理論和數值方面的研究。他分析不同的波源會產生什麼樣的重力波，還開闢了資料分析這一新方向。索恩研究的技術課題甚至涉及

25 重力波是如何被偵測到的？

量子測量問題，為重力波探測打下了理論基礎。

1970 年代末，美國國家科學基金開始支持雷射干涉重力波天文臺（LIGO）研究專案，1999 年 LIGO 工程完成，2002 年開始試執行，前後經歷了 20 多年的時間。LIGO 的探測原理基於雷射干涉，它的可測重力波頻率範圍很寬，從十幾赫茲到兩萬赫茲。LIGO 包括兩個同樣的探測器，它們相距 3,002 公里，分別位於美國華盛頓州的漢福德與路易斯安那州的利文斯頓。兩個探測器協同工作，可排除其他干擾訊號，比如地震訊號。為了增強效果，干涉儀臂長需要很大的長度，而且透過鏡子的來回反射，又將有效長度大幅增加。每個探測器都是一個巨大的邁克生干涉儀，兩個互相垂直約 4 公里的臂構成 L 形。在 L 形的直角上，一束雷射被半透的分光器分成兩束，分別進入兩臂。在每個臂中，雷射被兩端的鏡子來回反射多次。然後兩束雷射回到分束器後疊加起來，發生干涉，最後進入光探測器。疊加（干涉）以後的光強決定於兩臂的長度差，所以能夠用以測量時空變化。

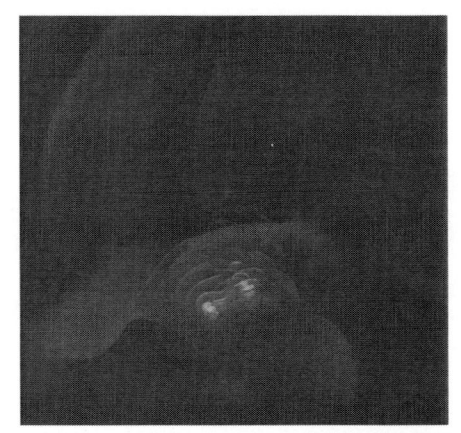

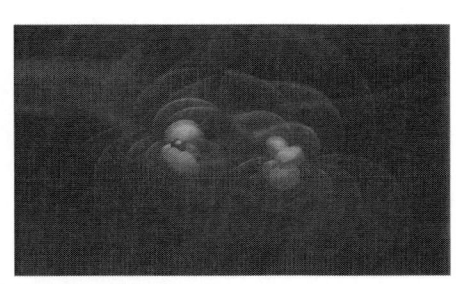

併合黑洞產生重力波的數值模擬圖
（圖片來源：NASA/BernardJ. Kelly/ Chris Henze/ Tim Sandstrom）

第三部分　恆星的誕生、生命與死亡

自 2015 年 9 月 14 日首次探測到重力波以來，越來越多的重力波訊號被探測到。除 LIGO 外，探測重力波的地基天文臺還有歐洲的處女座雷射干涉重力波天文臺（Virgo）和日本的神岡重力波探測器（KAGRA）。

在過去幾年觀測到的重力波事件中，2017 年 8 月 17 日探測到的重力波事件（GW170817）非常值得關注，科學家們認為這次重力波事件由雙中子星併合產生。在 LIGO 和 Virgo 探測到這一重力波訊號後，其他觀測儀器相繼探測到相應的電磁輻射對應體。這是首個伴隨電磁訊號的重力波事件，它象徵著重力波多信使天文學的開端。具體說來，在重力波訊號到來的 1.7 秒之後，費米衛星觀測到一個短時間伽馬射線暴，隨後世界各地多個望遠鏡投入觀測，最終確定了這次事件的光學對應體和它所處的寄主星系，即距離地球 1.3 億光年的星系 NGC4993。後續的紅外線、可見光、紫外線和射電波段觀測顯示，這次事件也是一次由雙中子星併合產生的「千新星」事件，也就是其最大亮度達到新星亮度的千倍級別。

從重力波事件 GW170817 可知，緻密天體的碰撞併合、伽馬射線暴以及千新星都與重力波密切相關。此外，天文學家猜測，快速射電暴（Fast Radio Bursts，FRBs），即一種明亮的毫秒脈衝輻射現象，很可能與緻密天體的災難性活動有關，比如雙緻密星的併合或者大質量恆星晚期的超新星爆發。未來，探測重力波可以幫助科學家揭開這些天文現象的奧祕。

25 重力波是如何被偵測到的？

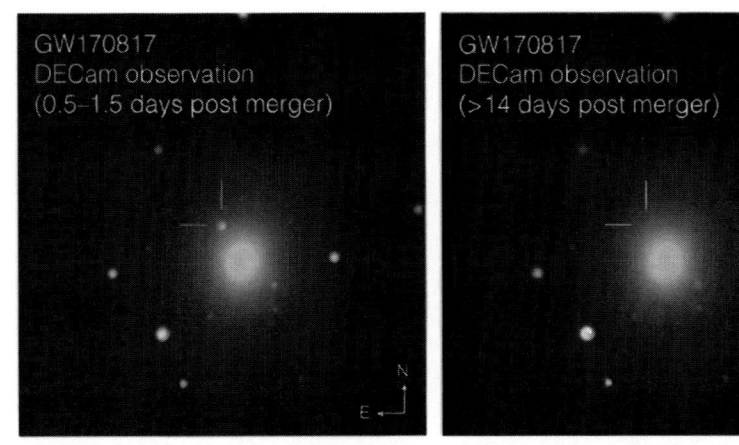

重力波事件 GW170817 的光學觀測（圖片來源：Soares-Santos et al. and DES Collaboration）

第三部分　恆星的誕生、生命與死亡

26
蟲洞與白洞：科幻還是現實？

愛因斯坦是 20 世紀最偉大的科學家之一，1915 年，他創立了廣義相對論，闡釋了物質、引力與時空的關係。廣義相對論預言了一些新奇的天體物理現象和另類天體，例如引力透鏡、重力波和黑洞；還產生了一些當時人們無法理解的物理概念，例如緻密天體附近的引力紅移和時間擴展。此後的一個世紀裡，這些科學概念或天體現象成為科學家們不斷探索和研究的對象。隨著時間的流逝，其中一些預言逐漸被科學實驗或天文觀測所證實，廣義相對論也更為後輩科學家所推崇。

然而，在廣義相對論領域，仍然有兩個「幽靈」縈繞在科學家們的腦海，難以被精準捕捉，卻又揮之不去。科學愛好者談起它們，往往也是樂此不疲。這兩個神祕的東西是白洞和蟲洞。

根據廣義相對論，在物理時空的某個區域內，如果物質和光只能從外部進入，而不能從那裡逃出，那麼它就是黑洞。對於黑洞，最初，科學家們無法想像這種天體為何物？但隨著天文學的發展，人們理解到，大質量恆星消耗完內部的核燃料，走到生命的終點時，它會塌縮成為一個質量足夠大、密度也足夠大的天體 —— 黑洞。透過最近數十年的觀測，天文學家確定了黑洞的存在。2015 年，天文學家探測到兩個黑洞合併產生的重力波。2019 年和 2022 年，天文學家相繼釋出 M87 中心黑洞

26 蟲洞與白洞：科幻還是現實？

和銀河系中心黑洞的照片，讓黑洞成為一種「看得見」的天體。

對稱是自然界中一個奇妙的現象。上和下，左和右，正和負，正電子和負電子，物質和反物質，這些成對的概念告訴人們自然界有某種獨特的規律性。求解引力場方程式能夠得到黑洞，同時，也會得出對稱的另一個物理解：在物理時空的某個區域內，物質和光只能從內部逃出，而不能從區域外進入，這就是白洞。黑洞和白洞是對稱的一對概念。天文學家已經找到黑洞，那麼，白洞是否真的存在呢？

如果宇宙中有白洞，那麼它在哪裡？截至目前，在茫茫宇宙中，科學家仍然沒有發現白洞的絲毫痕跡。儘管有人最初把類星體和γ暴視為白洞，但是，種種觀測結果很快就否定了這種想法。更讓人失望的是，按照現代天體物理學的理論，沒有任何天體物理過程可以形成白洞。從物理學的角度更進一步考慮，白洞現象還違反特定的熱力學定律。這樣一來，白洞仍然只是一個數學預測或稱數學遊戲，難於走向現實。

但是，科學家們並沒有放棄對白洞的探求，或許，人類現在認知宇宙自然的能力非常有限，觀測和探測宇宙自然的能力制約了人們對各種現象的認知。不過，科學家們可以透過大膽猜測甚至幻想，去探究白洞的奧祕。有科學家提出，在我們的宇宙中，大質量恆星塌縮形成黑洞時，考慮到量子效應，物質不會在黑洞中心形成奇點，當黑洞中心的物質密度達到一定程度時，黑洞物質會反彈，向另一個宇宙噴發，在那個宇宙中物質和光都是向外逃跑，這就是白洞。這意味著，我們宇宙中的每個黑洞都可以對應一個白洞，反彈形成白洞的宇宙是另外一個宇宙。不過，這些推測或假設還很難被驗證。根據白洞的物理性質，也有些科學家認為，「大爆炸形成我們的宇宙」這一過程是一個白洞現象——整個宇宙都在膨脹，所有物質和時空在不斷向外逃離或擴張。這種想法看

第三部分　恆星的誕生、生命與死亡

上去也有道理，只是人們無論如何也不能到達宇宙的外面，去驗證我們所處的宇宙是否是一個有限的白洞區域。

白洞問題尚難以解決，蟲洞問題又是怎麼一回事呢？

1916 年，史瓦西公布了他的引力場方程式解之後，奧地利科學家路德維格‧弗拉姆（Ludwig Flamm）最早理解到「時空捷徑」這種奇怪現象存在的可能性。1935 年，愛因斯坦和他的同事納森‧羅森（Nathan Rosen）做了相同的研究工作，基於引力場方程式、黑洞和白洞這些概念，他們指出浩瀚的宇宙空間中存在連接遙遠天體的捷徑。他們將這個「捷徑」稱為「愛因斯坦—羅森橋」（Einstein-Rosen bridge），當然，愛因斯坦—羅森橋也可以連接距離較近的宇宙時空中的兩個地點。1957 年，美國物理學家惠勒創造出「蟲洞」（worm hole）一詞來指代理論得出的愛因斯坦—羅森橋。從此，蟲洞的概念流傳開來。

我們生活的空間是三維空間，加上一維時間，構成四維時空，連接四維時空中的兩個遙遠地點的蟲洞是什麼樣子？這超出了人類的直觀經驗，我們無論如何也無法明確地想像出來。但是我們可以利用簡單的例子來說明這個問題。假設有一張非常非常大的長方形紙，在它的一個表面有兩個點 A 和 B，A 點和 B 點相距非常遙遠，不管用何種交通工具從 A 點到 B 點都要花費很長的時間。如果將這張巨大的紙彎折，且在 A 點和 B 點之間穿出一條細管，這樣由 A 點到達 B 點就會非常快。這條細管就是二維平面上相距遙遠的兩點（A 和 B）之間的一個蟲洞。將這種情景擴展到三維空間，就是我們所在四維時空中的蟲洞。

26 蟲洞與白洞：科幻還是現實？

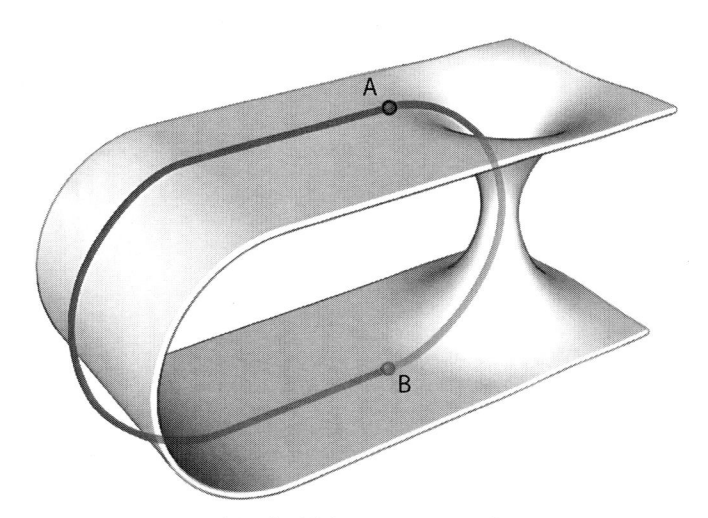

蟲洞（圖片來源：Wikimedia）

根據引力場方程式的史瓦西度規，黑洞是所有物質和光輻射塌縮的區域，白洞則與之相反，所有物質和輻射都向外噴出，它們代表兩個不同的宇宙，蟲洞就是兩者之間的通道。1962 年，惠勒和福勒發表論文表示如果蟲洞連接的是同一個宇宙的兩個不同地點，那麼它非常不穩定，一旦有光和物質經過，它會很快塌縮和斷裂，所以這種蟲洞不可穿越。而英國科學家霍金和美國科學家索恩等人認為，具有負能量密度的奇特物質可以讓蟲洞保持穩定，因而可以讓物體透過，這兩位科學家是「存在可穿越蟲洞」這一觀點的支持者。

這種奇特物質是何種物質？暗物質是否可以充當這一角色？2014 年 11 月，來自印度、義大利和美國的科學家組成的一個研究小組發表論文，文章指出，銀河系中可能有一個穩定可穿行的蟲洞。他們結合其他漩渦星系的自轉曲線與暗物質關係的模型，計算了銀河系中暗物質的分布。他們發現銀河系中心暈中包含足量的暗物質，這些暗物質足以使得銀河系中產生一個蟲洞，並使其處於穩定可通行的狀態，沿著這條蟲洞

可以通向宇宙時空的另一個遙遠地方。不過，也有科學家認為暗物質或反物質不能充當這種奇特物質。

後來，科學家理解到，如果宇宙空間有三維之外的額外維度，不需要奇特的負能量密度物質，蟲洞也可以存在，這就是膜宇宙理論。這種觀點認為，我們的三維宇宙是四維空間的一張膜，如果我們能有辦法離開這張膜非常微小的距離，膜上距離的度量會迅速縮小，比如，本來相距 1,000 公尺的兩點，脫離膜 1 微米，那麼距離可能就變成 1 奈米。

如果宇宙空間的確存在蟲洞，那麼透過它做遠距離的太空航行就可以節省大量的時間。假設有一個連接銀河系和仙女星系的蟲洞，此蟲洞內兩個星系的距離只有 9,000 萬公里。按照人類現有飛行器可達到的 60,000 公里／時的速度來計算，從銀河系飛行到仙女星系只需要 1,500 小時，即 62.5 天。而銀河系到仙女星系的實際空間距離約 250 萬光年，在普通的三維宇宙空間行走，即使是以光速前進，也要花上 250 萬年。顯然，在蟲洞外的觀察者看來，蟲洞中的旅行是超光速的，而實際上由於蟲洞是一條捷徑而已，其中太空船的飛行速度並沒有超過光速，因此不違背光速極限的原理。

根據廣義相對論，透過蟲洞不僅可以在相距遙遠的兩個宇宙地點之間做快速旅行，還可以在兩個不同的時間點之間旅行，也就是時空旅行 (time travel)。假設 2016 年有兩個同為 20 歲的年輕人甲和乙，其中甲乘坐太空船以非常快的速度飛行，或者太空船處於引力場非常強的星球上。太空船上的時間過得慢，太空船上經過 4 年到 2020 年，地球上可能已是 40 年過去了，到了 2056 年，此時，地球上的乙已是 60 歲。如果太空船出發時甲已將一個蟲洞的一端安置在太空船上（另一端留在地球），那麼太空船上的甲透過蟲洞可以很快回到地球上，從太空船上的 2020 年

26　蟲洞與白洞：科幻還是現實？

到地球上的 2056 年，這樣甲做了一次時空旅行。這種情形在美國科幻電影《星際效應》中出現過，太空員庫珀飛回到太陽系以後，她的女兒已是一位奄奄一息的老太太，而他仍是 40 多歲的樣子。

透過蟲洞進行時空旅行（藝術構想圖）（圖片來源：NASA/Les Bossinas）

從蟲洞具有的性質來看，它對人類有很大的用途。透過它，我們可以在短時間內跨越宏大的距離，到達宇宙的遠方。時空旅行也是意義非凡，得了不治之症的患者可以去往時間膨脹非常嚴重的星球，在那裡待上一段時間，然後透過蟲洞回到地球，那時地球上高度發達的醫學就可以治癒患者的不治之症，使其能繼續健康地生活。或者，如果你希望到未來幾百年甚至未來幾千年的時代生活，那麼蟲洞旅行則可以實現你的願望。

不過，對於白洞和蟲洞，各種觀點眾說紛紜，仍有許多爭議，科學研究僅處於概念和假設階段。此外，就現在科學技術水準而言，白洞和蟲洞與現實世界的距離似乎比遙遠的宇宙還遠。

第三部分　恆星的誕生、生命與死亡

27
棕矮星：星與行星之間的界線

　　像寶石一樣的恆星掛在黝黑的天幕上，它們數量大，也容易觀測，因此，這些星球也成為天體物理學家最早研究的對象。1930 年代，天文學家已大致理解恆星形成和演化的規律。星雲在自身引力作用下，經過分裂和塌縮，形成恆星。類似太陽化學成分的星雲，經過塌縮形成的星體，只有最終質量大於 0.07 倍太陽質量，才能引發氫原子的穩定核聚變，成為一顆能長時間穩定發光的恆星。也就是說，所有恆星的質量都大於 0.07 倍太陽質量。恆星形成是宇宙中的自然現象，如果進一步思考，人們心中一定會產生許多疑問，比如，星雲在分裂和塌縮的過程中，會不會形成質量小於 0.07 倍太陽質量的團塊？如果存在，它們最終會塌縮形成什麼樣的天體？美國維吉尼亞大學的天文學家庫瑪爾 (Shiv Kumar) 對這些問題從理論上作了深入研究。早在 1963 年他發表論文指出，巨大氣體塵埃雲透過引力塌縮形成恆星時，也應當經常性地形成較小的天體，它們的質量小於最小恆星質量。這種假設中的天體當時被叫做黑星 (black star)，或紅外星 (infrared star)。

　　有趣的問題往往會吸引眾多科學家關注。美國天文學家塔特 (Jill Tarter) 也是熱衷這些問題的科學家之一，她後來曾任搜尋地外文明計畫 (SETI) 研究所主任。塔特花費不少時間進行這方面的研究，不久就有了

27　棕矮星：星與行星之間的界線

自己的見解。1975 年，在一次學術會議上，塔特建議將這類小質量的天體稱為「棕矮星」。她指出棕矮星並不是棕色的星，從顏色上說，棕矮星應該是朦朧的紅色，但是，紅矮星已被用來描述那些小於 0.5 倍太陽質量的小恆星，所以需要給這類天體一個新名稱。

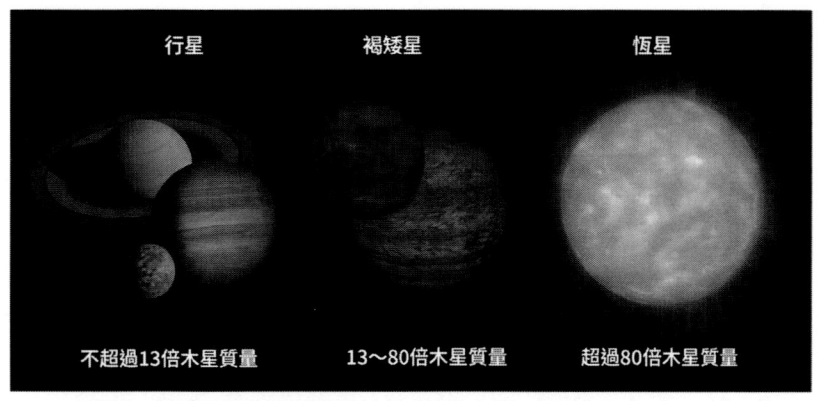

行星、棕矮星和恆星的質量比較（圖片來源：NASA/JPL-Caltech）

　　類似太陽化學成分的棕矮星，其質量必定低於 0.07 倍太陽質量，即約 75～80 倍木星質量。那麼，棕矮星有沒有質量下限？如果存在，它的質量下限是多少？對此，天文學家給出的答案是，棕矮星的最小質量約為 13 倍木星質量。

　　不論恆星還是棕矮星，抑或氣態巨行星，這些天體在形成和演化的過程中，由於自身引力作用，都會發生體積收縮，這使得它們自身溫度升高，從而向外輻射電磁波。質量超過 13 倍木星質量的棕矮星透過體積收縮，使得其溫度升高到特定數值時，可以引發其中氘原子的核聚變，由於氘原子含量較少，這一過程只持續較短的一段時間。質量大於 60 倍木星質量的棕矮星還可以引發鋰原子的核聚變，鋰原子含量也不多，這一核聚變過程同樣只持續較短的時間。這兩種核燃燒過程都可以為棕矮星提供熱量，增加它的亮度。相比之下，氣態巨行星由於質量較小，則

不會經歷這兩個短暫的核聚變過程。

　　棕矮星只在最初形成時有一些能量來源，隨後處於漫長的冷卻過程。本來就非常黯淡的棕矮星會隨著時間流逝更加黯淡下去，這使得尋找棕矮星異常困難。種種不利條件並不能阻擋天文學家搜尋棕矮星的行動，他們開始想方設法尋覓這類隱藏在遼闊太空中的天體。

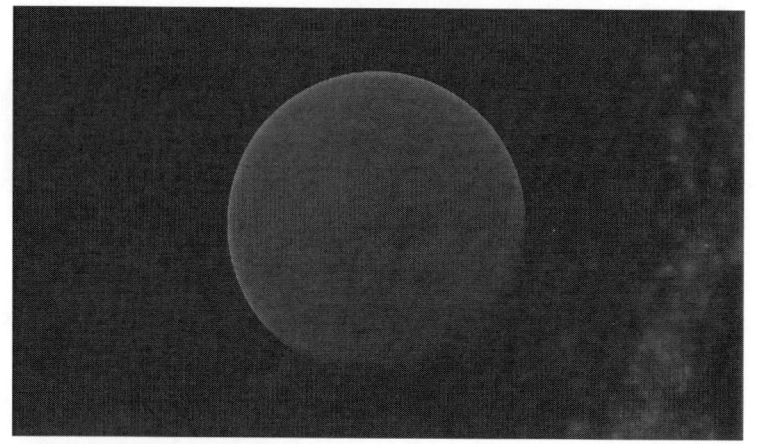

光譜 T 型棕矮星的藝術構想圖 (圖片來源：Wikipedia Commons/Tyrogthekreeper)

　　考慮到銀河系中超過半數的恆星是雙星成員，所以天文學家決定在亮星附近尋找它的棕矮星伴星。利用這種搜尋方法時，可以把望遠鏡聚焦在已知恆星附近的一小塊區域，這在一定程度上避免了盲目性。1984年，美國亞利桑那大學斯圖爾德天文臺 (STEWARD) 的研究者們宣布，在一個離太陽 21 光年的小質量恆星 VB8 旁邊發現一顆暗的伴星。這個天體看起來具有棕矮星的性質，但非常遺憾，後來發現它只是一個觀測假象。1988 年，加州大學洛杉磯分校的貝克林 (Eric Becklin) 和祖克曼 (Benjamin Michael Zuckerman) 宣布，一個白矮星的暗紅伴星 GD165B 可能是一個棕矮星，然而計算顯示 GD165B 的質量約 75 倍木星質量，處於小質量恆星和棕矮星的邊界，因此不能確定它是否為棕矮星。

27　棕矮星：星與行星之間的界線

　　1980 年代後期，著名的行星搜尋者馬瑟（John Cromwell Mather）搜索 70 個小質量恆星，仍然沒有發現任何棕矮星。1990 年代中期，馬爾瑟繼續搜索 107 個類似太陽的恆星，結果發現了數個太陽系外氣態巨行星，卻沒有發現棕矮星。

　　棕矮星年輕時最亮，而尋找年輕天體的最佳地方是星團，這讓天文學家將目光投向年輕星團，這是尋找棕矮星的另一條路徑。星團中所有恆星都同時形成，但是具有不同的壽命。一旦研究者確定了一個年輕星團和它的年齡，確定棕矮星候選體就僅僅需要確定星團中最暗、最紅的天體。1980 年代，若干個研究小組開始成像觀測包含年輕星團的天區，搜尋其中的黯淡紅色天體。一些研究小組曾經多次宣布觀測到年輕星團中的棕矮星候選體。可惜更加仔細的檢查顯示它們沒有一個是真正的棕矮星。

　　初期找尋棕矮星總是徒勞無功，這讓天文學家認為太空中的棕矮星應該非常稀少。可是，不久這種僵局即被打破，棕矮星的搜尋工作迎來了第一縷曙光。

　　從 1993 年開始，美國天文學家巴斯（Schelte J. Bus）等人，在夏威夷島莫納克亞山上，利用新建成的口徑 10 公尺的凱克望遠鏡以鋰譜線觀測昴宿星團中的暗星，卻一直沒有滿意的結果。後來，美國史密松天體物理中心的斯托弗為巴斯等人提供了一個目標 PPl 15。斯托弗也一直在搜尋昴宿星團中的低質量天體，並發現了一個非常闇弱的候選體，取名為 PPl 15（即帕洛瑪天文臺昴宿星團觀測專案第 15 個有希望的候選體）。不久，巴斯等人在這顆天體中觀察到鋰元素，且確定其質量小於最小恆星質量。1995 年 6 月，美國天文學會召開學術會議，巴斯報告了他們的新成果：昴宿星團的年齡約為 1.2 億年，並推定 PPl 15 的質量位於棕矮星質量範圍的較高一端。

第三部分　恆星的誕生、生命與死亡

位於美國夏威夷莫納克亞島山頂的凱克望遠鏡，
它包括兩個望遠鏡，口徑為 10 公尺。
1993 年只有凱克 I 建成並投入觀測。（圖片來源：KeckObservatory）

　　1995 年 10 月，天文學家在英國劍橋大學召開研討會，會議的主題是冷恆星、恆星系統和太陽。來自美國加州理工學院／約翰霍普金斯大學的天文學家小組宣布，他們發現了恆星 GL229A 的伴星 GL229B。根據該伴星的暗弱程度來看，GL229B 顯然屬於亞恆星天體，而具有決定意義的事實則是在它的光譜中檢測出了甲烷。甲烷在巨行星的大氣中是常見的，但所有恆星的溫度都高得使甲烷無法在其中形成。甲烷在 GL229B 上明顯存在，這一事實說明了 GL229B 不可能是恆星。GL229B 比太陽暗一百萬倍，而且其表面溫度在 1,000K 以下，遠遠低於最暗的恆星所能產生的最低溫度（約為 1,800K）。因此，大多數天文學家認為 GL229B 是一顆棕矮星，它是天文學家發現的第一顆無可爭議的棕矮星。

　　尋找多年的棕矮星終於現身，在接下來的幾年中，天文學家陸續發現了更多棕矮星。這些新發現主要得益於觀測儀器的進步。當時，全世界湧現出若干先進的巡天望遠鏡，比如歐洲深空近紅外線巡天計畫（DE-

NIS)、美國馬薩諸塞大學負責的兩微米全天巡天（2MASS）計畫和史隆數位巡天（SDSS）計畫，它們都是尋找棕矮星的重器。

2009 年 12 月 14 日，美國國家太空總署（NASA）發射廣域紅外線巡天探測器（WISE）。2010～2011 年，該探測器得到大量紅外線觀測資料。英國赫特福德大學的戴維・潘菲爾德（David Pinfield）帶領的研究團隊利用獨特的資料處理方法，仔細分析該探測器的觀測資料。2013 年 8 月他們發表論文，宣布發現兩顆棕矮星：WISE0013+0634 和 WISE0833+0052。這兩顆棕矮星分別位於雙魚座和長蛇座，溫度僅 250～600°C，化學成分中幾乎不含金屬元素，年齡約 100 億年。他們根據銀河系結構以及銀河系的星族構成等各方面情況，進一步估測銀河系中可能有幾百億顆棕矮星。

廣域紅外線巡天探測器的藝術構想圖（圖片來源：NASA/JPL-Caltech）

儘管天文學家推測銀河系中可能有大量棕矮星，但截至 2021 年 6 月，他們僅發現 2,800 多顆。2021 年 5 月，美國加州理工學院的天文學家大衛・柯克帕特里克（J. Davy Kirkpatrick）帶領一支研究團隊，包括科學志工，繪製出距太陽 65 光年內的 525 顆棕矮星的三維空間地圖。

第三部分　恆星的誕生、生命與死亡

2013 年 3 月，美國賓州大學天文學家凱文‧魯赫曼（Kevin Luhman）等人宣布發現距離地球最近的棕矮星：WISE 1049-5319（Luhman16）。他們利用 WISE 多個時期的測量資料，透過視差方法，得出該棕矮星距離地球 6.5 光年。如果將恆星考慮在內，這個天體到地球的距離位列半α（比鄰星）和巴納德星之後，排在第三的位置。隨後，科學家們利用雙子望遠鏡的多目標攝譜儀，進一步確認 WISE 1049-5319 實際上是由兩個棕矮星構成的棕矮星雙星。兩者之間的距離為 3 天文單位，繞行週期為 25 年。

棕矮星 WISE 1049-5319 距離地球較近，這是非常有利的一面，天文學家可以進行精密研究。2020 年 5 月，美國加州理工學院的天文學家馬克士威‧米勒—布蘭哈兒等人，利用歐洲南方天文臺甚大望遠鏡，透過偏振測量的方法，發現 WISE 1049-5319 中的一顆棕矮星表面呈現帶狀結構，類似於木星表面的帶狀條紋結構，這替人們帶來些許啟發。

研究總部設在美國亞利桑那大學的一個天文學家團隊，利用 NASA 的凌星系外行星衛星（TESS），同樣觀測 WISE 1049-5319，並於 2021 年 1 月公布了他們的觀測結果，跟馬克士威‧米勒—布蘭哈兒等人的結論一致，觀測資料同樣顯示其大氣層呈帶狀圖樣。

棕矮星是介於恆星和行星之間的一種特殊天體。如今，對於天文學家來說，棕矮星不再罕見和陌生，也早已不再被當作暗物質的候選體。但是，天空中黯淡的棕矮星仍有許多未知謎團，比如，銀河系中究竟有多少顆棕矮星？它們分布在哪裡？它們是如何形成的？距離太陽 6.5 光年以內，甚至在比比鄰星更近的地方，會不會有棕矮星？這些關於棕矮星的疑問，有待天文學家進一步探究。

27 棕矮星：星與行星之間的界線

棕矮雙星 WISE 1049-5319 其中一顆表面上的雲帶（藝術構想圖）
（圖片來源：NASA/ESA/JPL）

第三部分　恆星的誕生、生命與死亡

第四部分

太陽系的多樣世界

◆ 第四部分　太陽系的多樣世界

28
太陽活動週期會帶來什麼影響？

　　太陽是距離地球最近的恆星，它為地球送來光和熱。但是，天文觀測發現，太陽並不像人們直觀印象中那樣平和與安靜。在太陽大氣中有多種活動現象，比如黑子、耀斑、日珥和日冕物質拋射等。此外，太陽外層大氣「日冕」中的粒子克服太陽引力束縛，脫離太陽形成高速的等離子體帶電粒子流，即太陽風（solar wind）。太陽活動會讓人類的空間探測帶來干擾和破壞，也會嚴重影響人類的生產和生活。為了減少損失，目前，世界上許多國家非常重視太陽活動研究。

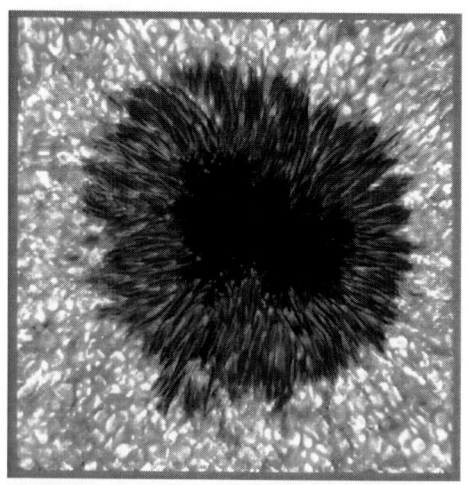

太陽黑子，可以看到中間的本影和周圍的半影。
[圖片來源：National Solar Observatory（USA）]

28 太陽活動週期會帶來什麼影響？

◆ 太陽活動週期

在以黑子群為象徵的太陽活動區中，經常出現太陽耀斑和日冕物質拋射這兩種非常劇烈的活動現象。從空間尺度看，太陽黑子、耀斑和日冕物質拋射等太陽活動現象都局限在太陽大氣的局部區域；從時間尺度看，這些現象在幾分鐘、幾個小時、幾天甚至幾個月的時間裡，完成其發生和衰減過程。如果著眼整個太陽表面，並將時間跨度拉長到幾年、幾十年甚至更長時期，我們將會發現各種太陽活動現象發生的頻率並不恆定，它們出現或發生的空間位置也有所變化，這種變化表現為一定的週期性，這便是太陽活動週期。多年來，太陽活動週期及其背後的根源是太陽物理學家著重研究的一項課題。

回望歷史，人類最早理解到太陽活動週期已經是 180 多年前的事情了。1920 年代，「尋找水內行星」是全球天文界的一個探測焦點。此前，天文學家發現水星公轉軌道的近日點存在進動現象，根據牛頓力學，水星軌道之內應該有一顆未被發現的行星，天文學家事先把這顆未知行星命名為「祝融星」。德國業餘天文學家史瓦貝（Samuel Heinrich Schwabe）也加入到尋找祝融星的隊伍中。史瓦貝認為，只有在祝融星從太陽前面經過時才能被觀測到，此時祝融星看上去應該是太陽圓面上的一個小黑點。從西元 1826 年到 1843 年，史瓦貝每天仔細察看太陽表面，記錄太陽上的黑子數，希望從太陽黑子中間尋找到祝融星。經過 17 年的長期艱辛觀測，史瓦貝最終仍無法發現祝融星，這令他非常失望。但是，他整理了以往的觀測資料，於西元 1843 年發表了一篇題為〈1826～1843 年間的太陽觀測〉的論文。文章指出：「太陽的年平均黑子數具有週期性變化，變化周期約為十年。」這是一個意外的收穫，在一定程度上彌補了史瓦貝無法找到祝融星的遺憾。

第四部分　太陽系的多樣世界

　　當時，史瓦貝的發現並沒有引起大多數天文學家的注意。但是，瑞士伯爾尼天文臺臺長沃夫（Johann Rudolf Wolf）無意中看到這篇論文，對其產生了極大的興趣。此後，沃夫便開始用望遠鏡觀測太陽黑子。除親自進行觀測之外，他還蒐集此前其他天文學家的太陽黑子觀測資料，最早的觀測資料是伽利略及其同時代觀測者留下的。沃夫整理的太陽黑子資料中，可供研究使用的每日太陽黑子數紀錄可推前至西元 1818 年，可用的黑子數月平均值資料可推前至西元 1749 年，年平均值資料可推前至西元 1610 年。在蒐集整理這些資料的過程中，沃夫綜合考慮各種因素，如望遠鏡的口徑和焦距、觀測方法、觀測地點的大氣透明度和視寧度以及觀測者的熟練程度等，把不同來源的太陽黑子觀測資料歸算為可以直接進行比較的資料，於西元 1848 年提出了「太陽黑子相對數」的概念，並提出相應的計算方法，這一概念至今仍被太陽工作者所使用。

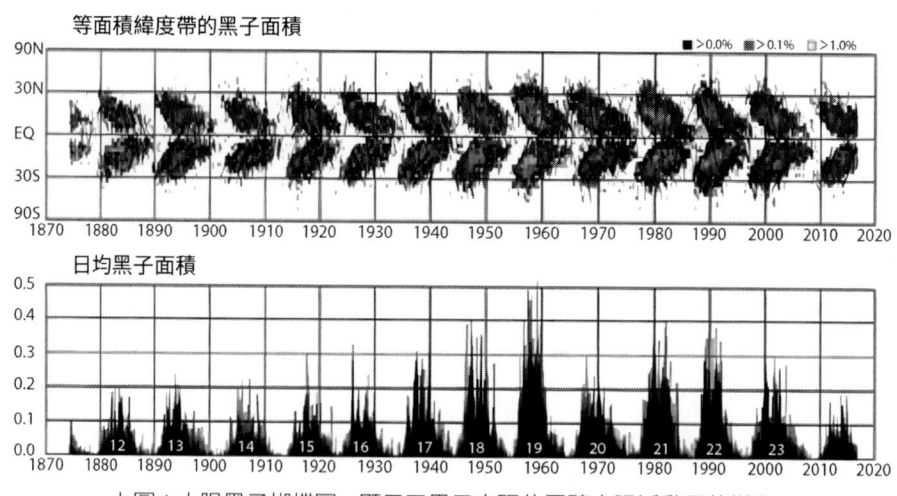

上圖：太陽黑子蝴蝶圖，顯示了黑子出現位置隨太陽活動周的變化；
下圖：太陽黑子數隨太陽黑子周的變化。
（圖片來源：http://solarscience.msfc.nasa.gov/）

28 太陽活動週期會帶來什麼影響？

經過幾年的仔細觀測和資料整理，最終，沃夫發現太陽黑子數變化周期平均為 11.1 年。從歷史上看，最短黑子週期為 9 年，最長週期為 14 年，不同週期之間黑子數的差異非常明顯。沃夫還提出，將太陽黑子數從一個極小到另一個極小之間的一段時間規定為一個週期，並將西元 1755～1766 年的週期確定為第一個太陽活動周。這樣，關於太陽活動週期的具體時間和順序，全球天文學家有了統一的說法。目前，太陽處於第 25 個太陽活動周，該太陽活動周開始於 2019 年。

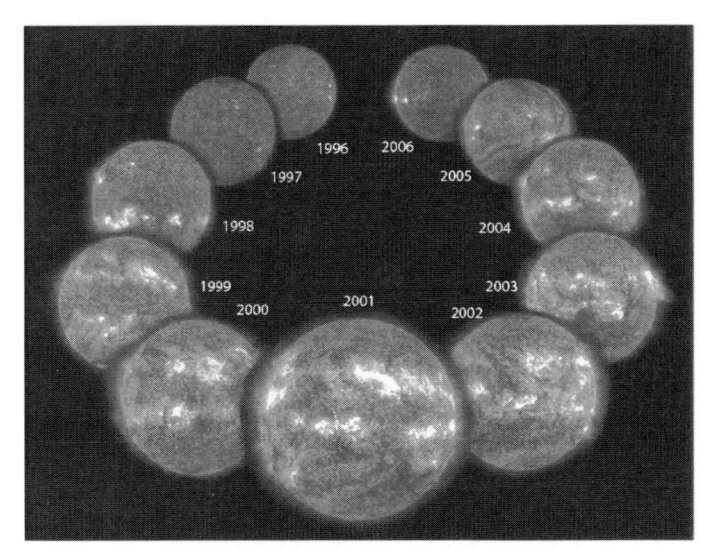

一個太陽活動週期中 (1996～2006 年)，
紫外線波段的太陽亮度變化。（圖片來源：NASA）

太陽表面黑子數的多少呈現週期性變化，這是一個非常有趣的現象。它吸引了更多天文學家觀測研究太陽黑子。

西元 1860 年代，天文學家卡林頓（Richard Christopher Carrington）和斯波勒（Gustav Spörer）分別發現，在新的太陽活動周開始時，新生黑子群在太陽南北半球都可能出現，大致位於緯度 ±30°附近。隨著太陽活動周的進展，新生黑子群出現的位置逐漸向赤道靠近。在太陽活動極大

第四部分　太陽系的多樣世界

期，新生黑子群通常出現在 ±15°附近；在太陽活動周的末期，新生黑子群通常出現在 ±8°附近。新生太陽黑子出現的緯度位置隨太陽活動周發展而變化的規律，叫做斯波勒定律。後來，天文學家觀測到，在每個太陽活動周即將結束時，新週期的黑子群往往已開始在高緯度出現，而舊週期的黑子群仍在低緯度出現。新舊週期黑子群同時出現的情況大約可持續一年左右。

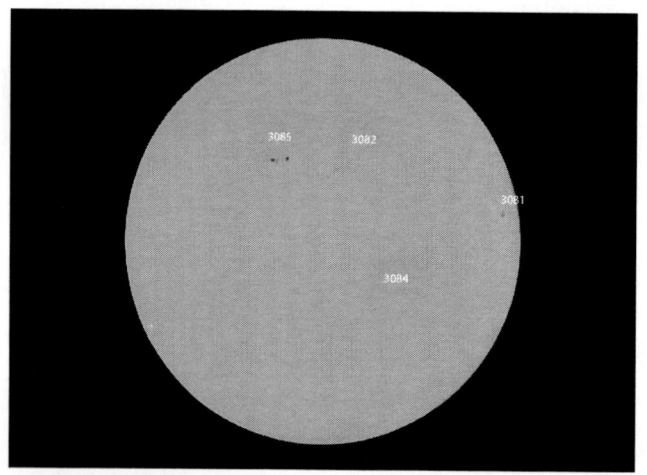

太陽上的雙極黑子 AR3085（圖片來源：SDO/Gsfc/NASA）

　　太陽表面的黑子常常成對出現，兩個黑子大致呈東西方向分布。隨著太陽自轉，兩個黑子一前一後在太陽視圓面上自東向西移動。習慣上，天文學家把位於前方（西側）的黑子稱為前導黑子，位於後面（東側）的黑子稱為後隨黑子。1908 年，美國天文學家海耳開始利用自己研製的儀器測量太陽黑子的磁場。經過 10 多年堅持不懈的測量，海耳發現了黑子磁場分布和變化的一些規律：①在一個約 11 年的太陽活動週期內，太陽同一半球中（南半球或者北半球），幾乎所有雙極黑子的磁場極性分布情況都相同。也就是說，所有前導黑子的磁場具有相同的極性，

28 太陽活動週期會帶來什麼影響？

所有後隨黑子則是另一種極性。②同一個活動周內，太陽南半球中雙極黑子的磁場極性分布與北半球的情況正好相反。③當下一個活動周到來後，太陽南北兩個半球的雙極黑子的磁場極性分布情況發生對換。因此，按照海耳的新發現，一個完整的太陽黑子變化週期應該是 22 年，這被稱為太陽活動週期的海耳定律。

20 世紀中期，隨著磁場測量靈敏度的提升，在具有強磁場的太陽活動區以外，天文學家還發現了很多小尺度的弱磁場。太陽兩極附近的區域也存在這種較弱的磁場。當太陽活動處於谷底，也就是黑子數少的年分（谷年）時，南北兩極的整體磁場極性通常是相反的，這時候整個太陽的磁場大致上構成一個像條形磁鐵一樣的偶極磁場，稱為極向磁場。而在太陽活動高峰階段，也就是黑子數多的年分（峰年），極區磁場的極性會發生反轉。

太陽黑子的數量、位置和磁場極性的變化是太陽活動週期的典型表現，隨著太陽活動周的進展，太陽耀斑和日冕物質拋射等其他太陽爆發事件的發生頻率也隨太陽活動周而變化，顯示出週期性。從根本上看，太陽活動週期本質上是其磁場變化週期。斯波勒定律和海耳定律顯示，太陽磁場變化具有規律性，這可能依賴背後的某種物理過程。那麼，產生太陽活動週期的具體過程是如何的？它們的根源在哪裡？近百年來，太陽物理學家一直試圖解答這些難題。

1950 年代，美國天文學家巴布科克（Babcock）父子基於前人和自己的觀測，提出了太陽活動周形成的經驗模型。他們認為，太陽黑子週期是太陽大尺度磁場在太陽活動谷年的極向磁場與太陽活動峰年的環向磁場之間的週期性轉換；太陽偶極磁場在太陽較差自轉的作用下，被拉伸成為趨向赤道方向的環向磁場，這樣的磁場在光球表面浮現為雙極黑

子，黑子磁場因擴散和對消而減弱，又重新轉化為太陽偶極弱磁場，這樣周而復始的轉化形成太陽活動週期。

巴布科克經驗模型不斷改進和發展，但是，它不能完整地解釋和預測太陽活動周的細節。為了準確理解太陽磁場的起源和週期性演化，天文學家藉助磁流體力學的電磁感應方程式，創立了「發電機理論」。太陽內部等離子體的運動感應產生並放大磁場，將動能轉化成磁能。太陽發電機理論便是要解釋這些磁場從太陽內部產生、上浮到太陽表面並發生週期性變化的規律。自 1960 年代以來，太陽發電機理論取得了長足的進展。發電機理論研究的最終目標之一是要準確預測未來的太陽黑子週強度，及其峰年和谷年的出現時間。目前，天文學家距離這一目標還有不小差距，因為人們對太陽內部一些關鍵過程的了解還非常不足。

未來，我們需要開展對太陽的多點立體觀測，來提高利用日震學方法探測太陽內部參數的可靠性；另一方面，也要提升測量極區磁場的精度，極區磁場在一定程度上決定了下一個太陽活動周的強弱。然而，過去的太陽觀測衛星或望遠鏡都是在黃道面上觀測太陽，因而難以準確地觀測太陽兩極的磁場。2020 年 2 月，歐洲太空總署和美國國家太空總署共同發射了太陽軌道探測衛星（Solar Orbiter），它的軌道面將能夠與黃道面成 30 多度的夾角，這使其有可能比較精確的測量太陽兩極的磁場，從而推動太陽活動周的相關研究。

29
地球磁場對我們有多重要？

在宇宙中，地球是一顆微不足道的「黯淡藍點」，然而它也是人類賴以生存的家園。無論在太陽系內還是太陽系外，天文學家至今還沒有找到另一顆像地球這樣的宜居行星。

跟太陽系中的其他行星一樣，地球是一個球體。不過，嚴格地講，地球近似於一個赤道略鼓的旋轉橢球體：它的赤道半徑為 6,378 公里，極半徑為 6,356 公里，兩者相差 22 公里。更加精密的測量顯示，地球的南極和北極並不對稱，相對於地平線或者說平均海平面而言，北極區高出約 18.9 公尺，南極區則下凹 24～30 公尺，用一個誇張的比喻，地球的形狀像一個梨的樣子。

儘管科學家不能從地球表面鑽探到地球中心，但他們透過探測地震，對地球的結構有了更深的理解。從中心到地表，地球分為地核、地函和地殼三個層次。地球的最外層是地殼，它的平均厚度僅 33 公里，海洋部分地殼的平均厚度為 6 公里，大陸部分的地殼厚度為 30～50 公里。地球表面有遼闊的海洋，還有寬廣的大陸，海洋占地表總面積的 70.8%，陸地占 29.2%。

人類和各種動植物之所以能夠在地球上生存，是因為地球周圍有一層厚厚的大氣。地球海平面的氣壓為一個大氣壓，等於 101,325 帕。在

第四部分　太陽系的多樣世界

高度 100 公里以下，地球大氣的主要成分是氮氣和氧氣，它們分別占總體積的 78.08% 和 20.95%，此外還有少量的氬、水蒸氣和二氧化碳等。地球表面的陸地、海洋和大氣構成一個適宜眾多動植物生存的良好生態圈。

地球大氣層還有保護地球生物的作用，它可以燒蝕掉來自太空的部分隕石，阻擋宇宙線高能粒子。在高度 15～35 公里的地方有一個臭氧層，它可以吸收來自太陽的紫外線，保護人類不受傷害。地球之所以成為太陽系內獨一無二的宜居行星還有一個重要因素，那就是磁場。

很久之前，透過簡單的磁現象，人類已理解到地球具有磁場。在這方面，我們的祖先走在了世界的前列，他們發明了指南針，為世界文明做出了重大貢獻。如今，憑藉先進的科學技術，科學家精密的測量地球磁場。在近地球表面，磁場大致表現為偶極磁場，好像在地球內部有一個巨大的棒狀磁鐵。地球偶極磁場的中心軸與地球的自轉軸並不重疊，兩者夾角約 11°；中心軸也不經過地心，磁場對稱中心向南偏離地心約 460 公里。可見，地球的地理南北極與其南北磁極並不重疊。

為什麼地球擁有磁場？這是一個不容易回答的難題。只有詳細了解地球的內部結構等具體情況後，科學家們才可以提出令人信服的解釋。1995 年，美國科學家格拉茲梅爾（Glatzmaier）和羅伯茲（Roberts）利用物理方程式進一步解決了地球磁場產生和維持的問題，得到了同行的認可。在地球的中心是半徑約 1,200 公里的固態地核，它之外約 2,200 公里的厚度內是液態地核，液態地核的化學成分主要為鐵和其他金屬。地核中心溫度高達 6,000K，而外面的地函溫度約 3,800K，地球內部熱量由地核中心向外傳播，在液態地核中形成對流運動，再加上地球具有自轉運動，液態地核中形成環形電流，從而產生地球外部的宏觀磁場。

29　地球磁場對我們有多重要？

　　從太陽發出的太陽風來到地球附近，與地球磁場相互作用，在地球附近形成一個被太陽風包圍的地球磁場主導的區域，這個區域被稱為地球磁層。太陽風將地球磁場向背離太陽的方向推擠，使得磁層形成一個外形類似彗星的複雜結構。太陽風與地球磁層的交介面被稱為磁層頂，它是地球磁層的外邊界。磁層頂的形狀和位置決定於太陽風壓力與地球磁場壓力的大小比較。在太陽活動週期的極小階段，朝向太陽方向的磁層頂距離地心約 10 個地球半徑，在極大階段則被壓縮至 5～7 個地球半徑。在背離太陽方向，磁層頂大致呈柱狀延展約 200 個地球半徑，其截面半徑約 20 個地球半徑。地球磁層隨地球自轉，磁層中的帶電粒子與磁場有相對運動，致使磁層中形成多種電流系統，包括磁層頂電流、中性片電流、環電流和場電流等，這些電流可以改變地球外部磁場的大小和方向。

地球磁層（圖片來源：NASA）

　　地球磁場會發生各式各樣的變化，其中，地球偶極磁場的磁極翻轉最受人們關注。由於地球的地質活動，海洋底處在不斷的變化中。以大西洋為例，它的中部洋脊不斷向外流出熔融的玄武岩漿，這些岩漿對稱地向兩側擴展。在岩漿冷卻的過程中，受到地球磁場的磁化作用，冷凝

的岩漿保留了從前的地球磁場訊息。1960 年代，科學家們透過研究洋底岩石，發現地球磁極可能發生過翻轉，也就是地磁兩極的磁場極性彼此對換，N 極（北極）變為 S 極（南極），S 極則變為 N 極。研究顯示，地球磁極發生翻轉沒有固定的週期，間隔從 4 萬年到 3,500 萬年不等。每次磁極翻轉需 1,000～10,000 年完成，地球磁極的上次翻轉發生在 75 萬～78 萬年前。

在磁極翻轉期間，地球磁場會變得不規則，且強度明顯減弱，也許會短暫消失。這樣地球會暴露在太陽風和宇宙線的轟擊下，可能會使某些生物滅絕。

很久之前，人類就理解到地球的磁場並利用它，使之應用於生產活動和日常生活。小磁針在地球磁場的作用下永遠指向南北方向，利用這一特性，中國古代發明了辨別方向的工具——指南針，並將這項發明傳播到世界各地。早在 12 世紀，海上航行就靠指南針指引航程。如今，野外旅遊、探險及一些科學實驗還要依靠它。地球磁場能夠磁化地殼中的部分金屬，在富藏鐵等金屬的地區，地球磁場往往會出現異常，探礦工作者則根據這一特點來尋找礦藏。在生物界，地球磁場跟動物的先天習性建立了連繫，科學研究發現，某些候鳥和海洋動物作長途遷徙也依靠地球磁場導引行程。

極光是地球高緯度地區經常出現的一種自然現象。在北歐、俄羅斯北部和加拿大北部的居民對它非常熟悉，這裡的民族文化中流傳著不少關於極光的傳說。現在，人們已經知道，發生在地球大氣中的極光現象與地球磁場和太陽活動有著密切的關係。

當太陽活動區磁場能量釋放，發生耀斑和日冕物質拋射時，大量高能帶電粒子（太陽風）衝向地球。這些帶電粒子在地球磁場作用下，衝向

地球的南北兩極地區，進入高層大氣，使得其中的原子和分子發生受激輻射，表現為彩色可見光——這就是在地球高緯度地區天空中出現的多姿多彩的極光現象。

北極附近地區的極光（圖片來源：https://aurora-nights.co.uk/）

科學家近期研究發現，火星磁場的逐漸減弱和消失，使得太陽風可以輕鬆襲擊火星，導致它不斷失去周圍的二氧化碳氣體，所以，火星逐漸演變為今天僅有稀薄大氣的狀態，並成為一個荒無人煙的行星。試想，如果沒有地球磁場，在太陽風的不斷吹打下，地球高層大氣包括臭氧層很可能也會逐漸散失掉。這樣一來，太陽風、紫外線和宇宙線等高能輻射將成為地球的直接威脅，它們直接襲擊人類和其他生物，帶來病變甚至死亡。高能帶電粒子和高能電磁輻射還會損毀人造衛星等空間儀器，破壞地面的生產和生活設施，致使人類的正常活動陷入困境。可見，沒有地球磁場，地球就不會成為一顆宜居行星，也就不會有繁榮昌盛的人類文明。

第四部分　太陽系的多樣世界

30
月亮是怎麼形成的？

月球是地球唯一的天然衛星，它是天空中除太陽外另一個非常顯著的天體。月球的平均半徑為 1,737 公里，略大於地球半徑的 1/4，它到地球的平均距離為 384,400 公里。月球的平均視直徑約 31 角分，看上去跟太陽大小一樣。從很早之前，天文學家就開始探究這顆星球的奧祕，截至 2020 年代，月球是人類唯一親自登陸過的地外星球。

自 1950 年代人類進入太空時代以來，月球探測取得了一個又一個舉世矚目的成就。1959 年 10 月 4 日，蘇聯發射月球 3 號，它是首個成功環繞月球並傳回月球表面照片的空間探測器。1969 年 7 月 16 日，NASA 成功發射阿波羅 11 號，7 月 20 日，美國太空員阿姆斯壯成為首次踏上月球表面的人，這是人類空間探測歷史上的一個里程碑。

◆ 月球表面的地形

月亮光線柔和，適合用眼睛直接觀察。我們很容易發現月球上有些區域明亮，有些區域黑暗，古人根據浪漫的想像，認為上面有桂樹和玉兔。17 世紀，天文學家認為，月球上的黑暗區域是水的海洋，因此稱它為月海。實際上，月海不是水的海洋，由於月海物質對太陽光的反射率

30 月亮是怎麼形成的？

低，看上去才顯得黑暗，月海實際是地勢較低的廣闊平地。月海之外的明亮區域被稱為月陸，月陸高出月海大約 1～3 公里。

西元 1609 年，伽利略發明了天文望遠鏡，它極大地推進了人們對天體的了解，其中就包括月球。在望遠鏡的視野中，月面上，尤其是月陸部分，有許多中間凹陷、四周高聳的圓坑，它們被稱為隕擊坑，又叫環形山。隕擊坑大小不一，月球正面的第谷環形山和哥白尼環形山非常明顯。部分隕擊坑周圍存在向四周遠處延伸的明亮條紋，叫做輻射紋，有些輻射紋可以延伸幾十萬公尺。用望遠鏡還可以看到月球上的山脈，它們往往圍繞在月海的邊緣，連綿不斷。最著名的亞平寧山脈位於月球正面雨海的南部，這是月球上最長的山脈，綿延 1,000 多公里。如果用口徑再大一點的天文望遠鏡，我們還能夠發現月球表面延伸的凹陷谷地，長達幾百公里到上千公里，寬約幾公里到幾萬公尺，這是月球上的月谷，小規模的月谷被稱為月溪或溝紋。

對於月表地形特徵的形成原因，科學家們得出了可信的研究結論。月球形成後，不斷遭受外來天體的撞擊，從而在月球表面形成大範圍的盆地，後來，地下噴發出的熔融玄武岩填充盆地底部，形成月海。後期月球上沒有類似地球板塊運動的構造活動，因此保留了早期火山活動的地形特徵，月海中月谷和月溪就是火山活動留下的特徵。那些沒有填充玄武岩的盆地不能成為月海，月球背面有較多這樣的盆地。月球表面的隕擊坑從地形上看跟盆地相似，為了區分兩者，天文學家以直徑 300 公里為界，大的定為盆地，小的則為隕擊坑。關於隕擊坑的形成，從前有部分天文學家主張火山成因。透過更多的觀測事實，人們已經理解到隕擊坑是隕星或隕石撞擊產生的。有的隕星撞擊還向四周丟擲撞擊熔融物，形成放射狀的輻射紋，輻射紋常常與年輕的大型隕擊坑相伴。

第四部分　太陽系的多樣世界

月球面向地球的一面，可以看到月海、月陸、環形山及輻射紋等地形特徵。

◆ 月球遠離我們而去

　　1960 年代末到 70 年代初，美國太空員登上月球，在月球表面設置了一些測量儀器，其中包括反射電磁波的裝置。利用這臺反射裝置，天文學家精確測量了地月之間的距離，他們驚奇地發現，目前，月球正以每年 3.8 公分的速度遠離地球。是什麼原因導致月球遠離地球的？

　　月球和地球之間的引力在地球上引起海水潮汐現象。由於潮汐傳播方向與地球自轉方向相反，在地球內部物質的摩擦作用下，地球的自轉速度減慢。由於地月系統的總角動量守恆，這就使得月球逐漸遠離地球。科學家們透過研究珊瑚化石，發現遠古時代地球的一天和一個月的時長比現在短，這是地球自轉變慢的證據。

30 月亮是怎麼形成的？

那麼月球遠離地球的運動何時會停止？在潮汐作用下，只有在地球自轉和月球公轉相匹配的情況下，月球遠離地球的運動才會停止。此時，地球以同一面朝向月球，一天的時長等於一個月的時長。現在，冥王星和它的衛星凱倫（Charon）就處於這種匹配狀態。根據天文學家的推算，月球遠離地球的運動要持續很長時間，在它停止遠離地球的時候，太陽或許已經演化成為一個紅巨星。

◆ 月球的起源

憑藉月球距離地球最近的優勢，天文學家可以得到豐富的觀測資料，也可以發送探測器去月球直接探測或者帶回它的岩石樣品，因此，相比其他更遙遠的天體，天文學家對月球有了更加透澈的理解。不過，對於月球，目前仍有許多謎團有待探索。

月球的形成方式就是天文學家仍在探究的一個問題。關於月球的起源存在四種學說：分裂說、捕獲說、同源說和大碰撞說。分裂說認為，太陽系形成初期，地球處於熔融狀態，且地球自轉速度很快，約為現在的6倍，強大的離心力加上太陽的潮汐作用，在地球赤道區形成一連串細長的膨脹體，最終分裂出去形成月球。捕獲說認為，月球原來可能是繞太陽運轉的一顆小行星，由於軌道接近地球而被地球捕獲，成為地球的衛星。同源說認為，地球和月亮都來自太陽系星雲的不斷演化，它們各自同時形成。這三種學說在一定程度上都可解釋月球的形成，但是也存在不少難以解釋的物理化學屬性。

第四部分　太陽系的多樣世界

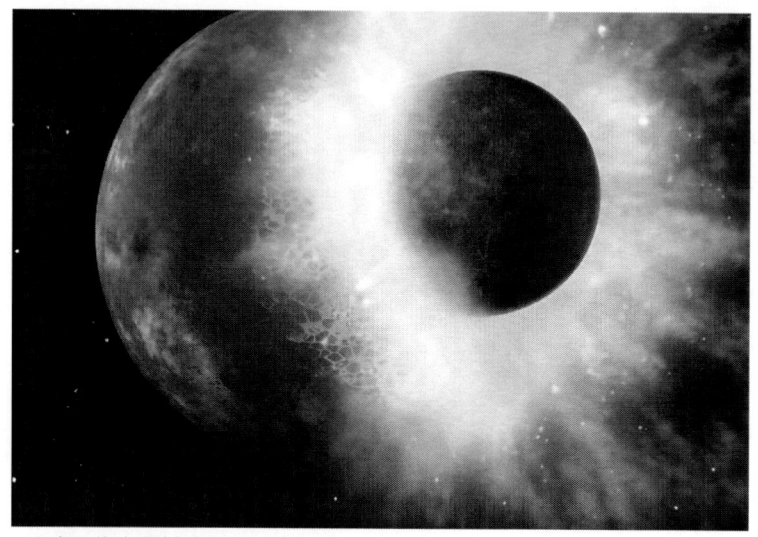

月球可能來源於太陽系形成早期、火星大小的一個天體與地球的相撞。
（圖片來源：NASA）

目前占優勢地位的月球成因學說是大碰撞說。天文學家指出，在太陽系早期，行星形成的過程中存在大量碰撞現象。一個火星大小的天體（特亞）撞擊地球，撞擊飛濺出的熔融物質圍繞地球形成一個圓環面，圓環面中的物質聚合成為月球。太陽系在大約45.7億年之前形成，月球在此後約1億年形成。儘管大碰撞說可以解釋更多的觀測事實，但在許多細節上它還面臨不少困難或不確定性，有待進一步探討。

2014年，法國洛林大學的紀堯姆·阿維茲（Guillaume Avice）和伯納德·馬蒂再次探究月球形成的大碰撞說。兩位天文學家利用形成於幾十億年以前、分別來自澳洲和南非的兩塊石英晶體，透過檢測石英中的氙元素，得出一個新結果：或許月球形成比原來以為的時間早6,000萬年，也就是說，月球可能在太陽系形成之後4,000萬年形成。這是對於月球形成時間的一種新見解。

30 月亮是怎麼形成的？

1960～70年代，美國透過阿波羅計畫從月球帶回382公斤岩石樣品，天文學家分析月岩樣品發現，氧同位素在月岩和地球中的含量情況表現出驚人的一致。以此為前提，天文學家試圖建立完善的關於月球形成的撞擊說理論。實際上，這一前提又讓大碰撞說製造了困難，它要求撞擊天體特亞跟地球具有相同的化學成分。在太陽系形成初期，如果特亞來自比地球更遠離太陽的地方，那麼它跟地球的化學成分不可能相同，正如小行星帶外側的氣態巨行星跟地球的化學成分割槽別非常大一樣。為了克服這一困難局面，英國杜倫大學物理系的天文學家雅各布・凱格雷斯等人利用高效能的計算機以及先進演算法，透過模擬的方法建立了大碰撞說的新模型。

在這個模型中，撞擊飛濺出的物質並非熔融物質，它們也沒有形成圍繞地球的一個圓環面。撞擊飛濺出的物質分為三個部分，分布在大致相同方向的一個窄頻區域。最外面的部分主要由地球物質和少量特亞殘餘物質組成，它們最終形成月球。裡面是大量特亞殘餘物質，又分為外特亞殘餘物質和內特亞殘餘物質兩部分，其中內特亞殘餘物質將角動量傳遞給外面兩部分，並最先快速落入地球。隨後，外特亞殘餘物質也落向地球，最終只有最外部的部分物質形成月球。這是雅各布・凱格雷斯等人於2023年進行的研究工作，它克服了之前的大碰撞說面對的部分困難。不過，這項研究工作也並非完美無缺，月球的起源之謎仍需人們繼續探索。

第四部分　太陽系的多樣世界

31
水星：為什麼像顆金屬球？

太陽系中八顆行星圍繞太陽公轉，水星距離太陽最近，兩者之間的最近距離約 4,700 萬公里，最遠距離約 7,000 萬公里。在地球上觀測，水星與太陽之間的最大角距為 28°。因此，在大部分時間，水星非常靠近太陽，它伴隨太陽從東方升起，又伴隨太陽在西方降落。這樣一來，水星常常淹沒在強烈的陽光中，不容易被觀測到。只有在日落後的西方低空，或在日出前的東方低空，人們才能夠找到這個小小的光點。跟另外兩顆類地行星相比，水星沒有金星般耀眼的亮光，也沒有火星般紅紅的面容，最容易被人們忽略。

水星的半徑為 2,440 公里，略大於地球半徑的 1/3，在八顆行星中體積最小，比太陽系中兩顆最大的衛星木衛三和土衛六還要小。水星的質量約為 3.3×1,023 公斤，僅為地球質量的 5.5%。

水星不經常露面，再加上它體積較小，長久以來，人們對它了解得不多。1973 年 11 月，NASA 成功發射水手 10 號空間探測器。1974 年和 1975 年，水手 10 號近距離觀測水星三次，儘管僅拍攝到水星表面 45% 的區域，但是它將水星的真實面貌首次呈現在人們眼前。粗略看去，水星地表與月球非常類似，但是水星表面的地況更加凌亂，到處是隕擊坑和古老的熔岩流，還有平原、山脈和懸崖峭壁。水星表面的最大隕擊坑

叫做卡路里盆地，它的直徑達 1,550 公里，周圍的環形山高達 2 公里，隕擊濺射沉積的丘脊在環形山外可延續 1,800 公里。

水星表面看上去同月球相似（圖片來源：https://www.quora.com/）

度日如年

水星不是如地球般的宜居世界，將來人們登陸水星後，它乾枯凌亂的地表大概不會成為一般人感興趣的風景。但是，水星天空中懸掛的碩大太陽一定會令人驚訝，其角直徑是地球上看到的 2.1 ～ 3.2 倍。同樣令人驚訝的還有水星上的「度日如年」。

度日如年的意思是過一天像過一年那樣漫長，常用它表示時光難熬。可是天文學家說，在水星上，度日如年是一種正常狀態，因為水星一天的時長等於兩年。這是怎麼回事呢？

天文學家觀測天體的運動經常以遙遠的恆星為參考系，在這種情況下，人們測出水星圍繞太陽公轉一周需 88 個地球日，在八顆行星中它用時最短；但是，水星自轉卻非常緩慢，自轉一周的時間長達 58.6 個地球

第四部分　太陽系的多樣世界

日。不過，水星相對遙遠恆星而言的自轉週期不是水星上一天的時長。水星上一天的時長是指以太陽為參考系，水星自轉一周需要的時間。在水星上某個地點觀看，太陽連續兩次經過日中天所用的時間才是水星上的一天。太陽系中所有行星上的一天都是如此定義的，包括地球。行星相對遙遠恆星自轉一周被稱為恆星天。天文學家已經總結出一個計算公式：

$$\frac{1}{行星上一天的時長} = \frac{1}{行星自轉週期} - \frac{1}{行星公轉週期}$$

考慮地球的情形，由於地球公轉週期（365 天）是地球自轉週期（23 小時 56 分）的三百多倍，所以地球一天的時長（24 小時）約等於地球的自轉週期。對於水星，它的自轉週期為公轉週期的 2/3，利用公式進行計算，可得水星的一天為 176 個地球日，這是水星公轉週期的 2 倍。出現這種情況的根源是水星的自轉週期與公轉週期相差不大。

如果比較八顆行星的公轉軌道，水星仍有獨特的表現，其橢圓軌道的離心率最大，或者說，其公轉橢圓軌道最扁。再考慮到水星公轉快、自轉慢的特性，在水星上某些特定的地點，由於自轉和公轉速度的疊加，人們能夠看到非常奇特的日出日落景象：當太陽快速升起後，它會隨即又降落下去，然後重新升起；日落時則是迅速降落，隨即又迅速升起，然後再次降落。我們盼望未來能夠去水星體驗這些讓人目瞪口呆的日出日落奇觀。

31 水星：為什麼像顆金屬球？

◆ 最極端的溫差

在水星上觀察和欣賞那裡的奇觀，必須做好應對惡劣環境的準備。水星環境惡劣的一個表現是水星表面存在巨大的溫差。面向太陽的一面在太陽光的照射下會變得極端灼熱，最高溫度可達到 427°C；背向太陽的一面失去了強烈的陽光，則變得極端酷寒，最低溫度可降至 -173°C。太陽系八顆行星中，這樣極大溫差的行星環境為水星所獨有。

為何水星向陽面和背陽面會產生如此巨大的溫差？一方面，由於水星距離太陽非常近，獲得的太陽輻射能量足夠多，太陽連續照射時間長，這些因素都使得向陽面的溫度急遽升高；另一方面，水星表面僅有極端稀薄的微量氣體，大氣壓小於地球大氣壓的千億分之一，主要成分為氫、氦、氧、鈉、鉀、鈣和水蒸氣等，這樣稀薄的氣體不能夠保存白天得到的熱量，從而使得背陽面溫度降低到非常低的狀態。

◆ 信使號

2004 年 8 月 3 日，NASA 成功發射信使號水星探測器。2011 年 3 月 18 日，該探測器進入環繞水星的軌道，成為首個圍繞水星的軌道探測器。2015 年 4 月 30 日，信使號按計畫墜毀在水星表面，結束了為期 4 年的水星軌道探測任務。信使號獲得了豐富的資料，讓人們對水星的理解再次向前邁進了一大步。

根據之前的觀測，天文學家曾經推測水星上可能有水。此次，信使號在水星兩極地區的隕擊坑中發現了水冰，證實了這一推測。由於水星體積較小，散熱快，這可能導致水星不會有自己的磁場。但是，水手 10

號早前發現水星有微弱的雙極磁場，且測得的磁場強度僅約為地球磁場強度的 1%。為了弄清水星的磁場情況，信使號再次探測水星磁場，最終不僅探測到水星擁有磁場，還發現水星南北兩個半球的磁場不對稱，北極的磁場強度是南極的三倍。

信使號攜帶的高畫質照相機是觀察水星的一個利器，天文學家用它看到了水星上早期火山的證據，也看到了熔岩流淹沒隕擊坑等地形特徵的痕跡，還觀察到與火山過程有關的廣闊熔岩平原。此外，信使號還發現：自水星形成後，因星體冷卻，其半徑已經縮減了 7 公里；水星表面的物質中富含硫元素，遠高於地球和火星表面的硫含量。

高密度的大鐵球

根據多種探測資料，天文學家大致弄清楚水星的內部結構。水星由中心核球、中間的函層和最外的殼層三部分構成，其中，水星的中心核球又分為內部的固態鐵核和外面的液態鐵核，這跟地球如出一轍。如果仔細對比四個類地行星的內部各層的大小，人們會發現水星有其獨特的表現。水星核球半徑為 2,074 公里，是其總半徑的 85%，水星核球占其總體積的 61%。對比地球，地球核球只占總體積的 17%，遠小於水星的比值。水星函層和殼層兩者加在一起總厚度近 400 公里，占水星半徑的 15%，遠遠小於地函和地殼在地球半徑中的比值。從化學成分看，水星核球主要成分是鐵，函層和殼層的主要成分是密度較低的矽酸鹽。

31 水星：為什麼像顆金屬球？

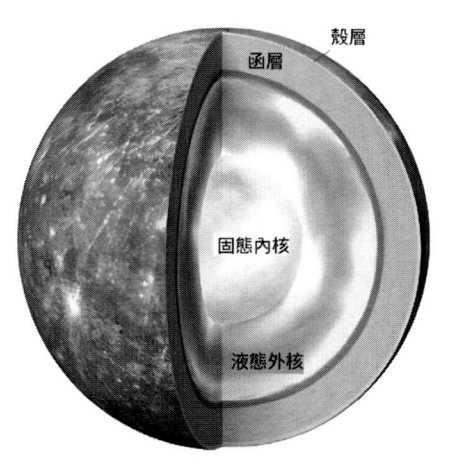

水星的內部結構（圖片來源：NASA）

在八顆行星中，水星體積最小，但是它的密度為 5.4 克／公分^3，僅次於地球的 5.5 克／公分 3。如果不考慮巨大質量引起的壓縮效應，地球的密度將變為 4.4 克／公分 3，這個數值比水星的密度小了不少。水星非常大的密度就是其具有巨大核球的表現，水星核球是一個鐵質核球，使得水星中鐵的含量達到總質量的 70%，這樣看來水星就像一個「大鐵球」。

在太陽系中靠近太陽的內層區域，為什麼會出現水星這樣的高密度「鐵」行星？對此，許多天文學家進行研究，試圖找出其中的原因。有的天文學家指出，在太陽星雲中存在特殊的物理過程，使得靠近太陽的地方形成一個鐵元素含量較高的區域，水星就是在這個區域中形成，因此，水星中鐵的含量較高。另一些天文學家則認為，四顆類地行星形成時，它們的鐵元素含量相同，但是在形成過程的後期，水星受到其他天體的撞擊，或者因為某種蒸發過程導致函層和殼層的質量散失，造成如今水星鐵核比例過大的現狀。目前，更多的天文學家傾向於第二種方案。如果天體碰撞是事件的元凶，那麼，是一次劇烈撞擊還是多次中小

規模撞擊？這些疑問有待人們將來進一步探測和深入的理論研究水星後再來回答。

2018 年 10 月 20 日，歐洲太空總署（ESA）和日本宇宙航空研究開發機構（JAXA）聯合研製的貝皮可倫坡號水星探測器成功發射，這是迄今為止人類的第三個水星探測器。預計它將於 2025 年進入圍繞水星運轉的軌道。它攜帶著水星行星軌道器和水星磁層軌道器，將對水星做更深入的探測。或許它可以揭示水星的更多謎題，尤其是為什麼水星像一個大鐵球。

水星和地球的大小比較（圖片來源：NASA/APL）

32
金星真的是地球的姊妹星嗎？

按照八顆行星距離太陽由近到遠的順序，金星位列第二，內側為水星，外側是地球。金星到太陽的平均距離為 1.08 億公里。從地球上觀看，金星與太陽的角距不會超過 48°。作為地內行星，金星跟水星的情況相同，它僅出現在夜空的有限範圍內，即太陽落山後的西南方天空，或者太陽升起前的東南方天空。金星是除月亮之外夜空中的最亮天體，最亮時它的星等達 -4.5 等。古代，我們的祖先把凌晨時的金星稱為啟明星，把黃昏後的金星稱為長庚星。不管叫啟明星，還是長庚星，金星懸掛在天空，看上去像一顆亮晶晶的寶石，晶瑩剔透，十分引人注目。

是什麼原因讓金星在夜空中如此明亮？首先，金星距離太陽比日地距離小約 1/3，它獲得的太陽光照比地球多一倍。其次，金星周圍包裹著一層濃厚的大氣，它的反照率在太陽系八顆行星中名列第一，高達 0.76，也就是說，照射在金星上的太陽光有超過 3/4 被金星反射出去。對比地球和月球，它們的反照率僅分別為 0.39 和 0.07。此外，金星是地球最近的行星鄰居，兩者距離最近時只有約 4,000 萬公里。

和地球一樣，金星也是一顆擁有固態表面的類地行星。金星的半徑約為 6,052 公里，相比其他行星，它與地球半徑（6,371 公里）最接近，體積為地球體積的 85.7%。金星的質量約 $4.869×10^{24}$ 公斤，為地球質量

的 81.5%。不論體積大小，還是質量多少，金星與地球都非常接近，兩者好像一對姊妹行星。如果站在金星上，人們的體重僅減少約 10%，遠遠小於在火星和水星上的變化。這樣一來，在金星上走路、跑步，或者做其他事情，人們應該不會明顯感覺到身處另外一個星球的異常。

金星和地球常被人們稱為姊妹行星，還因為它們具有相似的內部結構和化學成分。金星和地球都由中心的核球、中間的函層和最外的殼層三部分構成；它們的核球主要由金屬構成，函層由岩石構成，殼層由堅硬的岩石物質構成；兩個行星的三層結構的厚度占比也大致相仿。金星殼層的化學成分主要包括氧、矽、鋁、鐵等，這與地球的情況也大致相似。

天文學家推斷，金星和地球很可能誕生於太陽星雲中相近的區域，才造就了兩個星球的諸多相似屬性，讓它們成為太陽系行星中的一對「雙胞胎姊妹」。不過，如果我們從更多方面考察金星，會發現它有許多匪夷所思的獨特表現。

八顆行星都圍繞太陽公轉，同時它們也在自轉。行星的公轉和自轉表現出一些共性。比如，它們的公轉軌道具有近圓性、同向性和共面性，即行星的公轉軌道都接近圓形，軌道運動的方向都相同，且它們的軌道面大致位於同一個平面上。行星的自轉也具有共性，比如，大多數行星的自轉方向相同，從行星的北極上方俯瞰，自轉均沿逆時針方向進行。但是，金星是一個異類，從其北極上方看去，它卻沿順時針方向自轉。在金星上，如果那裡的天空不被濃厚的雲層遮擋，每天人們都會看到太陽從西方升起，在東方降落。

32 金星真的是地球的姊妹星嗎？

金星與地球的大小比較（圖片來源：NASA）

金星自轉的另一個奇特表現是速度非常緩慢，以遙遠的恆星為參考系，金星自轉一周需要 243 個地球日，這是它的一個恆星天的時長。而金星公轉一周花費的時間，即其恆星年是 225 個地球日，明顯短於它的恆星天。如果以太陽為參考系，金星自轉一周的平均時間為 117 個地球日，這是金星上一天（太陽連續兩次升起或降落之間的時間間隔）的時長。

至今，天文學家也沒有弄清楚金星逆向自轉的原因，但是，他們猜測，在金星形成早期，一個天體與原始金星發生碰撞，導致它的逆向自轉以及自轉速度的減慢。也有天文學家猜測，在過去的數十億年中，作用在金星濃厚大氣層上的潮汐力減緩了金星的自轉速度。

金星的另一個不可思議之處是其表面地獄般的環境。它的周圍包裹著一層濃厚的大氣，主要成分是二氧化碳，還有少量的氮氣和水蒸氣等氣體。金星表面氣壓達到 92 倍大氣壓，等於水下約 1,000 公尺深處的壓力。由於二氧化碳氣體有強烈的溫室氣體作用，使得金星表面溫度高達 470°C，且不分白天和黑夜，高溫一直持續，也不分緯度高低，處處如

此。在太陽系八顆行星中金星地表溫度最高，這樣的高溫足以熔化金屬鉛。金星大氣的上層還有一層厚厚的硫酸雲，主要由腐蝕性硫酸組成，還含有少量的鹽酸和氟化氫。硫酸雲呈黃棕色，它會遮擋部分陽光，使得金星地表昏暗陰沉。總而言之，金星表面是一個高溫、高壓、乾燥、昏暗、具有強腐蝕作用且沒有季節變化的不毛之地，完全不適合人類生存，就連1960～70年代蘇聯發射到金星的空間探測器，也因不能抵抗這樣的惡劣環境而紛紛過早損毀。

　　金星表面的地形特徵以及地質狀況又如何？目前的金星表面沒有液態水的海洋，這是它與地球的又一個重大區別。金星表面的各種地形地貌大致有三個成因，分別是隕星撞擊、火山活動和地質結構變化。第一個成因是外來天體的撞擊，使得金星表面形成隕擊坑。金星上散布著約1,000個年輕隕擊坑，明顯多於地球，並且所有隕擊坑的直徑都超過2公里，這顯示只有較大的隕石才能夠最終落到地面。第二個成因是火山活動，它是目前金星地貌的主要塑造者。金星表面廣泛分布著火成的低地平原，平原上有火山熔岩流的彎曲流床。金星上還有約1,100個火山構造，既有大小不一的盾形火山，也有較小的「烤餅」狀火山穹，還有所謂的蜘蛛網結構。金星地貌的第三個成因是其地質構造的運動和變化。金星上有一些高低起伏的山脈和山谷，它們約占金星表面的15%；還有一種所謂的「鑲嵌地塊」，其形成年代久遠，約占金星表面的8%，這些是地質構造運動和變化的產物。

32　金星真的是地球的姊妹星嗎？

金星表面有一層厚厚的大氣，由水手 10 號拍攝。（圖片來源：NASA/JPL-Caltech）

　　濃厚的金星大氣和渾黃色雲層阻礙了人們對金星地貌的了解，天文學家不得不發射空間探測器到金星近旁，利用射電和其他方法進行探測。從目前得到的資料看，金星的地形地貌以及地質狀況都與地球有著不小的差別。此外，金星沒有衛星，也沒有固有的磁場。由此說來，地球和金星這對「雙胞胎姊妹」實際上有些名不副實。

金星表面狀況（藝術構想圖）（圖片來源：ESA/AOES）

第四部分　太陽系的多樣世界

火山活動在塑造金星地貌的過程中發揮重要作用。目前，金星上有沒有仍處於活躍狀態的火山？多年來，這個問題是天文學家探究的焦點。歐洲的金星快車探測器（VEX）曾提出了一些間接證據。2023 年 3 月，美國阿拉斯加大學費爾班克斯分校的地球物理學家羅伯特・赫里克（Robert Herrick）等人，利用 1990 年代麥哲倫號探測器獲得的雷達成像資料，發現了正處於活躍狀態的火山。水是影響金星地貌的關鍵因素，一些天文學家推測，金星早期跟地球早期相似，有大量的水和相同的初始氣體成分，後來兩顆行星向不同方向演化，造成如今迥異的表面環境。金星早期到底有沒有海洋？導致金星表面環境演化的原因是什麼？金星的演化是災變性急遽變化，還是一個漫長的歷史漸進過程？金星仍有許多謎團等待破解。

2017 年，英國卡地夫大學的天文學家簡・格里弗斯（Jane Greaves）利用位於夏威夷的馬克士威望遠鏡（JCMT），在金星的雲層中發現了包括磷化氫在內的一系列有趣的化學成分。2019 年初，格里弗斯等人利用功能更強大的阿塔卡瑪大型毫米及次毫米波陣列（ALMA）再次進行觀測，進一步確認金星上層大氣中有磷化氫，他們推斷磷化氫可能來自金星大氣中的微生物。一石激起千層浪，這個消息點燃了眾多天文學家的熱情，他們紛紛將目光投向金星。有些天文學家則十分冷靜，對「磷化氫來自金星大氣中微生物」的觀點提出質疑。還有天文學家聲稱他們的觀測沒有發現磷化氫。對於這個問題，儘管天文學家還不能給出確定的答案，但並非全無收穫，就是這些疑問在全球範圍掀起了新一輪金星探測熱潮。

從 1990 年前後算起，天文學家只成功發射了 3 個專門用於金星的空間探測器，它們是 1989 年 5 月美國發射的麥哲倫號、2005 年 11 月歐洲

發射的金星快車和 2010 年 5 月日本發射的拂曉號。與同時代熱門的火星探測相比，金星顯得「門可羅雀」。

歐洲的金星快車探測器（藝術構想圖）（圖片來源：ESA）

近來，情況正在改變。NASA 的達文西號金星探測器（DAVINCI+）正在緊鑼密鼓的研製中，它將專注於研究金星的大氣化學。它會釋放一個大氣探測器，在長達小時量級的下降過程中，測量不同高度的大氣，試圖回答金星是否曾經氣候溼潤且適合生命生存等重大問題。NASA 還有另一個叫作真相號（VERITAS）的金星探測專案，它類似於之前的麥哲倫號，以更高的解析度測量金星地形地貌，以及金星的重力場和熱輻射，試圖回答金星和地球的演化為什麼出現了巨大偏差等問題。歐洲太空總署的展望號（EnVision）也配備了技術先進的雷達，它跟美國的真相號探測功能相似，但是側重於局部探測。這三個探測器預期在 2020 年代末至 30 年代初發射。我們期待新一代金星探測器獲得更多資料，拓展人類對金星這顆最近行星的理解。

第四部分　太陽系的多樣世界

33
火星能被改造成地球 2.0 嗎？

在繁星閃閃的夜空中，有一顆星泛著紅色的光澤，在黃道附近的星座間不停地穿行。它有時向東運動，天文學家稱這種情況為「順行」；有時又向西後退，天文學家稱之為「逆行」；在順行和逆行轉換的一段短暫時間內，它還會保持不動，此時叫做「留」。隨著時間推移，這顆星的亮度會發生變化，最亮時可以達到 -2.8 等，當它暗下來時，則只有 1.6 等。這顆游移不定、亮暗不一的星，曾經讓觀星者困惑不已，因此，中國古代稱它為「熒惑」。

這顆星就是火星，太陽系的八顆行星之一。火星的行為變化多端，自古以來，天文學家就已經高度關注它。中國古人常常將它在夜空中的運動狀況和所處位置跟國家或皇帝的凶吉聯想在一起。比如，「熒惑守心」，即火星在心宿二附近停留，代表一個險惡的徵兆。在古羅馬和古希臘，占星家們常常將火星跟戰爭、瘟疫和死亡聯想在一起，以戰神之名（Mars）稱呼火星。

按照八顆行星距離太陽由近及遠的分布，火星位於地球的外側，處在第四的位置，它到太陽的平均距離為 1.52 天文單位。火星運動到距離地球最近時，兩者相距只有約 5,500 萬公里。火星半徑約 3,390 公里，約為地球的一半，在八顆行星中僅大於水星。火星有地球一樣的固態表

面，它是一顆體積較小的類地行星。火星的自轉週期為24小時37分鐘，也就是說，火星上一天的時間跟地球的一天非常接近。此外，火星赤道面與其公轉軌道面的夾角為25.19°，這個數值跟地球的23.45°也非常接近，因此，火星上同樣有一年四季的氣候變化。作為地球近鄰的類地行星，火星有許多跟地球相近的狀況，因此，它一直是天文觀測的焦點，人們對這顆特別的行星充滿期待。

對火星的探索

早期，天文望遠鏡的解析度較低，天文學家對觀測結果的判斷存在主觀猜測的成分。西元1877年，正值火星大衝，義大利天文學家喬凡尼·斯基亞帕雷利（Giovanni Schiaparelli，西元1835～1910年）進行火星觀測。他在火星表面觀測到一些「溝渠」，義大利語為「canali」。當時，這一觀測結果引起許多天文學家的關注。西元1879年火星再次衝日時，斯基亞帕雷利做了進一步的觀測，更加豐富了他的觀測結果。不過，對於火星「溝渠」，當時眾多天文學家的看法不一，部分天文學家持否定的態度。19世紀末和20世紀初，美國天文學家帕西瓦爾·羅威爾（Percival Lowell）從事火星的研究工作。他宣布也觀測到火星有許多「溝渠」，而且還將這些溝渠用英文「canal」表述。這個詞語的意思是「運河」，代表人工開鑿挖掘的河道。羅威爾認為火星上有智慧生命，火星人可以開鑿運河，進行農田灌溉。羅威爾等天文學家的觀點對人們產生了極大的影響，從此，火星生命成了一個熱門話題，許多科學故事、科幻小說或科幻電影都以火星人為主題。

不管是火星的真實情況，還是關於火星的科學猜測，甚至科學幻

第四部分 太陽系的多樣世界

想，都讓天文學家和普通大眾對這顆特別的行星更感興趣，也更加強烈地嚮往。1950～60年代，人類展開空間探測，從那時起，人類發射的火星探測器數量遠遠多於太陽系其他行星探測器的數量。

1964年11月28日，美國在佛羅里達州卡納維拉角空軍基地成功發射水手4號（Mariner 4）。1965年7月14日和15日，水手4號飛越火星，距離火星表面最近時僅9,846公里，它用隨身攜帶的相機拍攝火星表面1%的區域。這是人類第一個成功觀測火星的空間探測器。1971年5月30日，美國成功發射水手9號（Mariner 9），它於半年後的11月4日來到火星近旁，在圍繞火星的軌道上運轉了349天，觀測了火星表面85%的地區。1975年，美國分別發射了海盜1號（Viking 1）和海盜2號（Viking 2）兩個火星探測器，它們各自由一個著陸器和一個軌道器組成。兩個探測器都非常成功，在火星上持續工作了比較長的時間。1960～70年代，蘇聯是另一個太空大國。早在1971年，蘇聯的火星3號的著陸器便成功登陸火星，但是僅僅約20秒後它就與地球失去了連繫，因此，沒有提供有用的觀測資料。

1980年代，火星探測進入低潮。1990年代，人類又重新燃起火星探測的熱潮。1996年，美國相繼發射火星全球探勘者號和火星探路者號，這兩個探測器都成功實現了預期的科學研究目標。

進入21世紀，人類探測火星的欲望更加高漲。2001火星奧德賽號、火星快車號、勇氣號、機遇號、鳳凰號等眾多探測器在21世紀的前十年相繼飛往火星。21世紀的第二個十年，火星探測的流行程度依然強勁，其間成功發射的火星探測器包括美國的好奇號和洞察號、印度的火星軌道探測器等。

33 火星能被改造成地球 2.0 嗎？

2020 年是值得紀念的一年，在這一年中有三個國家成功發射了火星探測器。7 月 20 日，阿拉伯聯合大公國發射了該國的第一個火星探測器 —— 希望號。7 月 23 日，中國成功發射天問一號。7 月 30 日，美國成功發射毅力號火星車，它還攜帶了機智號無人直升機。

惡劣的環境

100 多年前，羅威爾等人主張火星有智慧生命，火星人挖掘了運河，這種觀點已經被現代觀測事實徹底否定。近 60 年來，眾多探測器對火星做了大量的觀測和勘查，使人類對它的了解有了巨大的進步。空間探測器近距離觀測發現，火星南北半球的地表狀況有所不同：南半球多為高出基準面 1,000～4,000 公尺的高地，這裡有許多隕擊坑和盆地，它們的地質年代比較古老，看上去色澤黯淡；北半球大部分為隕擊坑較少的平原、河床和沙丘地帶，地勢較低，地質年代相對年輕，看上去色澤較亮。在火星的南北兩極地區覆蓋著白色的極冠，它們的範圍隨季節更替而變化，白色極冠的主要成分是二氧化碳的冷凍凝結物，即乾冰，以及少部分水冰。

火星上有太陽系最高的火山 —— 奧林帕斯山，高度達 26 公里，它是一個盾形火山，底部直徑達 600 公里。除了巨大的火山，火星上還有另一個引人注目的地理景觀，即水手號谷。它是一個大峽谷，位於火星赤道偏南一點的位置，長度超過 4,000 公里，最寬處約 320 公里，最深處達 7 公里。

第四部分　太陽系的多樣世界

火星上的水手谷（圖片來源：NASA）

　　火星探測器的觀測顯示，火星上沒有河流、湖泊和海洋，地表乾燥，布滿塵土，散布著形狀不規則、大小不等的一塊塊礫石。火星表面的大氣非常稀薄，平均大氣壓只有地球表面氣壓的 0.6％ 左右，主要成分是占比為 96％ 的二氧化碳、少量的氬和氮以及微量的氧、一氧化碳、水和甲烷等。

　　由於火星沒有濃厚的大氣層，再加上火星距離太陽相較地球更遠，這使得火星表面十分寒冷。同時火星表面的晝夜溫差、季節溫差和地區溫差都非常大。在火星南北極地區的冬季夜晚，最低溫度達 -140℃，而在赤道地區的夏季白晝溫度最高可達 35℃。火星上常常發生氣旋風暴，此時地表的沙塵會隨風而起，瀰漫低空。有時還會出現全球性的大塵暴，可持續幾個星期，塵土遮天蔽日。

　　以上種種探測結果顯示，現在的火星環境非常惡劣，不適合生物生存。但是，根據部分探測資料，有的天文學家認為，很久之前火星表面有河流、湖泊和海洋。他們推測那時候火星表面有濃厚的大氣，氣候溫暖溼潤，可能出現過火星生命。後來，由於火星失去了全球性磁場，

受到太陽風的不斷襲擊，火星大氣不斷消失，表面的水也隨之蒸發到太空。

那麼，火星上還有沒有水？

2011 年，「火星偵察軌道衛星」（MRO）觀測發現，在比較溫暖的低緯度向陽面山坡上呈現出「季節性斜坡紋線」（Recurring Slope Lineae，RSL），這種紋線暗示火星上存在某種液體，考慮到火星的低溫環境，它們可能是溶解了大量鹽類物質的「滷水」。2018 年，天文學家分析 MRO 的觀測資料，他們認為在火星中緯度地區也有大量地下水冰。「2001 火星奧德賽號」上搭載的光譜儀的觀測資料也顯示，火星地下存在水冰。鳳凰號在火星極區的挖掘也支持地下水冰存在的觀點。

◆ 改造火星

水是生命生存的必要條件，火星上有水冰，對將來人類去火星居住是非常好的消息。比較各方面的情況，目前，火星是有利條件最多、最可能移民的候選星球。但是，火星的嚴酷低溫是人類移民火星所面臨的巨大難題之一。為提高火星溫度，有人認為可以想辦法讓極冠融化，釋放出大量的水和二氧化碳。這些溫室氣體可以保留火星的熱量，讓火星升溫，使得極冠進一步融化，釋放更多的溫室氣體，火星能夠進一步升溫，形成一個良性循環。至於使極冠融化的辦法，人們也有不少大膽的假設：用核彈轟炸極冠；環繞火星建造大量的反射鏡將陽光聚焦到極冠；在極冠地區撒上一些黑色土壤或其他深色物質，讓這裡吸收更多太陽的熱量。但是，以目前人類的科技水準，這些方法還無法實現。

第四部分　太陽系的多樣世界

火星的北極極冠（圖片來源：ISRO/ISSDC/EmilyLakdawalla）

　　還有人認為，即使加熱火星極冠，釋放的二氧化碳的溫室效應遠遠不能夠使火星達到合適的溫度，還必須利用火星土壤塵粒中的二氧化碳、火星礦藏中的碳以及深埋火星殼層下的含碳礦物。但是目前，人類還沒有掌握從這些礦物中釋放碳的科學技術。

　　即使提高了火星大氣的濃度，由於火星沒有全球性的磁場，如何有效保留這些溫室氣體，保證其不被太陽風剝離，更是讓人類頭痛的問題。整體來說，在目前的科學技術條件下，人類還不能將火星改造成一顆宜居星球。

34 小行星為何成為焦點？

西元 1760～80 年代，德國天文學家提丟斯（Johann Daniel Titius）和波德（Johann Elert Bode）發現，對於當時已知的六顆行星存在一個經驗公式：$a_n=0.4+2^{n-2}\times 0.3$，其中 a_n 是以天文單位表示的第 n 顆行星離太陽的平均距離，n 是行星的序號，水星 n=-∞為例外，金星 n=2，地球 n=3，火星 n=4，木星 n=6，土星 n=7，該公式被稱為提丟斯—波德定則。西元 1781 年威廉・赫雪爾發現天王星，它同樣符合這個定則。這讓天文學家猜測，在火星與木星之間，即 n=5 的地方，可能存在一顆行星。

西元 1801 年，義大利天文學家皮亞齊（Giuseppe Piazzi）無意中發現一個新天體，它與太陽的平均距離為 2.77 天文單位，符合提丟斯—波德定則 n=5 的情況，它被命名為穀神星。隨後，在穀神星附近，天文學家接連發現智神星、婚神星、灶神星和義神星。到 21 世紀初，在這裡發現的天體超過十萬個。這些天體的體積都很小，天文學家將它們稱為小行星，它們所在的區域被稱為小行星帶，或小行星主帶。小行星帶匯集了超過 90% 的太陽系小行星，大多數主帶小行星的軌道半長徑在 2.17～3.64 天文單位之間。2006 年，根據太陽系行星的新定義，第 1 號小行星 —— 穀神星被歸入矮行星類別。

小行星的體積和質量比行星和矮行星小，且不易釋放出氣體和塵

第四部分　太陽系的多樣世界

埃。由於大多數小行星的形成位置更接近於太陽，其內部很少保存跟彗星類似的冰質結構，而主要由礦物和岩石組成。小行星在外形等特徵上有別於彗星和流星體。由於大部分小行星的內部演化程度較低，它們保留了較多太陽系早期形成和演化的痕跡，其化學成分和礦物組成對研究太陽系的起源有非常重要的意義。因此，小行星被稱為研究太陽系起源的「活化石」。

各種類型的小行星

截至 2024 年 8 月，人們已發現超過 138 萬顆小行星，它們出現在太陽系的各個角落。根據小行星出現的位置和不同軌道屬性，天文學家將小行星分為 5 種類型：主帶小行星、特洛伊型小行星、半人馬型小行星、海王星外小行星以及近地小行星。

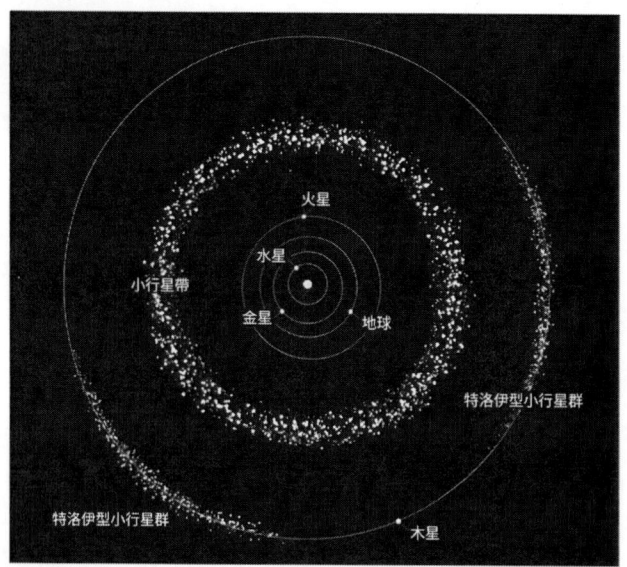

小行星帶及木星的特洛伊型小行星群（圖片來源：ESA/Hubble, M. Kornmesser）

34 小行星為何成為焦點？

　　一個小天體受到兩個大天體的引力作用，在宇宙中的某一點處相對兩個大天體基本上保持靜止。這樣的點有 5 個，被稱為拉格朗日點。在行星圍繞太陽公轉的軌道面，以太陽和該行星為底邊可以做出兩個等邊三角形，這兩個三角形的第三頂點就是該行星的 L4 和 L5 拉格朗日點，它們是兩個力學穩定點。以木星為例，在漫長的歷史中，它的 L4 和 L5 點積聚了大量的行星殘骸和漂流物，即木星的特洛伊型小行星。它們繞太陽公轉，有著與木星幾乎一樣的軌道半長徑。隨著更多此類小行星被發現，天文學家把木星 L4 點附近的小行星稱為希臘群，而 L5 點附近的小行星稱為特洛伊群。天文學家已發現數千顆木星的特洛伊型小行星。在八顆行星中，除了水星和土星之外，天文學家發現每顆行星都擁有至少一顆已知的特洛伊型小行星，哪怕僅僅是暫時性的。除木星之外，海王星的特洛伊型小行星數量最多。

　　關於半人馬型小行星，國際小行星中心提出的定義是：軌道近日點在木星軌道 (5.2 天文單位) 之外，軌道半長徑小於海王星軌道半長徑 (30.1 天文單位) 的小行星屬於半人馬型小行星。海王星外小行星是指處於海王星軌道以外，也就是古柏帶和離散盤中的小行星。

　　在太陽系內的五類小行星中，天文學家最關注的是近地小行星，因為它們可能撞擊地球，威脅人類安全。據測算，直徑大於 200 公尺的小天體撞擊地球，會導致地球大範圍的嚴重破壞；直徑 50 公尺的小天體撞擊地球，則會摧毀一個大城市的各種設施。科學研究顯示，一顆直徑達 10 公里的小行星撞擊地球，導致了 6,500 萬年前的恐龍滅絕事件。2013 年 2 月 15 日，在俄羅斯車里雅賓斯克州，一顆直徑 17 公尺左右的小行星進入大氣層，向地球襲來，導致約 1,200 人受傷，近 3,000 座建築受損。類似的撞擊或與地球擦肩而過的小行星事件每幾年就會發生一次。

第四部分　太陽系的多樣世界

在天文學上，與地球軌道的距離小於 0.3 天文單位的小天體被稱為「近地天體」。西元 1898 年，天文學家發現小行星 433（即愛神星）的軌道穿過火星軌道，近日距為 1.13 天文單位。1932 年 1 月，它執行到距離地球最近 0.17 天文單位的地點，它是首顆被發現的近地小行星。此後，人們發現的近地小行星逐漸增多，基於不同的軌道特性，它們又分為如下四種類型：

①阿莫爾型（Amor）小行星，其軌道近日距在 1.017～1.3 天文單位之間。最著名的是愛神星。它們從外側接近地球軌道，但軌道未交叉。

②阿波羅型（Apollo）小行星，其軌道半長徑大於或等於 1.0 天文單位、軌道近日距小於或等於 1.017 天文單位。比較著名的有小行星 1862（阿波羅）、小行星 1566（伊卡魯斯）等；它們的軌道與地球軌道交叉。

③阿登型（Aten）小行星，其軌道半長徑小於 1.0 天文單位、軌道遠日距大於或等於 0.983 天文單位。比較著名的有小行星 99942（阿波費茲）；它們的軌道與地球軌道交叉。

④阿提娜型（Atira）小行星，其軌道遠日距小於 0.983 天文單位，它們從內側接近地球軌道，但軌道未交叉。

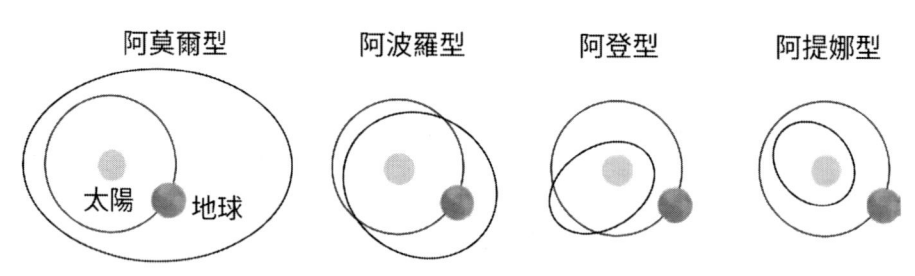

四類近地小行星運動範圍（圖片來源：https://letstalkscience.ca/）

儘管阿莫爾型和阿提娜型小行星的軌道和地球的軌道未交叉，但是未來它們的軌道可能受到大行星的攝動而改變，從而和地球軌道交叉。

34 小行星為何成為焦點？

天文學家規定，在近地天體中，直徑大於 140 公尺且與地球的交會距離小於 0.05 天文單位（約 20 倍地月距離）的天體為「潛在威脅天體」。截至 2024 年 9 月 13 日，人類已發現近地小行星 36,118 顆，其中對地球有潛在威脅的為 2,441 顆。天文學家推測，直徑大於 40 公尺的近地天體總數約為 30 萬顆，目前只發現了大約 3%。因此，發現並監測近地天體，尤其是「潛在威脅天體」，仍是關乎地球環境和人類生存安全的大事。

◆ 探索小行星

在距離地球幾億公里之外的小行星帶聚集了上百萬顆小行星，其中數目眾多的金屬質小行星蘊藏著大量的珍貴金屬。為了保護地球的自然資源和自然環境，人們開始將視線轉向太空資源的開發和利用。NASA 計劃探測一顆直徑約 200 公里，由鐵、鎳、鉑和金等金屬組成的小行星——靈神星（16 Pysche）。據估計這顆小行星的經濟價值超 10,000 兆美元。

從科學研究看，小行星是研究太陽系早期形成和演化的活化石；如果實現空間採礦，小行星又具有巨大的經濟價值；考慮人類的安全，人們必須尋找近地小行星，尤其是潛在威脅小行星，想方設法阻止它們使地球帶來災難。因此，許多國家耗費巨大的人力、物力和財力，進行小行星的研究與探測。除了地面的各種觀測設施之外，還有不少探測小行星的空間探測器。

1996 年 2 月 17 日，NASA 發射了會合—舒梅克號，它的目標是愛神星。愛神星的大小為 13 公里 ×13 公里 ×33 公里，在近地小行星中體積排名第二。會合—舒梅克號在環繞愛神星的軌道上執行了超過一年的時

間。2001 年 2 月 12 日，該探測器在愛神星表面著陸，它是首次實現軟著陸的小行星探測器。

2007 年 9 月 27 日，NASA 發射了黎明號，該探測器的目標是小行星帶內的灶神星和穀神星。它於 2011 年 7 月 16 日抵達灶神星，進行約 14 個月的觀測後開始前往穀神星，並於 2015 年 3 月 6 日進入穀神星軌道。黎明號是首次實現環繞兩個地外天體的太空飛行器，也是首個造訪矮行星的太空飛行器。

2003 年 5 月 9 日，日本宇宙航空研究開發機構發射了隼鳥一號探測器，它的目標是小行星 25143，又名糸川。2005 年 9 月 12 日，隼鳥一號抵達糸川附近。2010 年 6 月 13 日，隼鳥一號返回地球，成功帶回小行星糸川的樣品，這是人類第一次把對地球有威脅的小行星的樣品帶回地球。2014 年 12 月 3 日，日本發射隼鳥二號小行星探測器。2020 年底，隼鳥 2 號成功將小行星龍宮的樣品帶回地球。

奧西里斯王號是美國首個小行星取樣返回的深空探測任務，它於 2016 年 9 月 8 日成功發射，探測目標是小行星貝努。小行星貝努的直徑大約 580 公尺，運轉軌道距太陽 1.3 億～2.0 億公里。奧西里斯王號於 2023 年 9 月 24 日返回地球，完成為期 7 年的探測歷程。

2021 年 11 月 24 日，NASA 的雙小行星重定向測試任務（DART）搭乘 Space X 獵鷹 9 號火箭，從美國加州范登堡空軍基地發射升空，前往兩顆近地小行星。一顆名叫迪莫佛斯，直徑約 160 公尺；另一顆名叫迪迪莫斯，直徑約 780 公尺。兩顆小行星相距 1.2 公里，屬於阿莫爾型近地小行星，每 2.11 年環繞太陽一圈。中原標準時間 2022 年 9 月 27 日清晨 7 點 14 分，太空中上演了驚心動魄的一幕，DART 探測器釋放出立方星，讓它以超 6,000 公尺／秒的高速迎頭撞上迪莫佛斯。

34 小行星為何成為焦點？

奧西里斯王號小行星探測器在小行星貝努上空（藝術構想圖）
（圖片來源：NASA/Goddard）

在此次撞擊實驗中，人類太空飛行器透過有限能量的主動撞擊，測試能讓小行星的軌道改變多少。這是人類為「趕走」小行星而進行的首次防禦演習。按照原本的計算，此次撞擊可以將迪莫佛斯在雙星系統中的軌道週期縮短幾分鐘；然而，最終觀測到的週期變化還是大幅超出了預期。對於撞擊產生的長期效果，歐洲太空總署的赫拉號空間探測器將會揭開謎底。2024 年 10 月 8 日，赫拉號搭乘 Space X 獵鷹 9 號火箭發射升空，計劃於 2026 年抵達該雙小行星系統。

迪迪莫斯和迪莫佛斯，
由 DART 探測器搭載的 DRACO 相機在距離小行星約 920 公里處拍攝。
（圖片來源：NASA/JohnsHopkinsAPL）

第四部分　太陽系的多樣世界

35
木星為什麼是行星之王？

在太陽周圍，以八顆行星為主的眾多天體圍繞太陽運動。距離太陽較近的水星、金星、地球和火星是固態行星，人類及其發射的各種探測器可以登陸在它們的固態表面。在四顆固態行星之外是小行星帶，這裡的眾多小行星也是固態天體。再向外，距離太陽 5.2 天文單位的地方則是一顆性質非常不同的行星。這顆行星是被稱為「巨無霸」的木星，它是一顆氣態巨行星，沒有固態的表面。自古以來，木星吸引了眾多天文學家和天文愛好者的目光，那麼，這顆氣態巨行星是一顆什麼樣的行星？

木星與地球的大小比較（圖片來源：NASA/Brian0918/Wikipedia Commons）

35 木星為什麼是行星之王？

不管從質量還是體積來看，木星都是太陽系中最大的行星。與地球相比，其直徑是地球直徑的 11 倍，它的體積是地球體積的 1,300 多倍。從質量的角度看，將其餘七顆行星的質量加在一起，總質量也僅有木星質量的 2/5。因此，木星作為太陽系行星中的巨無霸乃名副其實，它是當之無愧的太陽系「行星之王」。依據許多觀測事實，天文學家認為，木星的巨大質量可以吸引許多彗星和小行星，阻止它們撞擊地球，因此，木星被看作地球和人類的保護神。

作為氣態巨行星，木星的物質成分和整體結構與固態的類地行星有很大的不同。地球的主要物質成分是構成地核的鐵鎳金屬和構成地函及地殼的矽酸鹽。而木星的化學成分跟太陽類似，主要是氫和氦，按質量百分比計算，氫占 75%，氦占 24%，還有 1% 的其他元素。由於可得到的木星內部資料有限，天文學家只能提出大致的木星結構模型。在木星 0.15 倍半徑以內，有一個溫度高達 25,000K 的木星核，其主要成分是岩石或金屬，呈固態或熔融態。在中心核之外是一個中間層，範圍延伸到約 0.76 倍半徑處，主要成分為高壓液態金屬氫（以及氦），這個區域中氫的電子脫離質子可以自由移動，像金屬一樣具有良好的導電性。最外層是液態分子氫和氦，向外逐漸過渡到氣體狀態。

木星沒有固態表面，它的表層是以氫和氦為主的氣體。木星的表層大氣有自己獨特的運動特點，從小於 1,000 公里的尺度看，物質運動很紊亂；在更大的尺度上，木星大氣的運動基本上是有序運動，表現為交替的緯向環流。南北半球各有五六對這樣沿緯度方向的環流，它們相對穩定，可以較長時間保持不變。在木星表層大氣的上方有雲層，從下往上，雲層大致分為氨（NH_3）冰晶雲、氫硫化氨（NH_4SH）冰晶雲和水冰晶（水滴雲）三個層次。通常人們看到木星呈現出彩色亮帶和帶紋，它們就

是這些雲層的表現。木星的這些亮帶和帶紋與其表層大氣的緯向環流相對應，但是，雲層可以在幾年的時間尺度上變化，除了沿東西（緯度）方向運動外，也會有上下方向的垂直對流運動。正常情況下，亮帶呈白色或黃色，帶紋呈棕色。

說起木星，天文愛好者都知道它的表面有一個大紅斑。大紅斑是木星表面的又一個顯著象徵物，其中心在南緯23°，呈橢圓狀，東西長度約26,000公里，南北最大寬度約14,000公里。天文學家研究發現，大紅斑為木星表面的高速氣旋風暴，風速最高達180公尺／秒。西元1664年，英國科學家羅伯特·虎克（Robert Hooke）最早發現它，物理學中虎克定律指的就是羅伯特·虎克發現的定律。大紅斑被發現至今已接近360年，現在它有所減小。

儘管大紅斑不斷在變小，但是2000年3月，天文學家發現3個橢圓形小風暴合併到一起，形成一個新的大風暴，也就是小紅斑。此後的十多年間，小紅斑變得越來越大，已經達到了地球直徑，或許將來它可以超過大紅斑的規模。2011年8月5日，NASA發射了朱諾號探測器。2016年7月5日，它順利進入了繞木星飛行的軌道。隨後朱諾號便發現了木星表面新的奇特景觀。在木星北極，一個極地氣旋周圍還圍繞著8個氣旋；而在木星南極，一個極地氣旋周圍則圍繞著5個氣旋。木星南北極的這些氣旋風暴比天文學家的預期更複雜，現在天文學家們正在探究它們形成的原因。

35 木星為什麼是行星之王？

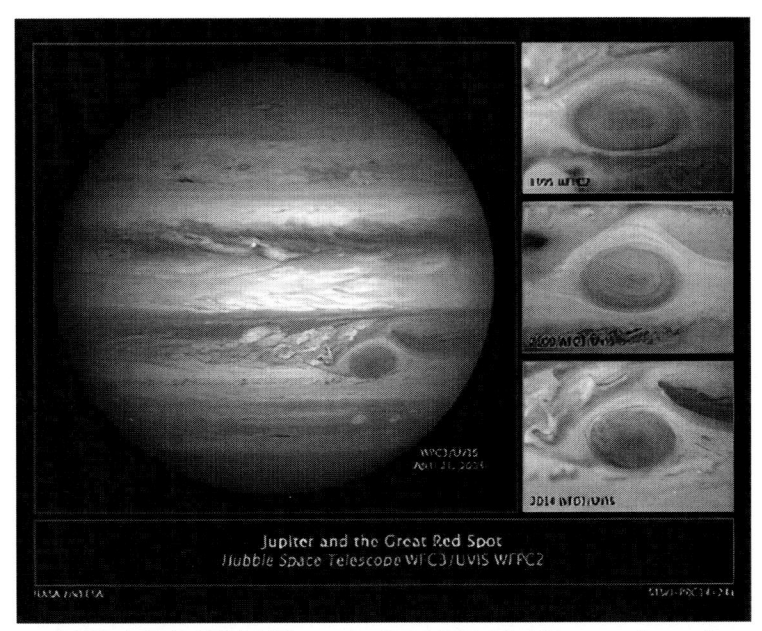

木星的大紅斑（圖片來源：NASA/ESA/STScl/hubblespacetelescope）

木星圍繞太陽公轉一周需要約 11.86 年，但是它自轉非常快，木星赤道帶自轉一周需要約 10.9 小時，隨著緯度增加，木星表面的自轉速度有所減慢。我們知道，木星中間層的物質主要是金屬氫，它具有良好的導電性，在高速自轉的作用下，這裡可以形成電流，進而激發出磁場。在太陽系的八顆行星中，木星的磁場最強，在磁赤道處的磁感應強度約是地球相同地帶的磁感應強度的 14 倍，且木星磁場的南北極性與地球磁場相反。木星的強磁場，再加上減弱的太陽風壓強，這些因素使得木星的磁層延展範圍很大。木星的磁場可以捕獲大量帶電粒子，並將其加速，這些帶電粒子及其高能輻射將會襲擊內層的衛星和人造飛行器。此外，沿極區磁力線流入的高能帶電粒子可以激發和電離木星大氣中的分子和原子，產生極光。因此，木星的磁現象也豐富多樣，引人關注。

第四部分　太陽系的多樣世界

木星北極的極光現象［圖片來源：NASA, ESA, and J. Nichols (University of Leicester)］

衛星家族

除了具有最大的體積和質量，木星還擁有非常多的衛星。根據 NASA 噴氣推進實驗室的資料，截至 2023 年 5 月 23 日，天文學家在木星周圍發現了 95 顆衛星，數量僅次於土星。早在西元 1610 年，伽利略就發現了木星的四顆衛星：木衛一（埃歐）、木衛二（歐羅巴）、木衛三（蓋尼米德）和木衛四（卡利斯多），它們被稱為伽利略衛星。在木星的所有 95 顆衛星中，四顆伽利略衛星較大，其餘衛星都非常小，大多數直徑僅有幾公里。

在四顆伽利略衛星中，木衛一距離木星最近，平均距離為 42.2 萬公里，

它的平均直徑約 3,640 公里，位列第三。早在 1979 年，旅行者 1 號就傳回了木衛一的高畫質照片——泛著黃色的圓面上點綴著許多烏青色的斑點。木衛一表面是非常平坦的平原，那些斑點則是一些矮小的火山

口。實際上，木衛一是整個太陽系中火山活動最頻繁的天體，目前有400多座活火山。劇烈的地質活動填平了早期隕石撞擊所產生的大坑，使得木衛一表面呈現為平坦的平原；同時，火山爆發產生的大量硫黃和硫化物覆蓋在木衛一表面，使它呈黃色。讀者也許會問，為什麼木衛一上有這麼多活火山？木星和其他三顆質量巨大的伽利略衛星的潮汐力把木衛一拉來推去，透過摩擦生熱的方式在內部產生了巨大的能量，最終以火山爆發的形式釋放出來。另外，由於木衛一表面覆蓋著過多的硫化物，因此木衛一成為太陽系中最惡臭難聞的星球。

木星的四顆伽利略衛星，從左到右依次為木衛一、木衛二、木衛三和木衛四。
（圖片來源：NASA/JPL/DLR）

木衛一（圖片來源：NASA）

第四部分　太陽系的多樣世界

　　說完木衛一，我們來看一看木衛二。木衛二在木衛一的外側，距離木星約 67 萬公里，直徑約 3,122 公里，比月亮略小，在四顆伽利略衛星中體積最小。1979 年 7 月 9 日，旅行者 2 號從木衛二上空飛掠而過，發現整個星球表面都被厚厚的冰層所覆蓋。木衛二表面幾乎沒有隕擊坑，但有不少形如溝壑的條紋，這顯示它也是一個擁有一定活躍地質活動的衛星。1995 年，伽利略號木星探測器飛掠木衛二，同樣獲得驚人的發現：在木衛二厚厚的冰層之下隱藏著巨大的鹽水海洋，它的含水量是地球所有海洋總水量的兩倍。此外，天文學家認為，木衛二可能擁有鐵質核心和岩石地函。這樣的話，在海水下面就是岩石。這非常類似地球海洋的情形，因此，天文學家認為，木衛二的海洋中可能擁有生命。這種假設讓不少天文學家心動不已，他們打算建造空間探測器前赴木衛二進行實地探測。

被厚厚的冰層覆蓋的木衛二（圖片來源：NOAA）

　　木星是太陽系最大的行星，它的木衛三則是太陽系最大的衛星，其直徑約 5,262 公里，比水星還大。木衛三在木衛二外側，其軌道半長徑

約 107 萬公里。觀測證據顯示，木衛三可能也有一個鹽水海洋，它的海水量超過了地球海洋的水量總和。木衛三擁有自己的磁場，因此，在木衛三的兩極地區也存在極光現象，這在太陽系所有衛星中是獨一無二的。空間探測器的觀測顯示，木衛三表面有隕擊坑、長的結構斷層以及或亮或暗的不同地形區域。此外，木衛三表面還有非常稀薄的氧氣。這些特點大幅增加了木衛三對天文學家的吸引力。

木衛四的大小在四顆伽利略衛星中位列第二，其直徑為 4,820 公里，在太陽系所有衛星中位列第三。它位於木衛三的外側，軌道半長徑約 188 萬公里。木衛四古老的星球表面保留著密密麻麻的隕擊坑，其形態多種多樣。有時隕擊坑之間依次壓疊形成隕擊坑鏈，有時隕擊坑的圓環套著隕擊坑的圓環。總之，隕擊坑呈現出多種奇特的圖案，非常有趣。空間探測器觀測發現，在木衛四黑暗的表面區域常常有一些亮白點，天文學家認為，這些亮白點可能是水冰，黑暗區域可能是被腐蝕過的冰物質。1990 年代，伽利略號的觀測暗示，在木衛四的表面下可能有海洋。

木星以及它的衛星有許多獨特之處，同時還有許多待解的謎團。揭示木星及其衛星的奧祕，對於我們了解太陽系和系外行星具有特殊的意義。

36 土星與它獨特的家族

說到土星，人們一定會想到它的美麗光環。透過望遠鏡，我們可以看到，淡黃色的土星周圍整齊環繞著一圈圈明暗不一的環狀結構，像一條條異常精緻的絲帶，讓人們讚嘆宇宙的巧奪天工。土星是人的裸眼能看到的最遠的太陽系行星，它到太陽的距離約 14 億公里，即 9.3 天文單位。當我們仔細審視土星及其衛星和環帶構成的土星家族，會發現不少獨特之處。

和木星一樣，土星是一個氣態巨行星。土星表面的物質呈氣態，其主要成分是氫氣和氦氣，以及微量的甲烷、氨氣等成分，其中氫氣體積占比高達 90%，氦氣體積占比接近 10%。遠遠望去，土星表面是一條條寬窄不同的帶狀區域，條帶平行於赤道分布，呈黃色、棕色或灰色，與周圍的土星環相互映襯，構成一幅極其美麗的畫面。土星的直徑小於木星，在八顆行星中位列第二，約 116,500 公里，為地球直徑的 9 倍。因此，跟地球相比，土星仍是一個龐然大物。不過土星的平均密度較小，其總質量只有地球的 95 倍。土星在圍繞太陽公轉的同時也在自轉，土星自轉一圈需要 10.7 個小時，圍繞太陽公轉一圈需要 29.4 年。

哈伯太空望遠鏡拍攝的土星及其光環（圖片來源：NASA/ESA）

　　除了使用地面望遠鏡和空間望遠鏡觀測，天文學家還派遣空間探測器近距離探測土星，這使得人們不斷發現土星家族的新奧祕。截至2023年5月23日，人們已觀測到的土星衛星的數量超過了木星，為146顆。在卡西尼號探測器飛過土星的兩極時，它對那裡的巨型風暴做了精密的觀察，這其中也包括了著名的北極六邊形風暴。在土星北極，雲系會以不尋常的六邊形結構來繞極點轉動，在其中心是一個巨型風暴。實際上，旅行者1號最早於1980年飛掠土星時，便首次發現了這個六邊形結構。土星及其光環稱得上太陽系的「藝術珍品」，不過遺憾的是，人的眼睛無法直接看到土星環。伽利略於西元1610年首次用他自己製造的望遠鏡觀測土星時，受到其望遠鏡分辨本領的限制，把土星環誤以為是土星的兩個「耳朵」——衛星。直到西元1656年，荷蘭天文學家克里斯蒂安・惠更斯才首次指出在土星周圍環繞著一個非常薄的光環。

第四部分　太陽系的多樣世界

土星北極的六邊形風暴（圖片來源：NASA）

如今，天文愛好者使用普通的望遠鏡都能觀測到的亮環是土星環最主要的部分，這部分亮環中間有一個明顯的暗縫，被稱為卡西尼縫，西元 1675 年它被卡西尼（Giovanni Domenico Cassini）發現。西元 1826 年，俄國天文學家弗里德里希‧格奧爾格‧威廉（Friedrich Georg Wilhelm，西元 1793～1864 年）把卡西尼縫兩側的環帶分別稱為 A 環（外側）和 B 環（內側）。在 B 環的內側有一個闇弱的環帶被稱為 C 環，它於西元 1850 年由美國天文學家邦德（Bond）父子發現，C 環與 B 環之間並沒有明顯的分界。這三個環帶構成土星的主環。主環的密度最大，也包含了尺度較大的物質顆粒。在 C 環的內側還有一個 D 環，向內一直延伸到土星雲層的頂端，主要由較為稀薄而瀰散的塵埃粒子組成；而在 A 環的外側，也還有幾個瀰散的塵埃環，被稱為 F 環、G 環和 E 環等。這些環帶物質的化學組成也與主環物質差不多，幾乎全是水冰，僅有少量的岩石碎粒。

3 6 土星與它獨特的家族

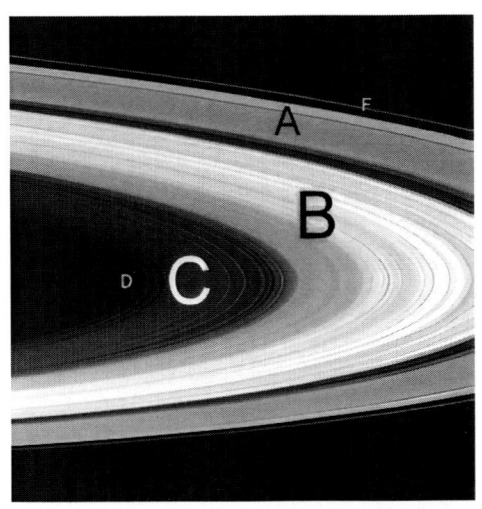

土星部分光環的位置（圖片來源：Brian Koberlein）

　　土星環從土星雲層頂端向外一直延伸到 282,000 公里遠處，經過非常遙遠的間隔，在土衛九附近還有一個十分闇弱的土衛九環。土星具有獨特的光環，人們不禁要問，土星環是怎麼形成的？有的天文學家認為，一顆來自遠方的大彗星來到土星附近，受到土星潮汐力的作用，彗星被摧毀，彗星中較重的岩石碎塊落入土星，較輕的冰塊留在原來的軌道上形成光環。另有天文學家認為，來自遠方的大彗星來到土星附近與土星的一顆衛星相撞，劇烈的撞擊將兩顆天體摧毀，同樣，較重的岩石碎塊落入土星，較輕的冰塊在圍繞土星的軌道上形成光環。

　　土星除了漂亮的光環，它的衛星也有讓人驚異的表現。我們先看一看它的一顆小衛星土衛二。土衛二直徑只有 500 公里，差不多只有月亮直徑的 1/7。它細膩的冰殼表面上有著蜿蜒的山脊和布滿裂隙的平原，幾乎看不到隕擊坑。整個土衛二上散布著最近的冰質物質。2005 年，卡西尼號發現土衛二內部有一個巨大的液態水海洋，而且還發現了冰火山活動。最壯觀的是，土衛二南極有活躍間歇泉，噴出物高達 500 公里，它

第四部分　太陽系的多樣世界

們可能是由類似於木衛二和木衛一上的潮汐力所驅動的。

2015 年，卡西尼號從其中的一個間歇泉中穿過，並進行取樣。透過分析樣品的化學成分，科學家們發現在土衛二的間歇泉中除了水，還含有二氧化碳、甲烷和明顯高於正常標準的氫氣。2017 年 4 月 14 日，NASA 召開新聞發布會，向大眾介紹他們的研究成果，指出土衛二具備維繫生命的完備條件。這項成果讓土衛二一舉成為整個太陽系除地球以外最有可能發現生命的天體。

卡西尼號探測器拍攝的土衛二（圖片來源：NASA/JPL/Space Science Institute）

土衛二上的間歇泉，由卡西尼號拍攝（圖片來源：NASA/JPL/Space Science Institute）

潛在的宜居星球 —— 土衛六

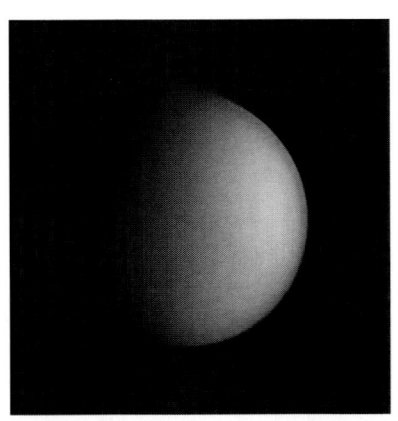

卡西尼號拍攝的土衛六，它的大氣層非常厚。
（圖片來源：NASA/JPL/Space Science Institute）

了解了土衛二，我們再來看一看土衛六。土衛六又叫泰坦，它的直徑為 5,150 公里，在太陽系所有衛星中大小僅次於木衛三，排名第二。土衛六擁有濃厚的大氣層，大氣的主要成分是氮氣，地球大氣的主要成分也是氮氣，土衛六的這一特點引起了天文學家的廣泛興趣。另外，根據空間探測，人們發現土衛六主要由岩石和水冰構成。可見，土衛六與地球具有不少相同之處，因此，人們對於土衛六充滿許多遐想。隨著科學技術的發展，土衛六也成為人類空間探測的焦點，它是除月球之外第二個被人類探測器登陸過的衛星。

儘管土衛六的體積比月亮和水星都大，但它距離我們十分遙遠，因而在夜空中它非常闇弱，平均視星等為 8.4 等，無法被肉眼直接看見。西元 1650 年前後，荷蘭天文學家惠更斯說服當時身為重要政治人物的哥哥，為自己建造了一架天文望遠鏡。從此，惠更斯勤懇地進行觀測，皇天不負苦心人，西元 1655 年 3 月 25 日，他發現了土星的第一顆衛星，

即最大的土衛六。

在太陽系的所有衛星中，唯有土衛六擁有十分濃厚的大氣層。儘管土衛六比地球小很多，但是它周圍的大氣比地球還多，其大氣質量是地球大氣的 1.19 倍，表面的大氣壓力是地球表面大氣壓力的 1.45 倍。由於土衛六的引力小，以致它的大氣層延伸的高度更高，也就是它的大氣層更厚。由於濃厚大氣層的存在，從地球上觀測，土衛六可視圓面的直徑比木衛三還大，直到 1980 年旅行者 1 號到達土衛六，它的真實大小才被揭示出來。根據探測結果，在土衛六大氣的平流層中，氮氣的含量占 98.4%，甲烷占 1.4%，氫氣占 0.1%，還有微量的乙烷、一氧化碳、氬氣和氦氣等。

土衛六距離太陽十分遙遠，它接收到的太陽輻射僅為地球的 1%，因此，土衛六的表面溫度很低，約 -180°C。土衛六大氣中的甲烷是一種溫室氣體，類似地球大氣中的二氧化碳，有利於提高溫度，但土衛六大氣中的其他霧靄反射太陽光的能力很強，非常不利於升溫。有趣的是，土衛六的大氣上空也出現雲層，雲層的主要組成成分為甲烷、乙烷等。有雲就可能會降雨，這是地球大氣層中的一種自然現象，這一點在土衛六上也同樣存在，土衛六的雲層也會產生降雨，不過降到土衛六表面的是甲烷雨。

土衛六表面也有海洋和湖泊，不過那裡的海洋中不是水，而是液態甲烷以及液態乙烷。多數湖海分布在兩極地區，赤道地區較少。與地球相比，土衛六表面湖海所占的地表面積很小。土衛六上面積位列第二的麗姬亞海（Ligeia Mare），面積 147,000 平方公里，深度從幾十公尺到數百公尺不等，它包含的甲烷液體可以灌滿三個北美洲北部的密西根湖。土衛六上的一些小湖泊非常淺，通常深度不超過 10 公尺。

土衛六上的麗姬亞海（圖片來源：NASA/JPL-Caltech/ASI/Cornell）

在過去的探測中，卡西尼—惠更斯號探測器並沒有在土衛六上發現生命痕跡和複雜的有機化合物。但是天文學家認為，土衛六表面及其大氣的物理狀況跟原始地球的情況類似，尤其是它的大氣組成，除了沒有水氣以外，其他組成非常像地球的原始大氣。為此，美國科學家在實驗室中模仿土衛六的大氣組成，進行光化學實驗，實驗產生出許多構成生命的化合物，包括核苷酸分子和胺基酸分子等。有趣的是，在上述實驗的啟發下，有些科學家假設，土衛六上也會發生生命的創生和演化過程，就像早期的地球一樣。科學家們認為這一過程可能發生在土衛六表面之下氨或水的海洋中。另一些科學家則另闢蹊徑，認為土衛六的生物生活在它的甲烷構成的湖泊和海洋裡。地球生物吸進氧氣，撥出二氧化碳，透過葡萄糖進行新陳代謝。土衛六上的生物不同於地球生物，它們吸進氫氣，撥出甲烷，透過乙炔進行新陳代謝。這是一種全新的生物種類，不過，這僅僅是科學家的猜測。

第四部分　太陽系的多樣世界

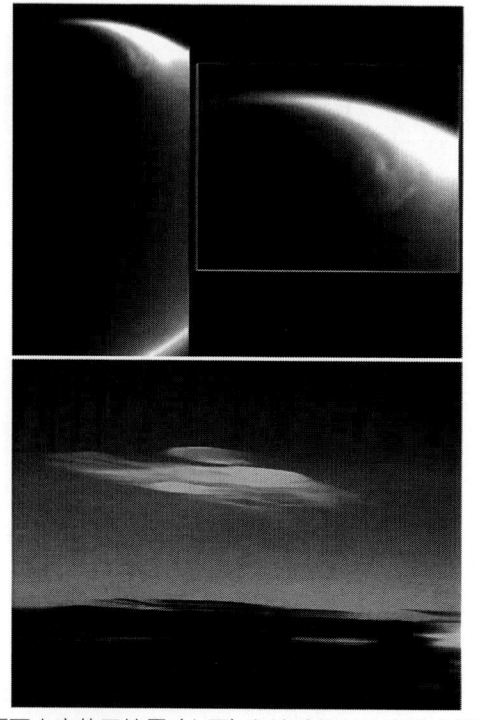

土衛六極區上空的甲烷雲（上圖）和地球極區上空的水雲（下圖）
（圖片來源：NASA/JPL/University of Arizona/LPGNantes）

對土衛六來說，在所有不利於生命存在的障礙中，低溫是最為突出的，土衛六表面溫度為 -180℃，這是生物生存難以踰越的障礙。但是，科學家們認為，在遙遠的將來，大約 50 億年之後，當太陽變為一顆紅巨星時，巨大的太陽可使得土衛六表面的溫度升高，液態水則可以穩定存在，那時候土衛六將具備有利於生物生存的環境。不難想像，到那時，隨著土衛六表面溫度的升高，土衛六內部冰殼層的融化，將大幅地改變土衛六的表面形態。根據惠更斯號的觀測資料，人們推測土衛六的形態和 45 億年前的地球極其相似，從土衛六目前的活動狀況來看，如果沒意外的話，一種新的類地生命或許將在 15 億～20 億年後出現在土衛六上，到那個時候，地球生命在太陽系中將不再孤獨。

37 彗星的真面目是什麼？

如果夜空中出現一顆肉眼可見的明亮彗星，它必定成為萬眾矚目的焦點。彗星由彗頭和彗尾構成，彗頭又包括中心緻密的彗核和外部氣體狀的彗髮，後面拖著一條或者兩條彗尾。人們肉眼可見的彗星往往跨過很大的空間範圍，長長的尾巴有時延伸1億～2億公里。可是，從質量上看，彗星不過是太陽系的一類小天體，它只能和小行星稱兄道弟。

彗星是「善變」的天體。當它位於木星軌道以外、距離太陽非常遙遠時，根本就沒有耀眼的尾巴，也不存在聲勢浩大的彗髮。此時的彗星僅僅是直徑幾百公尺到幾十公里的「彗核」，在普通望遠鏡中呈現為黯淡的星體。當它運動到木星與火星的軌道之間時，逐漸接收到較多的太陽光輻射，表面部分物質蒸發為氣態，形成「彗髮」。彗星繼續運動，當它運動到火星軌道以內時，彗核表面大量蒸發，彗核周圍出現許多氣體，在太陽風和太陽輻射壓力的作用下，在背離太陽的一側，彗星會長出尾巴，尾巴會越來越長，形成明亮的「彗尾」。當彗星遠離太陽時，彗尾則不斷變短，彗尾和彗髮最終又會消失。

彗星的形狀之所以會出現上述變化，是由它的物質成分決定的。觀測結果顯示，彗星是由水冰、塵埃和砂石混合而成的，可以看作「冰凍團塊」，更通俗易懂和形象直觀的說法是「髒雪球」。在太陽光和熱的作

第四部分　太陽系的多樣世界

用下，水冰和塵埃蒸發為氣體，這是一個自然的物理過程。

儘管夜空中拖著長尾巴的彗星看上去美麗壯觀，但是很久以前，人們不理解它是一種天體現象，無論哪個國家都把它看作災難、戰爭、瘟疫及君主死亡等凶險事件的徵兆。在中國民間，彗星則是被稱為「掃帚星」，人們認為它會帶來厄運。

在天文學研究的歷史上，丹麥天文學家第谷邁出了科學界理解彗星的第一步。西元1577年，天空中出現了彗星，年僅30歲的第谷在國王的支持下，進行了彗星的科學觀測。結合其他觀測資料，第谷認為，彗星當時距離地球超過100萬公里，比月亮還遠。這一發現打破了「彗星是地球大氣現象」的錯誤觀念。

第谷之後，進一步揭開彗星謎底的是英國天文學家哈雷。西元1705年，哈雷利用牛頓運動定律研究發生於1337～1698年的23顆彗星。他發現1531年、1607年和1682年的三顆彗星的軌道非常相似，於是斷定這是同一顆彗星的三次回歸，並預言它將於1758～1759年再次回歸。哈雷的預言後來被證實，不過此時他已經去世。為了紀念哈雷對彗星研究的貢獻，人們將這顆彗星命名為「哈雷彗星」。從此，人們確定，彗星是圍繞太陽運轉的小天體。

夜空中的恆星常年堅守在固定的位置，太陽和月亮則非常有規律地升起和降落。相較這些天體，偶爾出現的彗星顯然是不速之客。在僅靠肉眼觀測的古代，尤其如此。即使今天用專業的天文望遠鏡觀測，每年最多也只能觀測到幾十顆彗星。

彗星通常沿著橢圓軌道繞太陽運動，它的軌道往往是很扁的橢圓（扁率較大），近日點可以在水星軌道以內，遠日點則可以在海王星的軌道以外。彗星運動的週期短則幾年，長則幾百萬年。天文學家通常把運

動週期短於 200 年的稱為短週期彗星，長於 200 年的稱為長週期彗星。那麼，彗星來源在何處？天文學家認為，短週期彗星可能來自海王星外側的古柏帶，那裡的彗星等小天體在木星、土星、天王星和海王星的引力擾動下，脫離原來的軌道，接近太陽，長出長長的尾巴；長週期彗星來自太陽系最外側的歐特雲，這裡的彗星在臨近恆星的擾動下，也會離開原來的位置，向太陽系內部運動。

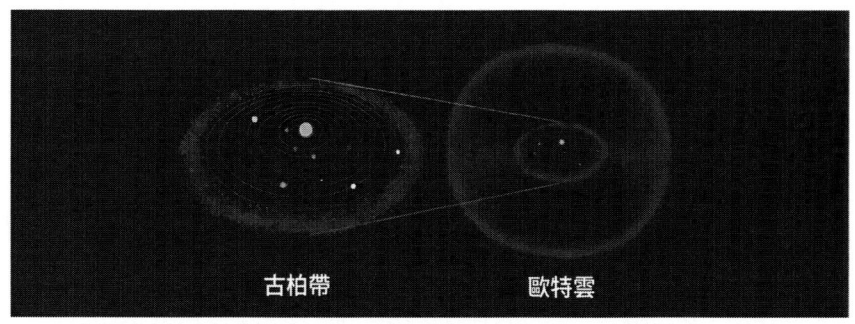

太陽系中的古柏帶和歐特雲，這裡是彗星的發源地。（圖片來源：ESA）

可能還有少數彗星來自太陽系以外，它們在太陽系中的執行軌跡是雙曲線，從遠處接近太陽，達到近日點後則遠離太陽，最終跑出太陽系，便再也不會歸來，這類彗星顯然不可能是週期彗星。

◆ 探測彗星

1950 年代以後，人類進入了太空。此後，太空望遠鏡和空間探測器逐漸成為探測天體奧祕的利器。1986 年哈雷彗星回歸時，有五個太空飛行器對哈雷彗星做了空間觀測。它們是蘇聯的維加 1 號（Vega1）和維加 2 號（Vega2）、日本的彗星號和先驅號、歐洲太空總署的喬托號（Giotto）。

1986 年 3 月 1 日前後，日本的彗星號觀測確定，哈雷彗星的彗核每

秒鐘噴射出 6.9×10^{29} 個分子，如果彗核物質全部為水分子的話，有 59 噸重。更為神奇的是喬托號穿過了哈雷彗星的彗髮。儘管受到速度為 68 公里／秒的塵埃粒子的襲擊，喬托號有所損壞，可是得到了巨大的科學回報。它發現哈雷彗星的彗核並非球形，而像個燒焦的馬鈴薯，且分布著山峰、山谷和環形山。同時，有幾個明亮的活動區域不斷向外噴發物質，高達幾公里。

隨著科學技術不斷進步，人類空間探測彗星的事業也不斷前進。1999 年 2 月 7 日，NASA 發射了星塵號（Stardust）空間探測器，它的主要任務之一是接觸維爾特 2 號（Wild 2）彗星。這顆彗星是一顆特殊的彗星，它在太陽系邊緣形成，一直位於冥王星之外，表面溫度很低，所以科學家認為它保留著 46 億年前太陽系形成時的物理資訊。這顆彗星於 1974 年受到木星的引力作用改變了原有軌道，可以執行到距離我們較近的區域。2004 年 1 月 2 日，星塵號準時與維爾特 2 號彗星相遇，除了拍攝不少照片外，還收集了彗核噴發出的物質。

2005 年 1 月 12 日，NASA 將後來震動世界的彗星探測器—— 深度撞擊號（Deep Impact）送上太空。深度撞擊號重 650 公斤，由飛行倉和撞擊器兩部分構成，目的是透過直接撞擊彗星來了解彗星的物理性質，它的撞擊目標是坦普爾 1 號彗星。

深度撞擊號在 2005 年 7 月 4 日與坦普爾 1 號彗星相遇，將重達 372 公斤的「砲彈」射向目標。這次撞擊非常成功，顯示了人類太空遠端精準打擊的能力 —— 如果有小行星威脅地球，可以採用這一辦法防止其撞擊。

透過兩次與彗星的「親密接觸」和卓有成效的撞擊，人們對彗星的物質組成有了更準確的理解。彗核主要由石塊、塵埃和水冰組成，還有凍

37 彗星的真面目是什麼？

結的二氧化碳、一氧化碳、氨和甲烷，還包括少量的甲醇和氫氰酸等有機物。更出乎意料的是，人們在星塵號收集到的彗星塵埃中發現了甘氨酸，它是一種胺基酸分子。彗星中包含有機分子，這使得有些科學家推測，就是與地球相撞的彗星為地球帶來了生命發源的最初物質。

美國太空總署發射的深度撞擊號彗星探測器。（圖片來源：NASA/JPL）

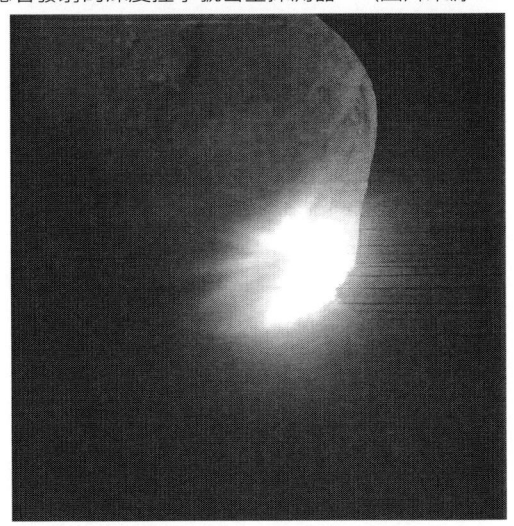

深度撞擊號的撞擊器撞擊坦普爾 1 號彗星，撞擊後 67 秒時的照片。
（圖片來源：NASA/JPL-Caltech/UMD）

第四部分　太陽系的多樣世界

2004年3月2日，歐洲太空總署（ESA）在圭亞那太空中心成功發射了羅塞塔號彗星探測器，該探測器的特別之處是它攜帶了一個著陸器——菲萊號。它們的探測目標是彗星67P／楚留莫夫—格拉西緬科（67P/Churyumov-Gerasimenko）。67P屬於木星族彗星，它於1969年被發現。天文學家認為這些天體起源於海王星之外的古柏帶。在那裡所發生的碰撞會產生較小的碎塊，而海王星的引力則會把它們中的一些送入內太陽系。最終，木星的強大引力會將它們捕獲進入短週期軌道。儘管過程曲折跌宕，但木星族彗星的內部很可能保留著太陽系誕生時的原始材料。

2014年8月6日，羅塞塔號抵達目標彗星67P附近，經過一系列軌道機動，進入環繞彗星的預定軌道。2014年11月12日，菲萊號經過7個小時的下降，成功著陸到彗星表面，成為第一個登陸彗星的人造探測器。2016年9月30日，羅塞塔號撞擊彗星表面，結束了此次探測任務。羅塞塔號對彗星67P的探測取得了一些初步成果。它發現彗星67P水蒸氣的同位素特徵與地球上的水大相逕庭，其中的氘核含量是地球的三倍；發現在彗星表面存在芳香烴有機物、硫化物和鐵鎳合金。菲萊號發現彗星大氣中存在有機分子，在彗星周圍發現大量的自由氧分子，在著陸點25公分深處發現有大量水冰。

◆ 彗星生命的終結

彗星只算是太陽系的小天體，其質量通常有幾千億噸，等於地球質量的幾十億分之一。彗星每次接近太陽都會蒸發出部分物質，使得彗核越來越小，直到最後剩下一個類似小行星的黑色、無活力的小石塊或者

橡皮塊，從此彗星不再能夠長出壯麗的尾巴。值得一提的是，有些彗星在自己的軌道上留下一些塵埃顆粒，如果這些顆粒在地球的軌道附近，那麼地球每次經過它們時，地球上便會出現流星雨。

每年 8 月 8 ～ 13 日之間會發生英仙座流星雨，這是地球經過斯威夫特—塔特爾彗星軌道上的塵埃顆粒造成的。

與逐漸蒸發而消亡不同，著名的比拉彗星是透過分裂結束其輝煌一生的。西元 1826 年 3 月 9 日，奧地利人比拉（Wilhelm von Biela）發現比拉彗星，它的週期約為 6.62 年。西元 1846 年 1 月 13 日，在世人的注目下，這顆彗星竟然一分為二，之後這兩顆彗星都長出了自己的彗髮和彗尾，且兩者之間的距離逐漸拉大。西元 1852 年回歸時，人們已無法分辨這兩顆彗星，這次遠離之後再也沒有發現它們回歸的跡象。

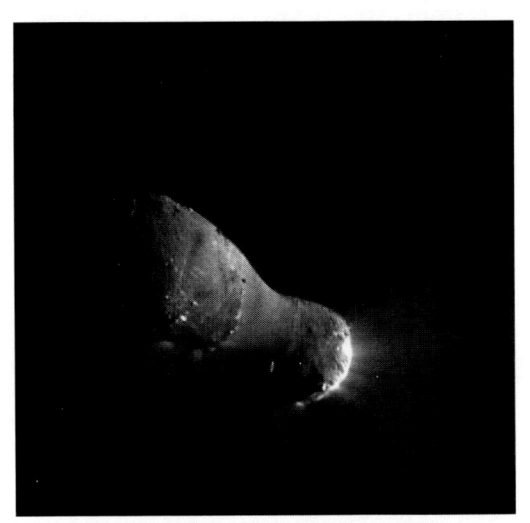

哈雷彗星的彗核，有物質從彗核中噴出。
（圖片來源：NASA/JPL-Caltech/UMD）

還有的彗星透過與大天體碰撞來結束自己的生命。由於彗星的軌道是壓扁的橢圓，從太陽附近伸向遙遠的太陽系外圍區域，往往與其他大

行星的軌道交叉，所以非常易於受到大行星的引力作用，從而改變軌道並與這些天體碰撞。據天文學家考證，1908 年 6 月 30 日，發生在俄羅斯西伯利亞通古斯河附近的大爆炸很可能是彗星與地球撞擊造成的。事實上，許多近日點距離太陽非常近的彗星常常會撞向太陽，最終被熊熊燃燒的太陽吞沒。

1994 年 7 月 16～22 日，分裂成 21 個碎塊的舒梅克—李維九號彗星與木星發生撞擊。儘管撞擊點在木星背離地球的另一側，地球上的望遠鏡不能直接觀測，但是伽利略號和尤利西斯號探測器有直接觀測到撞擊過程。天文學家利用地面望遠鏡仔細觀測了隨後轉向地球的碰撞痕跡及撞擊時產生的高過木星邊緣的火焰。碰撞後的黑色斑痕清晰可辨，比大紅斑還顯著。

舒梅克—李維九號彗星的 21 個碎塊基本上沿直線排列，依次撞向木星。碎塊 A 的撞擊速度達 60 公里／秒，撞擊點產生了 24,000℃ 的高溫火球，這一溫度是太陽表面溫度的 4 倍多。最為猛烈的撞擊是碎塊 G 造成的，它產生的黑色斑痕的直徑達 12,000 多公里，與地球大小差不多。

舒梅克—李維九號彗星是美國人舒梅克（Shoemaker）夫婦和李維（David H. Levy）於 1993 年 3 月 24 日發現的。當時，它已經成為了一連串的彗星碎塊。後來追蹤這顆彗星的來源時發現，它是一顆週期為 20 年的短週期彗星。1992 年 7 月當它經過木星附近時，受木星的引力作用而改變原來的軌道，開始繞木星運動，最終撞向木星。

37 彗星的真面目是什麼？

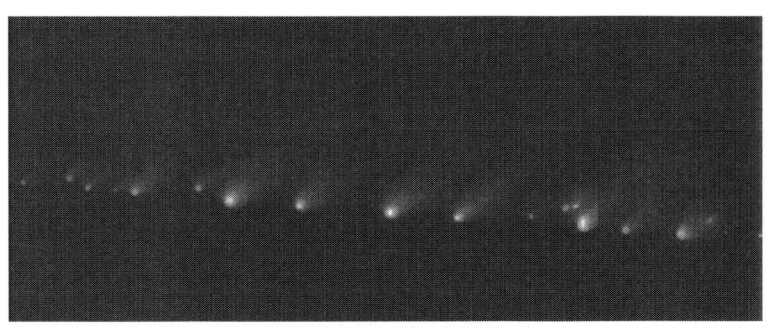

哈伯太空望遠鏡拍攝的
分裂為 21 個碎塊的舒梅克—李維九號彗星
(圖片來源：NASA/STScI/H.A. Weaver/T.E. Smith)

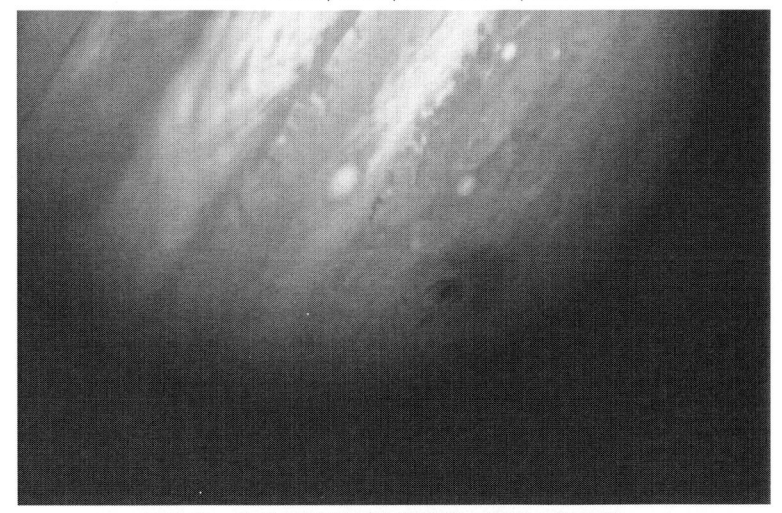

舒梅克—李維九號彗星碎塊撞擊木星留下的痕跡，
由哈伯太空望遠鏡拍攝。
(圖片來源：NASA/STScI)

第四部分　太陽系的多樣世界

38
天王星與海王星為何被稱為冰巨星？

夜幕降臨後，繁星滿天。千百年來，人們只能看見五顆星星在繁星間有規律地遊動，它們是水星、金星、火星、木星和土星。16～17世紀，歐洲天文學家逐漸理解到，那五顆星球跟地球一起屬於太陽系的成員，此後很長一段時間裡，人們以為太陽系中的主要天體只有太陽和它的六顆行星。然而威廉・赫雪爾的發現改變了這一傳統觀念。

西元1781年3月13日，赫雪爾在巴斯的家中用自己製作的望遠鏡進行巡天觀測，尋找雙星。不經意間，他看到一個模糊的光點。根據形狀，它要麼是一顆周圍有雲霧的恆星，要麼是一顆彗星。透過改換目鏡，增加望遠鏡的放大倍率，這個模糊天體的影像相應變大。根據經驗，赫雪爾判斷這個目標不是恆星。後來，他發現這個天體不斷改變位置，這一點使赫雪爾判斷這個天體應該是一顆彗星。

在交給英國皇家天文學會的報告中，赫雪爾一面稱這顆天體為彗星，一面又將它說成行星。這引起了天文學家們的關注和爭議。將近兩年後，德國天文學家波德指出這個天體是圍繞太陽運轉的一顆行星，因為它的軌道幾乎呈圓形。很快，這種說法被承認，人們將它命名為天王星。自此，太陽周圍又多了一顆行星。

38　天王星與海王星為何被稱為冰巨星？

夜空中的天王星非常闇弱，接近人眼的目視極限，只有非常好的視力，再加上非常好的觀測環境，我們才可能憑藉肉眼看見它。西元1781年，威廉・赫歇爾使用望遠鏡發現它也實屬幸運。對於距離太陽更遠、視星等約7.8等的海王星，裸眼根本看不見。發現天王星後的60多年間，天文學家們仍舊無法看見這顆行星的面目，更談不上確定它的蹤跡。

這一次，天體力學攝動理論助力了天文學家的新發現。西元1821年，天文學家布瓦（Alexis Bouvard）開始計算天王星的軌道和位置，發現總是跟觀測位置不符，到西元1830年偏差達20角秒，西元1845年達2角分。因此，有天文學家認為這是一顆未知行星的引力攝動引起的。此時，英國的青年學者亞當斯和法國的青年天文學家勒威耶（Urbain Le Verrier），利用天體力學攝動理論，分別獨立計算了這顆未知行星的軌道。西元1846年9月23日，德國天文學家伽勒（Johann Gottfried Galle）根據勒威耶的計算結果，最終找到了這顆攝動行星，它就是海王星。

太陽系的八顆行星都圍繞太陽運轉。太陽到地球的平均距離被定義為1天文單位，約1.5億公里。天王星到太陽的平均距離是19.3天文單位約29億公里，在如此遙遠的軌道上，它圍繞太陽運轉一周要花84年。1977年8月20日，NASA發射了旅行者2號空間探測器，它飛行8年5個月後，才到達天王星附近。相比天王星，海王星離太陽和地球更加遙遠，它到太陽的平均距離是30天文單位，約45億公里，它圍繞太陽運轉一周要花165年。從西元1846年人類發現海王星到2011年，它僅僅圍繞太陽運轉了一周。

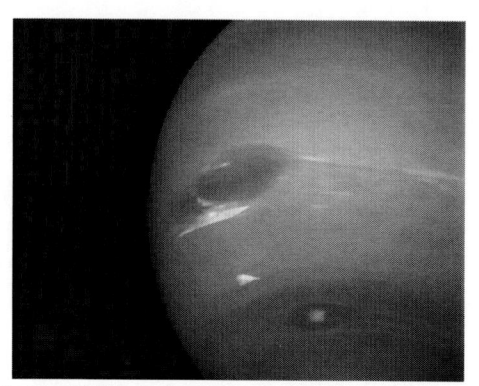

旅行者 2 號拍攝的海王星照片，圖片中心是大黑斑，
它的附近伴隨著雲帶和亮斑。下面也可看見小的亮斑和暗斑。（圖片來源：NASA/JPL）

旅行者 2 號拍攝的天王星照片，拍攝時距離海王星約 1,270 萬千公尺。
（圖片來源：NASA/JPL）

　　天王星半徑為 25,362 公里，在八顆行星中排名第三。海王星略小，半徑為 24,622 公里。從大小上看，這兩顆行星非常接近，它們的半徑約是地球半徑的 4 倍，可算是體型巨大的行星。如果地球是一個蘋果的話，天王星和海王星就像籃球。從結構、物質組成和溫度上看，兩顆行星基本上也相同。它們的中心是小的岩石核心；核心外面是由水、氨和甲烷等構成的一個厚層，稱為函，這裡的物質狀態呈現為緻密流體，約

38 天王星與海王星為何被稱為冰巨星？

占行星總質量的 80%。兩顆行星的最外層是大氣，主要組成成分是氫、氦、少量甲烷，以及微量的水、氨等。天王星外表大氣層的最低溫度可低至 -224.2℃，比海王星還略低一些，如此低的溫度顯示兩顆行星表面十分寒冷，其中的水、氨為冰態，所以天王星和海王星被稱為冰質巨行星。

雖然海王星的半徑比天王星略小，但是它的質量卻比天王星略大。兩顆冰質巨行星看上去都呈藍色，天王星是顏色淺的藍綠色，海王星是顏色較深的藍色。無論是大小、質量、物質組成、內部結構，甚至是外表顏色，兩顆行星都非常類似，像太陽系的一對行星雙胞胎。

天王星和海王星遠離太陽，處在八顆行星的外邊緣。可是它們並不寂寞，每顆行星周圍都有不少天體圍繞它們運動，構成一個集體。在天王星附近，目前天文學家發現了 28 顆衛星，另外還有 13 個光環。在 28 顆衛星中，天衛一、天衛二、天衛三、天衛四和天衛五的大小位列前五，其他衛星體積很小；最大的是天衛三，其直徑約為 1,578 公里，而天衛一在這些衛星中最亮。天王星的 13 個光環都位於五顆較大衛星的軌道之內，在天王星環所在區域有 13 顆小體積衛星。剩下的衛星形狀不規則，距離天王星較遠，它們被認為是天王星捕獲得到的。與土星的光環相比，天王星的光環非常闇弱，用普通的望遠鏡在地球表面不容易看到。其中，由裡向外的第 11 條環 ε 環最明亮，第 12 條環 ν 環呈紅色，最外側的 μ 環呈藍色。

到現在為止，被發現的海王星衛星有 16 顆，只有海衛一體型較大，它的直徑為 2,700 公里。西元 1846 年 10 月 10 日，也就是伽勒觀測到海王星後的第 17 天，威廉·拉塞爾就觀測到了海衛一。海衛一圍繞海王星公轉的方向與海王星自轉的方向相反，天文學家猜測，它可能是被海王

第四部分　太陽系的多樣世界

星捕捉的一個古柏帶天體。1989 年，旅行者 2 號來到海王星近旁，發現海衛一擁有非常稀薄的大氣，主要成分是氮氣，還有少量甲烷。旅行者 2 號還看到海衛一表面的活躍噴泉，所以天文學家們對海衛一充滿興趣。

天王星和海王星沒有固態表面，人們觀測的表面是它們的大氣層，主要物質成分是氫和氦，以及少量的甲烷和微量的其他氣體。儘管表面的溫度非常低，但這裡並不平靜，物質以很快的速度運動，從而形成風。天王星表面的風速高達 900 公里／時，海王星表面的風速更是可達 2,000 公里／時，都遠遠超過地球表面的最大風速 400 公里／時。

在天王星和海王星表面的不同緯度，其風速往往不同，甚至有相反的風向，這使得這兩顆行星上常常形成一些氣旋風暴，也就是黑斑，其狀況與木星上的大紅斑相似。1986 年旅行者 2 號經過天王星附近，1989 年它又經過海王星附近，都觀測到了它們表面的黑斑。黑斑有大有小，不會永久存在，壽命通常為幾年。

天王星和它的五顆較大的衛星（圖片來源：NASA）

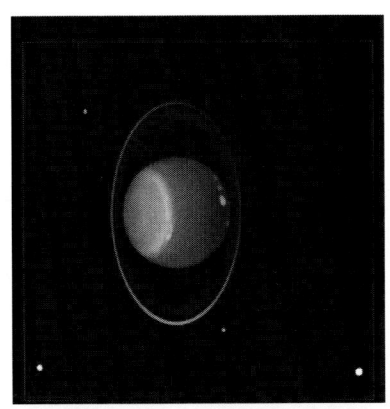

38 天王星與海王星為何被稱為冰巨星？

哈伯太空望遠鏡拍攝的天王星和它的光環（圖片來源：NASA/ESA/Hubble）

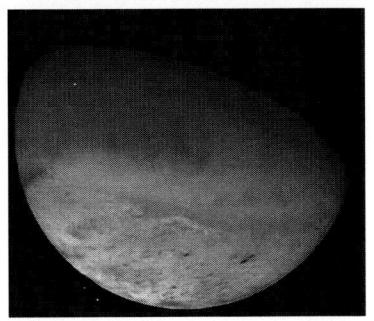

旅行者 2 號飛行經過海王星系統時，
拍攝的海王星最大衛星海衛一的照片。（圖片來源：NASA/JPL/USGS）

圍繞太陽運動的八顆行星有一些共同的屬性，比如，各自的軌道都接近圓形，所有軌道都近似位於同一個平面，繞太陽運動的方向也相同。不過，除了這些相同的屬性之外，個別行星也有其反常的表現。比如天王星，它的自轉狀態與其他行星相距甚遠，它的自轉軸指向與公轉軌道面的垂線夾角為 97.8°，幾乎是在公轉軌道面上躺著自轉。這樣一來，太陽光不僅可以直射天王星的赤道，還可以直射兩極地區，使得天王星上的四季變化及晝夜更替與其他行星迥異。

除了自轉的狀態，天王星的磁場情況也顯得有些離奇。它的磁場軸與自轉軸夾角高達 59°，遠遠超過地球的 11°。這些不可思議的狀況讓

第四部分　太陽系的多樣世界

天文學家倍加好奇，經過研究，天文學家推斷，造成這種狀況的原因很可能是在天王星形成後不久，一顆大約兩倍地球質量的星球與它發生了碰撞。

如今，儘管我們對兩顆冰質巨行星有了不少理解，但是人類至今沒有發射專門探測它們的太空飛行器，所以，對於它們的研究還要走很長的路。

39
冥王星為何不再是行星？

說起冥王星，相信大家並不陌生。從前，它的身分是太陽系的九顆行星之一，是距離太陽最遠的行星。2006 年，冥王星是天文學界和大眾議論的焦點，天文學家召開大會進行討論，取消了它的行星資格，冥王星因此被降級為矮行星。2015 年 7 月 14 日，新視野號探測器從冥王星的身旁飛過，進行近距離觀測，獲得了許多新發現，它再次成為人們關注的熱門天體。

2015 年 7 月 14 日，新視野號飛越冥王星時拍攝的冥王星照片。
（圖片來源：NASA/JHUAPL/SwRI）

第四部分 太陽系的多樣世界

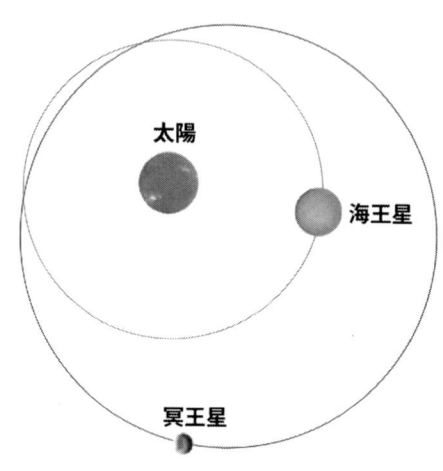

海王星和冥王星的軌道示意圖

發現冥王星

19 世紀，透過天體力學的理論計算，天文學家發現了海王星，這讓人們歡欣鼓舞、信心倍增，在這一發現的激勵下，有的天文學家試圖遵循同樣的方法尋找另外的新行星。20 世紀初期，美國天文學家羅威爾和皮克林（William Henry Pickering）根據天王星和海王星的觀測位置與它們的計算位置之偏差，來推測第九顆行星的可能位置，並利用望遠鏡尋找它。他們在位於美國亞利桑那州的羅威爾天文臺進行觀測，然而，直到 1916 年羅威爾去世，他們也沒有觀測到心心念念的第九顆行星。

洛厄爾去世後，由於種種原因，尋找未露面的第九顆行星的工作停止了。直到 1929 年，羅威爾天文臺臺長斯萊弗（Vesto Melvin Slipher）將此任務交給了年僅 23 歲的青年天文學家克萊德·湯博（Clyde William Tombaugh）。湯博持續觀測，拍攝相應天區的照片，並用閃視儀對比所拍照片。經過將近一年的觀測，湯博最終獲得了成功，於 1930 年 2 月 18

39 冥王星為何不再是行星？

日找到了第九顆行星，它就是冥王星。後來天文學家測量了冥王星的質量，發現冥王星的質量非常小。因而，天文學家認為湯博發現冥王星可能是一個幸運的巧合。

發現冥王星的天文學家湯博

冥王星距離我們非常遙遠，再加上它的體積較小，天文學家經歷了很長時間才逐步弄清楚它的一些物理屬性。就拿它的質量來說，最初，根據它對天王星和海王星的可能影響，早在 1915 年，羅威爾等人猜測冥王星的質量約為地球質量的 7 倍。發現冥王星後的 1931 年，它的質量估值降低到約 1 倍地球質量。又經過數年的觀測，1948 年天文學家則認為冥王星質量可能只等於火星質量。1976 年，根據冥王星的反照率，夏威夷大學的天文學家推測冥王星的質量不會超過地球質量的1%。1978 年，冥王星的衛星冥衛一（凱倫）被發現，這時候準確測量它的質量成為可能，結果出乎天文學家的意料，冥王星質量僅約為地球質量的 0.2%。

目前，冥王星質量的準確測量值為 1.31×10^{22} 公斤，約為月球質量的 17.82%，地球質量的 0.24%。跟太陽系中的行星相比，它是一個小得可憐的天體。即使相比於一些衛星，如木衛一、木衛二、木衛三、木衛四、土衛六、海衛一等，冥王星也只能甘拜下風。

對於冥王星直徑的測量，天文學家也費盡了周折。最近 20 多年以

來，眾多天文學家得到了不同的測量結果，其中最小值為 2,306 公里，最大值為 2,390 公里。新視野號的最新測量結果為 2,372 公里。這樣計算出的冥王星表面積為 1.665×10^7 平方公里，大概與俄羅斯的國土面積相等。

冥王星自轉一周需要 6.4 天，它的自轉方式跟天王星相似，接近躺在公轉軌道面上自轉，公轉軸與自轉軸之間的夾角為 120°。冥王星圍繞太陽運動的軌道是一個非常扁的橢圓，距離太陽最近時為 29.7 天文單位，最遠時為 39.5 天文單位，其軌道的離心率為 0.25，遠大於除水星外其他行星的軌道離心率。由於冥王星距離太陽十分遙遠，它圍繞太陽公轉一周耗時甚久，需要 248 年。太陽系中八顆行星的公轉軌道面大概都處在同一個平面內，這是行星公轉的共面性，其中水星公轉軌道面與平均軌道面夾角較大，約為 7°，但是，冥王星的公轉軌道面與平均軌道面的夾角高達 17°多。從冥王星的公轉屬性來看，它與八顆行星存在明顯的區別。

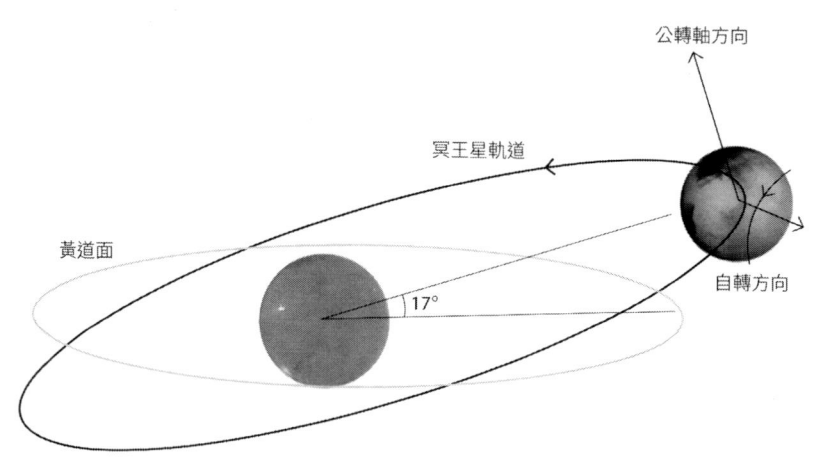

冥王星公轉與自轉示意圖，
公轉軸方向與自轉軸方向之間夾角為 120°，它幾乎是躺在軌道面上公轉。

1990 年代以來，隨著科學技術的發展，天文觀測技術有了大幅度的提升，尤其是投入使用大型地面望遠鏡和太空望遠鏡，使得天文學家獲得許多新的發現。天文學家在冥王星附近不斷發現許多新天體。這些天體跟冥王星大小相似，處在太陽系中大致相同的外部區域，這為天文學家帶來了困惑。比如，這些新發現的天體是否屬於行星？這促使天文學家考慮重新分類太陽系天體，並重新定義行星。2006 年 8 月，天文學家在捷克首都布拉格舉行國際天文學聯合會第 26 屆大會，會上天文學家重新定義了太陽系中的行星，並提出矮行星的概念。從此，冥王星被降級成為太陽系矮行星。

飛越冥王星

根據觀測資料，天文學家發現，冥王星的表面是由絕大部分氮、少量甲烷與一氧化碳構成的冰層。由於冥王星距離我們非常遙遠，不管透過地面大口徑望遠鏡還是哈伯太空望遠鏡，都不能觀察得到冥王星表面的細節。2015 年 7 月 14 日，新視野號探測器近距離飛越冥王星，距離其表面最近僅 12,500 公里，仔細觀測冥王星及其衛星。新視野號獲得許多前所未有的寶貴資料，它讓冥王星的「真面目」首次呈現在人類面前。

新視野號拍攝的照片顯示，沿著冥王星的赤道有一個明亮的呈心臟形狀的區域，它被命名為「湯博區」。緊鄰湯博區的左側是一個更寬廣的黑暗區域，起初它被天文學家臨時稱為「鯨魚」(the whale)，後來稱為「克蘇魯區」(Cthulhu)。湯博區的寬度為 2,000 公里，克蘇魯區的寬度達 3,000 公里。在這兩個區域北側是冥王星的北極地區，顏色深度介於前兩者之間。新視野號團組的天文學家猜測明亮的心形湯博區可能是新形成的冰質表層區域。

新視野號飛越冥王星系統（藝術構想圖）（圖片來源：JHUAPL）

在距離冥王星最近的一段時間內，新視野號對湯博區做了非常精密的觀測，在這裡發現了史普尼克平原（Sputnik Planum）和諾蓋山脈（Norgay Montes）。在史普尼克平原的北部區域，新視野號發現了漩渦狀的亮暗痕跡，天文學家認為這是表面冰川流動的證據。在湯博心形區西邊緣的維吉爾槽溝（Virgil Fossa）和維京高地（Viking Terra）有零散的水冰區域。天文學家沒有在湯博區內發現環形山。

39 冥王星為何不再是行星？

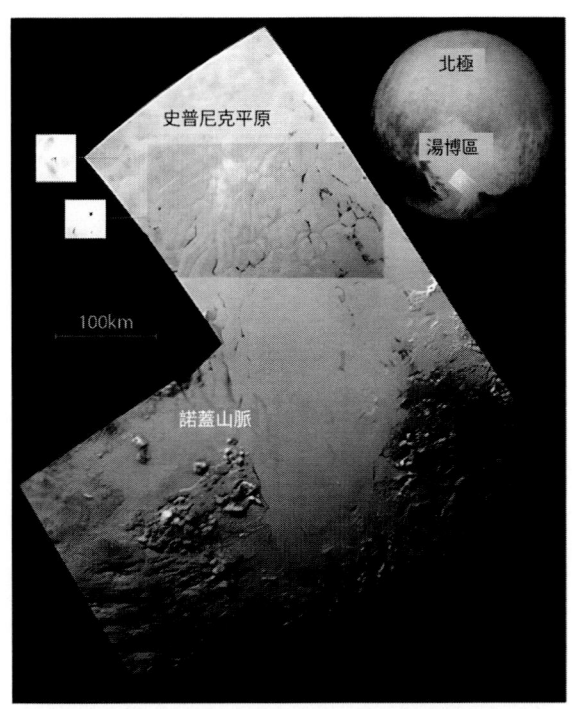

湯博心形區中的史普尼克平原和諾蓋山脈
（圖片來源：NASA/JHUAPL/SwRI/Marco DiLorenzo/Ken Kremer）

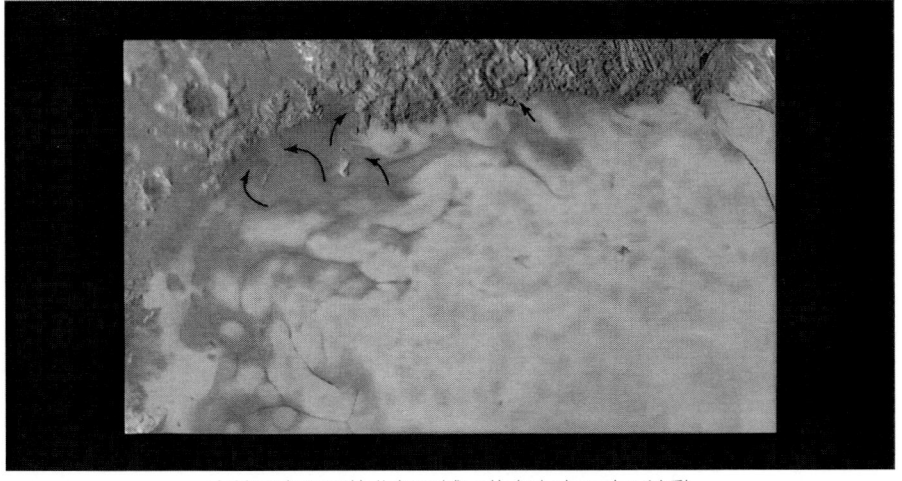

史普尼克平原的北部區域可能存在表面冰川流動
（圖片來源：NASA/JHUAPL/SwRI）

第四部分　太陽系的多樣世界

儘管天文學家很早就認為冥王星周圍有稀薄大氣層，但是，之前從來沒有辦法觀測到它的形象。當新視野號越過冥王星以後，從遠處回望冥王星時，看到包圍冥王星的稀薄氣體散射太陽光，形成一個美麗的光環。據初步估計，冥王星的大氣層厚達 160 公里，這是原來預期值的 5 倍。由此天文學家可以研究冥王星大氣的動力學過程以及它與表面物質的作用。更為有趣的是，冥王星的霧霾狀大氣呈藍色。假如站在冥王星的表面向上看，那裡的天空應該也像地球的藍天。冥王星大氣的主要成分是氮氣，還有少量的甲烷、一氧化碳和氫氰酸等。

新視野號觀測到的冥王星的光環（圖片來源：NASA）

◆ 冥王星的衛星

1978 年 6 月 22 日，美國海軍天文臺的天文學家詹姆士·克里斯蒂（James Walter Christy）使用海軍天文臺旗桿觀測站（Flagstaff Station）的口徑 1.55 公尺望遠鏡發現了冥王星的最大衛星冥衛一，即凱倫。凱倫的直徑為 1,208 公里，比冥王星的一半略大；其質量為 1.52×10^{21} 公斤，約為

冥王星質量的 11.6%。無論是體積還是質量，冥王星和凱倫的差距並不懸殊，因此，它們更像一對雙星系統。

也就是因為上述原因，嚴格地說，凱倫並非圍繞冥王星轉動，而是這兩個天體圍繞著它們共同的質量中心轉動，該質量中心處在冥王星球體之外。兩者相互繞轉的週期為 6.39 天，它們之間的平均距離為 19,570 公里。在相互繞轉的過程中，冥王星和凱倫相對的半個球面始終保持不變，就像兩個跳舞的舞伴，這是它們引力鎖定的結果。這一點與地球和月亮之間的情形不完全相同，儘管月球始終以相同的半球面面向地球，但是地球面向月球的半球面卻在不斷變化。

早在 1980 年代，天文學家透過光譜觀測得出凱倫的密度約為 1.65 克／公分^3，進而估計出凱倫的物質組成大致為 55% 的岩石和 45% 的水冰，而冥王星的物質組成為 70% 的岩石和 30% 的水冰。凱倫的表面應該覆蓋著一層不易揮發的水冰，而冥王星的表面則是容易揮發的氮冰和甲烷冰。由此看來，凱倫和冥王星的物質組成並不相同。

2015 年 7 月 14 日，新視野號近距離經過冥王星和凱倫，獲得了凱倫的清晰照片。經過初步的資料分析，天文學家發現了新的資訊。和冥王星一樣，凱倫的表面比預期的情況更光滑，隕擊坑和山脈不多。在凱倫的北極附近存在一塊比其他部分顏色更暗的區域，這塊深暗色區域略呈紅色，天文學家正在研究它的成因。大致沿著凱倫的赤道方向，有一條懸崖峭壁和谷底構成的長方形地帶，它綿延約 1,600 公里，由此可見凱倫的地殼在這裡發生了碎裂，應該是內部結構運動造成的。在當時拍攝的凱倫照片的邊緣還發現了一個大峽谷，估計深達 7～9 公里，深度為科羅拉多大峽谷的四倍。在凱倫的高解析照片上，還有一個讓人感到好奇的現象，一個奇特的山峰處在圓形低窪地帶的中心。

第四部分　太陽系的多樣世界

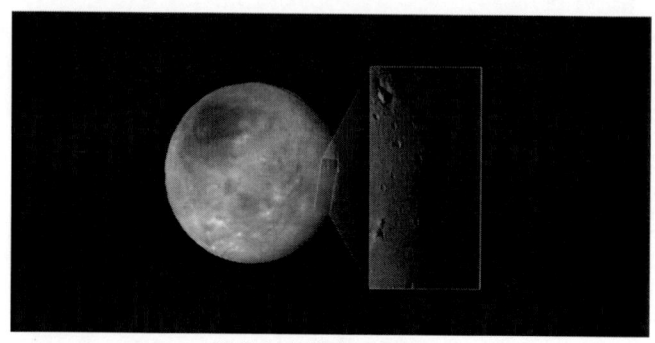

凱倫和它的表面地形，
表面有槽溝、懸崖、峽谷、小撞擊坑及一個奇特的凹地中的山峰，
這是新視野號探測器的觀測結果。（圖片來源：NASA/JHUAPL/SwRI）

就目前的探測結果來看，除了凱倫之外，冥王星還有另外四顆衛星，分別是冥衛二（尼克斯）、冥衛三（許德拉）、冥衛四（科伯羅司）和冥衛五（斯堤克斯）。它們的質量和體積都較小，形狀不太規則，可能的尺度僅在數公里到數十公里的範圍。

冥衛二、冥衛三、冥衛四和冥衛五都是由哈伯太空望遠鏡發現的，冥衛二和冥衛三於 2005 年被發現，冥衛四和冥衛五分別於 2011 年和 2012 年被發現。按照軌道距離冥王星的遠近，最大的衛星凱倫距離最近，向外依次是冥衛五、冥衛二、冥衛四和冥衛三。那麼，將來是否還會發現冥衛六甚至冥衛七？讓我們拭目以待。

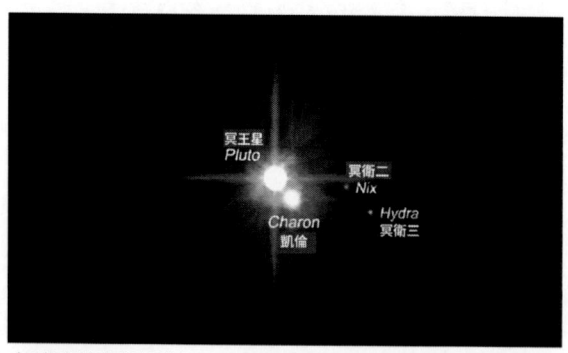

哈伯太空望遠鏡觀測到的冥王星和它的三顆衛星（圖片來源：NASA）

40
太陽系的盡頭在哪裡？

西元 1543 年，哥白尼發表科學鉅著《天體運行論》，提出日心說，從此，人們逐漸理解到，地球、火星和木星等天體在圍繞太陽運轉。最初，透過肉眼，人們在夜空中只能看到圍繞太陽運轉的水星、金星、火星、木星、土星，人們也知道地球和月亮同樣在圍繞太陽運轉。後來，天文學家使用天文望遠鏡，發現了越來越多圍繞太陽運轉的新成員。西元 1609 年，伽利略發現木星的四顆衛星，西元 1781 年，威廉‧赫雪爾發現天王星，天文學家也理解到彗星也是圍繞太陽運轉的天體。此後，一些小行星以及海王星相繼被發現。可見，在太陽周圍存在眾多天體，太陽和它們共同構成一個天體系統 —— 太陽系。如今，觀測技術越來越先進，觀測儀器越來越強大，已知的太陽系成員的數量已變得非常龐大，它們占據的範圍也逐漸向遠處擴展。那麼，太陽系有沒有邊界？它的邊界在哪裡？

◆ 古柏帶

1930 年，美國天文學家湯博發現冥王星，這是時隔近 90 年後再次在距離太陽最遠的行星外側發現一顆新天體，這項發現再一次激發了人們對太陽系的研究興趣。1943 年，愛爾蘭天文學家埃奇沃斯（Kenneth Essex Edgeworth）指出，在海王星的軌道外，有大量的小天體或者小天體

第四部分　太陽系的多樣世界

群（海外天體）存在，由於偶然性的碰撞，其中有些小天體進入內太陽系形成彗星。

1951 年，在葉凱士天文臺建臺 50 週年研討會上，荷蘭裔美國天文學家古柏（Gerard Kuiper）做了有關太陽系起源的報告。他認為，在年輕的太陽周圍，有一個由氣體和塵埃構成的盤狀星雲，星雲物質透過凝聚、吸積從而形成行星。在他設定的太陽星雲模型下，古柏做了大量計算，結果顯示：在海王星軌道外的區域，星雲物質會凝聚成數以十億計的小星子，其物質成分和彗星相似。據此，古柏預言，在海王星的軌道之外，有一個由大量小天體構成的盤狀區域，即今天所稱的古柏帶（Kuiper Belt），它是短周期彗星的發源地之一。

隨著太空探測技術的發展，如今，人們對太陽系結構和古柏帶的理解不斷深化。古柏帶起始於海王星之外，是一個盤狀區域，它由兩部分構成，距離太陽 30～50 天文單位的部分被稱為經典古柏帶，50～1,000 天文單位的區域被稱為離散盤。經典古柏帶中的天體軌道離心率小，軌道更接近黃道面；離散盤中天體的軌道離心率較大，往往運動到遠離黃道面的位置。

1992 年，美國天文學家戴夫·朱維特（Dave Jewitt）和珍妮·劉（Jane Luu）在夏威夷的莫納克亞山，使用口徑 2.2 公尺的望遠鏡，發現了一個距離太陽 40 天文單位的小型天體：1992 QB1，後來它被命名為阿爾比恩（Albion）。它是自冥王星之後發現的又一個海外天體。現在，天文學家在古柏帶中共發現 3,000 多個海外天體，其中冥王星的體積最大，鬩神星的質量最大。

目前，古柏帶是人類可觀測到其中天體的太陽系最遠區域。在類地行星組成的內太陽系和氣態巨行星及冰質巨行星組成的外太陽系之外，有天文學家將古柏帶稱為太陽系的第三區。

40　太陽系的盡頭在哪裡？

◆ 歐特雲

1950 年，根據對彗星軌道的研究結果，荷蘭天文學家歐特提出，在距離太陽和行星非常遙遠、遠遠超出冥王星軌道的地方，有一個球殼形的區域，這裡可能擁有數量巨大的天體，它是長週期彗星和非週期彗星最可能的發源地。現在，人們將這個區域稱為歐特雲。關於歐特雲的範圍，至今天文學家也沒有準確的說法。它的內邊界在 2,000～5,000 天文單位之間的某處；至於它的外邊界，有的天文學家認為在距離太陽 50,000 天文單位處，有的天文學家則認為在 100,000 天文單位處，還有的認為在更遠處。天文學家以距離太陽 20,000 天文單位處為界線，通常將歐特雲分為兩部分：內歐特雲和外歐特雲。

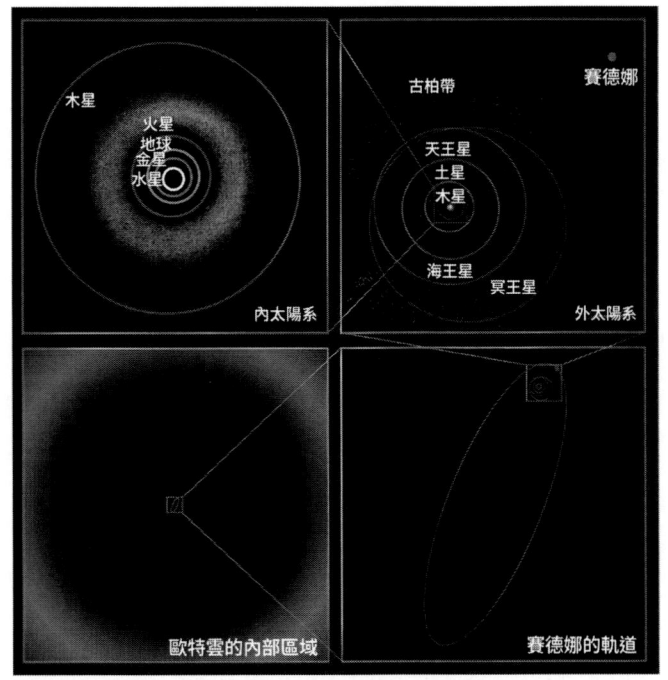

包括古柏帶和歐特雲的太陽系範圍（圖片來源：NASA/JPL-Caltech）

第四部分　太陽系的多樣世界

歐特雲距離地球十分遙遠，至今，天文學家仍然沒有直接觀測到歐特雲中的天體。但是，根據來到內太陽系的彗星的運動軌跡，絕大多數天文學家相信歐特雲的存在。從位置上看，歐特雲是太陽系天體的最外部區域，它很可能是太陽系的外邊界。

日球層頂

太陽是一個高溫等離子體球，無時無刻都有高能量粒子從太陽射出，衝向四面八方，這就是太陽風。在空曠的恆星際空間也遍布著稀薄的星際塵埃和星際氣體，以及四處飛奔的宇宙線。太陽風向外運動，推動星際介質（包括星際氣體、星際塵埃和部分宇宙線）遠離太陽。隨著距離太陽越來越遠，太陽風的動能逐漸減弱，在某個特定的地方，太陽風和星際介質兩者之間達到動力學平衡。這樣在太陽周圍形成一個氣泡狀的區域，天文學家稱它為日球層。日球層與星際介質的交介面為日球層頂。

日球層頂距離太陽十分遙遠，遠遠超出了海王星的軌道，也超出了經典古柏帶天體的範圍。日球層就像一個繭房包裹著太陽系中的主要天體，使它們免遭強烈宇宙線的襲擊。日球層外的星際空間是宇宙高能粒子可以肆虐橫行的地方。因此，日球層頂也是太陽系的一種邊界。

1977 年美國發射的旅行者 1 號和旅行者 2 號探測器，在向遠離太陽的宇宙空間飛行的過程中，探測到了日球層的邊界。旅行者 1 號於 2012 年 8 月越過日球層頂，旅行者 2 號於 2018 年 11 月越過日球層頂。它們分別從黃道面北側和南側穿過日球層頂，測得的日球層頂半徑分別為 121.7 天文單位和 119.0 天文單位。

40　太陽系的盡頭在哪裡？

　　太陽帶領整個太陽系在銀河系中圍繞銀心運動，日球層也隨之一起運動，日球層中包含著大量氣體狀物質，這種情形讓人想到了彗星，因此，天文學家認為，日球層的形狀可能是類似彗星的淚滴形狀。後來，經過進一步的探測，有的科學家認為日球層的形狀可能類似牛角麵包。近年來，新的研究結果顯示，日球層可能是扁的球形。究竟日球層的真實形狀如何？大小如何？這些問題仍有待於科學家們的進一步探測。

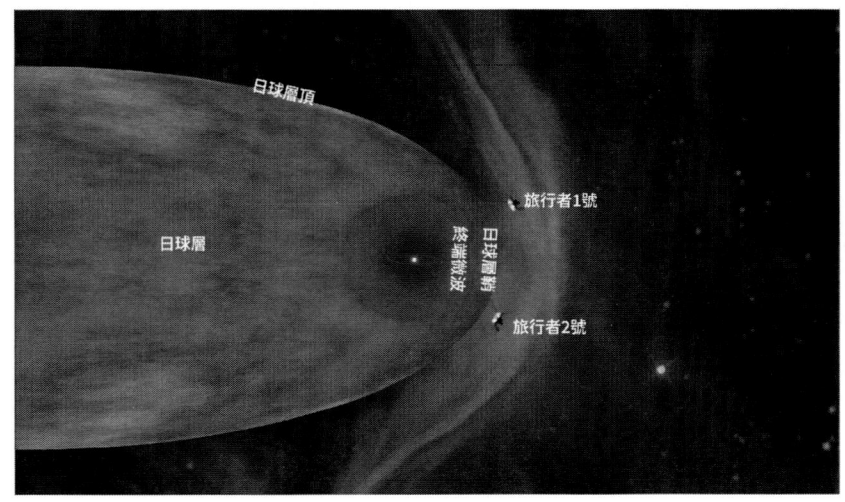

日球層示意圖（圖片來源：NASA/JPL-Caltech）

第四部分　太陽系的多樣世界

第五部分
尋找另一個地球

第五部分　尋找另一個地球

41
天文學家如何發現系外行星？

近年來，尋找系外行星（圍繞太陽系以外的恆星公轉的行星）逐漸成為天文學家熱心追逐的一個天文學研究支線，並取得了豐碩的成果。由於行星本身不發光，而且比它身旁的恆星要小很多，人們不可能用望遠鏡直接觀測到一顆既小又暗的系外行星。那麼，天文學家有什麼辦法來尋找系外行星？

凌星法　如果系外行星擋住主恆星發出的一部分光，就會產生凌星現象。對於這樣的系統，由於行星週期性地圍繞主恆星公轉，主恆星的亮度會週期性地降低、恢復、再降低、再恢復，周而復始。透過觀測這一現象就可以發現系外行星，這種方法被稱為凌星法。實際上，水星或金星在某段時間內與太陽、地球成一線，從而擋住太陽的少部分光，發生水星或金星凌日，這是太陽系內的凌星現象。凌星導致的恆星亮度的降低比例非常小，因此對儀器的測量精度有非常高的要求。這種方法的優點是具有可重複性，因此可以被反覆檢驗。從目前的觀測資料看，這種方法效率最高，利用它發現的系外行星數量最多，超過總數的70%。凌星法還衍生出凌星計時法，它的原理是：行星凌星的週期固定而精確。如果某顆行星凌星的週期不精確，就可能是另外一顆行星干擾了它的軌道，據此可以判斷出後者的存在。

41 天文學家如何發現系外行星？

視向速度法 根據恆星光譜的變化可以確定恆星的運動速度，從而判斷出這顆恆星是否擁有行星。科學家用分光儀器將恆星發出的光分解成精細的彩色光帶和一條條譜線，這就是恆星光譜。當恆星朝著地球運動時，它發出的光的波長會變短（藍移）；當恆星遠離地球運動時，它發出的光的波長會變長（紅移）。如果恆星擁有一顆行星，它就會被行星的引力拽動，與後者繞著共同的質心公轉，時而遠離我們，時而靠近我們，它的速度會出現週期性變化，從而導致其光譜時而紅移，時而藍移，周而復始。根據這個原理，天文學家測量出光譜紅移與藍移的程度，計算出恆星的運動速度，進而就能計算出行星的質量。由於恆星通常並不直接朝著地球的方向運動，其速度可以被分解為兩個方向的分量，即朝向地球的視向速度與垂直於視向速度方向的速度。只有視向速度是可以採用譜線位移測量的，且測量值總是小於真實的速度，所以根據這個方法計算出來的系外行星的質量只是一個下限值。視向速度法適用於不同類型的行星系，比較高效，利用它發現的系外行星接近所發現系外行星總數的 20%。

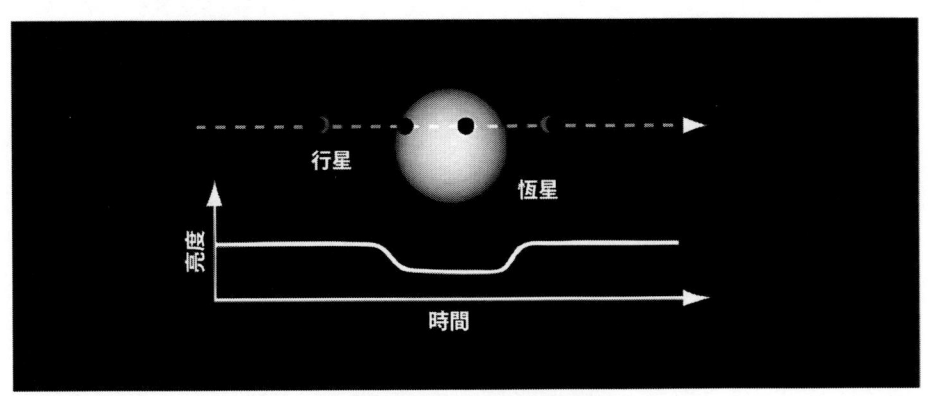

凌星法探尋系外行星的原理。
行星遮擋恆星的光，使得觀測到的恆星亮度下降。
（圖片來源：NASA）

第五部分　尋找另一個地球

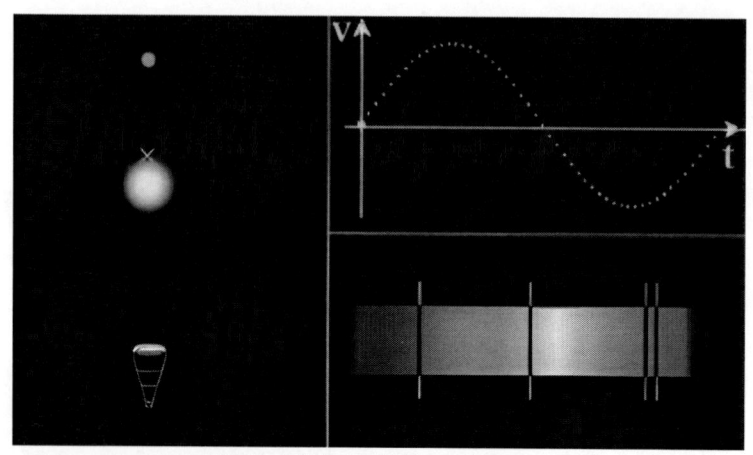

視向速度法探尋系外行星的原理。
圖中 × 是恆星與行星構成的系統的質心。
右上為恆星速度的變化，右下為恆星光譜的交替性的紅移與藍移。

微引力透鏡法　根據廣義相對論，天體會彎曲其周圍的時空，光經過它們附近時，將沿曲線傳播。如果光源與地球之間存在一個質量較大的天體，且三者幾乎成一條直線，那麼後者就會像透鏡一樣放大光源的亮度（微引力透鏡），甚至產生雙重像或多重像（強引力透鏡）。充當透鏡的天體就是引力透鏡。作為微引力透鏡的天體從地球與背景天體之間經過時，背景天體亮度的放大比例會先變大、後變小，最接近三點一線或者正好三點一線時，放大的比例最高。如果恆星還帶著一個行星，行星也會對引力透鏡效應做出額外貢獻，導致本來光滑變化的光變曲線突然增加一個非常窄的尖峰，這就是行星的微引力透鏡效應。這樣的尖峰是系外行星可能存在的訊號，這就是尋找系外行星的微引力透鏡法。從現在的資料看，相比凌星法和視向速度法，利用這種方法發現系外行星的數量要少許多，只占所發現系外行星總數的近 4%。微引力透鏡法的缺點是無法重複，因為恆星經過後就不再回頭，但它的優點是訊號清晰，易於探測軌道週期較長的冷行星。

天體測量法 利用天體測量法也能夠搜尋系外行星。系外行星的引力作用會造成主恆星位置的變化，監測主恆星這一變化可以探測系外行星。具體說來，透過分析主恆星在圍繞整個系統的質心公轉過程中相對背景恆星的週期性位置變化，可以得出行星的質量、軌道等基本參數。2010 年，天文學家發現並確認了第一顆由天體測量法發現的系外行星 HD 176051b，其質量為 1.5 倍木星質量，軌道週期約為 1,016 天。利用天體測量法發現的系外行星相對來說比較少，但這種方法可以更精確地測定系外行星的質量與軌道參數，尤其是長週期行星。

上述方法都是間接確定系外行星的方法。它們並不是百分之百準確，有時候會有假訊號。為了排除假訊號，對於一部分系外行星的候選體，天文學家會盡量同時用多個方法交叉檢驗。

而直接成像法則是直接拍攝系外行星的影像，具有上述方法所沒有的優勢。如果主恆星的亮度與行星亮度的比值不是非常大，且二者距離夠遠，天文學家可以直接把兩者都拍攝進去。不過，恆星的亮度通常大幅高於繞著它們轉的行星。因此，天文學家必須用一種名為「星冕儀」的儀器擋住恆星發出的光，從而拍攝到恆星附近行星的影像。星冕儀的技術源自日冕儀，後者用來遮擋太陽表面發出的光，從而可以讓天文學家觀測日冕。雖然日冕儀與星冕儀的設計目標不同，但它們本質上都是遮蔽恆星的光，讓天文學家可以拍攝到恆星周圍的天體。利用直接成像法探測到的系外行星的數量相對也比較少，不到所發現系外行星總數的 1%。

除了上述五種探測系外行星的方法之外，天文學家還嘗試其他方法發現系外行星，比如脈衝星計時法、軌道亮度調製法和行星盤運動法等。1992 年，天文學家沃爾茲森（Aleksander Wolszczan）和戴爾·弗雷

(Dale Frail)發現脈衝星 PSR 1257+12 周圍的行星所利用的就是脈衝星計時法。不過，這些方法對成功探測系外行星的貢獻比前述幾種方法小得多。

探尋系外行星

懂得探測系外行星的方法和原理後，人們還要建造相應的天文望遠鏡和有關觀測儀器，透過它們才能找到「獵物」。多年來，全球科學家設計建造了多個發現系外行星的科學重器。

克卜勒太空望遠鏡是人類尋找系外行星的利器之一，它於 2009 年由 NASA 發射。它的主鏡口徑為 0.95 公尺，視場約 115 平方度。2018 年任務結束時，克卜勒一期巡天與 K2 巡天共發現了 6,064 顆系外行星候選體，其中確認了 2,746 顆系外行星，首次發現了一些與地球相似且位於宜居帶的行星，如 Kepler-186f。

凌星系外行星尋天衛星（TESS）是 NASA 於 2018 年 4 月發射的空間望遠鏡。望遠鏡主體由 4 臺 10 公分口徑的望遠鏡組成，每臺望遠鏡視場為 24°×24°，4 臺望遠鏡垂直於黃道拼接為 24°×96°的寬視場。TESS 開展全天範圍的系外行星搜索，監測至少 20 萬顆 F、G、K、M 型恆星的系外行星凌星訊號，其中將重點監測 M 型矮星的恆星活動與其行星，因為這些較冷暗的恆星周圍更有可能存在位於宜居帶內的小質量行星。截至 2024 年 10 月 14 日，TESS 已發現 7,241 顆系外行星候選體，被確認的系外行星有 561 顆。

41 天文學家如何發現系外行星？

克卜勒太空望遠鏡（藝術構想圖）
（圖片來源：Wendy Stenzel-Keplermission/NASA）

凌星系外行星尋天衛星（藝術構想圖）
（圖片來源：Anna C. Mackinno）

◆ 尋找宜居星球

在浩瀚的太空中，如果有另一個星球，它像我們的地球一樣，白天陽光普照，地表有山有水，植被繁盛，還有厚厚的大氣包裹著，氣候溫暖溼潤，那麼將來某一天，當我們的地球家園遭到小天體撞擊或其他災

> 第五部分　尋找另一個地球

難性事件時，地球人就可以遷移到那個星球繼續生存繁衍。

很久以來，人類就期待在太空中發現另一個可居住星球。1990年代，科學技術的發展極大地提升了天文觀測能力。1992年，美國天文學家沃爾茲森和弗雷在波多黎各阿雷西博天文臺，利用阿雷西博射電望遠鏡進行觀測。他們發現，脈衝星PSR 1257+12的脈衝到達時間存在週期性的變化，從而發現了圍繞著這顆毫秒脈衝星公轉的兩顆質量分別為4.3倍地球質量和3.9倍地球質量的行星PSR 1257+12c, d；在後續的觀測中，他們又發現了另外一顆質量為0.02倍地球質量的行星PSR 1257+12b。不過，這次觀測並沒有引起太多關注，因為使用射電方法發現行星並不是效率較高的方式。

1995年，瑞士天文學家梅爾（Michel G. E. Mayor）與奎洛茲（Didier Patrick Queloz）透過監測一批K型和G型矮星的視向速度變化，發現了第一顆圍繞類太陽恆星公轉的系外行星──飛馬座51b。這是人類尋找系外行星的一個里程碑。對人類來說，在類太陽恆星周圍發現行星顯然比在中子星附近發現系外行星意義更重大。這項研究引起了世界各國天文學家的關注，從此，越來越多的天文學家紛紛加入到探測系外行星的佇列中，系外行星探索呈現出新局面。2019年10月，梅爾和奎洛茲也因為這項發現獲得了諾貝爾物理學獎。

根據NASA網站，截至2024年10月15日，天文學家共發現5,766顆系外行星，其中，類海王星行星最多，有1,964顆；類地行星有206顆。在短短三十年左右的時間內，天文學家就取得了如此豐碩的成果。

人類所發現的系外行星不僅在數量上不斷增加，而且它們的類型也呈現多樣化。有的系外行星像地球，但質量卻比地球大好幾倍，屬於超級地球類型；有的系外行星像木星，但距離主恆星太近，溫度比木星高

41　天文學家如何發現系外行星？

得多，它們被稱為熱木星。此外，還有冷木星、超級木星、類地球行星、溫海王星等類型。在所有系外行星中，天文學家最感興趣的是處於宜居帶內的岩石行星，它們溫度適宜、表面可以有液態水存在。這些情況類似地球的系外行星適合生命生存。還有一類行星，稱為氫氣海洋行星，大氣主要由氫和氦組成，壓力很大，星球表面也有液態水，它們也可能會有生命生存。

2015 年，來自比利時烈日大學的米夏埃爾・吉倫（Michael Gielen）所帶領的天體物理學研究團隊把 TRAPPIST 望遠鏡對準一個距離太陽系 39 光年的恆星，利用凌星法在其附近陸續發現了 7 顆類地行星，這個數字在當時所有已知行星系統中是最多的。更令人驚喜的是，其中 3 顆是處於宜居帶內的星球。這個系統後來被命名為 TRAPPIST-1 行星系統，它是天文學家重點研究的對象。此外，距離地球最近的可能宜居的行星是比鄰星 b，它位於約 4.2 光年外，質量約是地球的 1.3 倍。在大氣成分與地球大氣相似的情況下，比鄰星 b 朝陽面最高溫度約為 300K。

TRAPPIST-1 行星系統與太陽系的比較，
它的 7 顆行星的軌道半徑都遠小於水星環繞太陽的軌道半徑。
（圖片來源：NASA/JPL-Caltech）

第五部分　尋找另一個地球

前述兩例位於宜居帶的系外行星的主星是紅矮星，紅矮星的屬性跟太陽有明顯區別。天文學家找到了一顆名為 Kepler-452b 的系外行星，它圍繞類太陽恆星運轉，這顆系外行星被稱為「第二個地球」，距離地球約 1,400 光年。在大氣成分與地球差不多的條件下，Kepler-452b 的全球平均溫度約為 293K，比地球的全球平均溫度（288K）高 5K。天文學家試圖利用其他方法，對處於宜居帶的系外行星的溫度、大氣成分做仔細研究，以得到更多它們的自然條件資訊。

系外行星 Kepler-452b（右）與地球（左）相比，
其直徑比地球大 60%（藝術構想圖）。（圖片來源：NASA/JPL-Caltech/T. Pyle）

宜居帶類地行星是宇宙中的「新大陸」，或許天文學家可以從中找到人類的第二家園。這些「地球 2.0」和地球質量差不多，表面可能有適宜的大氣或液態水，從而能夠穩定地維持生命的存在。歐洲太空總署的系外行星大氣遙感紅外線大型巡天望遠鏡（ARIEL）主要是為探測行星光譜訊號而設計的，計劃於 2029 年發射。該望遠鏡將觀測系外行星大氣的化學成分，尋找包含生命跡象的氣體的存在證據。

42
宇宙中是否存在其他智慧生命？

　　除地球之外，宇宙中的其他星球上，有沒有和人類一樣的智慧生命？如果有，他們在哪裡？這是一個有趣的問題，又是一個難以給出答案的問題。對此，著名物理學家恩里科·費米曾經做了深入思考，留下了著名的費米悖論。

　　有一次，費米和同事聊到了飛碟和超光速旅行等話題，費米忽然問道：「他們在哪裡？」幾位同事都理解，費米是指外星人在哪裡？考慮到銀河系顯著的尺度、年齡及天體數量，費米認為銀河系中應該有許多高級智慧生命存在，然而人們在地球上並沒有見到他們，這就是所謂的「費米悖論」。

　　遺憾的是，費米對高級地外生命的假設沒有留下任何文字資料。1960 年，在美國西維吉尼亞州格林班克舉行的一次地外文明探索會議上，美國天文學家法蘭克·德雷克（Frank Donald Drake）首次提出一個估算地外高級文明數量的方程式：$N = R \times f_p \times n_e \times f_l \times f_i \times f_c \times L$。方程式中 N 表示銀河系中具有通訊能力的外星文明數量；R 為銀河系中恆星的年形成速率；f_p 表示擁有行星的恆星占恆星總數的比值；n_e 為一個恆星—行星系中生命宜居行星的平均數；f_l 是生命適宜居住的行星中實際生命出現的機率；f_i 是其中可以演化出智慧生命的可能性；f_c 是智慧生命中可以

第五部分　尋找另一個地球

發展到具有先進通訊能力的先進文明占比；L 是能聯繫的高級文明能生存的時間長度。

美國天文學家法蘭克・德雷克。

從邏輯和完備性上看，德雷克方程式像一把金鑰匙，人們可以透過它估算宇宙中高級文明的數量。然而，實際應用德雷克方程式並不容易，因為憑藉現有的知識，人們不能準確地確定其中的參數，甚至不知道其中有些參數的粗略估計值是否可靠。確定這些參數不僅涉及天體的形成和演化，還需要更多學科的相關知識，如生命科學、化學、大氣科學、地質學和氣候氣象學，甚至社會學等等。

以參數 f_l 為例，要確定「適宜生命居住的行星中實際生命出現的機率」，人們就要知道生命是如何出現的。最早進行這類科學探索的是美國芝加哥大學的史丹利・米勒（Stanley Lloyd Miller）和哈羅德・尤里（Harold Clayton Urey）。1952 年，他們進行了一項迄今為止最著名的生命起源實驗。他們設計了一個特殊的裝置，將甲烷、氨氣和氫氣密封在一個大燒瓶裡，並將它連接到另一個水裝得半滿的較小的燒瓶中。隨後，米勒把

水加熱，產生的蒸汽進入裝有化學物質的大燒瓶中，這樣模擬出一種微型的原始大氣環境。在這裡，電極不斷放電，就像天空中的閃電一樣。結果顯示，實驗中產生了豐富的有機物質。人們已知的構成蛋白質的標準胺基酸共 20 種，在他們最初的實驗中已經創造出了其中 5 種。這就是著名的米勒—尤里實驗，它驗證了生命起源的「原始湯」假說，即原始地球上的條件有利於一類化學反應的發生，這類反應可以從簡單的無機前體合成複雜的有機分子。

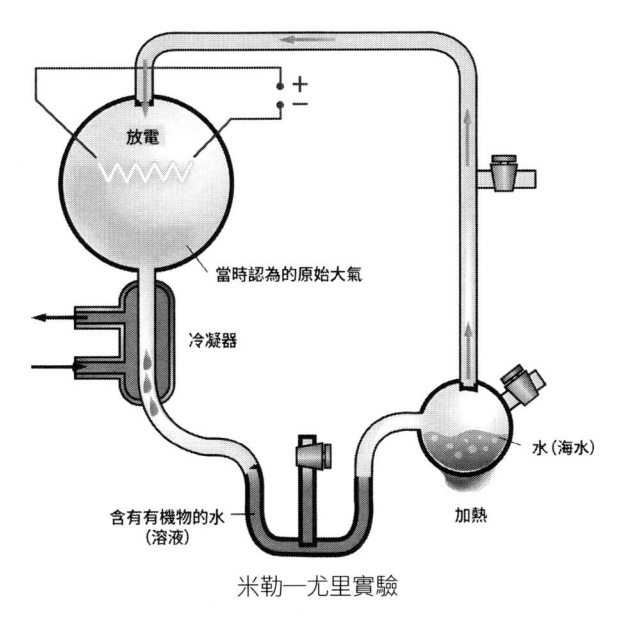

米勒—尤里實驗

20 世紀末期和 21 世紀初期，科學研究顯示生命有可能從深海熱液噴口附近發源，而就是這些熱液噴口給予了原始生命形成所需的能量。科學家根據「分子演化時鐘」的基因測序，勾勒出了地球上所有生物的「生命演化樹」。他們發現，位於「生物演化樹」根部、代表著地球上所有生物「共同祖先」的微生物，絕大多數是從海底熱液環境中分離得到的超嗜熱生物。這些微生物完全能夠適應古代海洋嚴峻的環境條件，是生命起

第五部分　尋找另一個地球

源於海底熱液噴口的核心證據。

此外，也有科學家認為，地球生命可能來自太空，來自太空的隕石將構成生命的有機物帶到了地球。到目前為止，對於地球生命的起源，科學家們並沒有得出明確的結論。因此，要確定「適宜生命居住的行星中實際生命出現的機率」這個參數並不容易。同樣，德雷克方程式中的其他參數也大多非常難以確定。受限於目前科學發展程度，人類想要透過德雷克方程式確定地外高級文明的數量，無異於讓一位只會簡單加減法的學齡前幼兒求解一個非線性方程式。

儘管利用德雷克方程式還不能回答宇宙中有沒有其他智慧生命的疑問，天文學家並沒有放棄對宇宙其他智慧生命的搜索。他們更多的是利用天文望遠鏡，觀測遠方天體的光學資訊，或者利用射電望遠鏡接受來自遠方的射電波段訊號。透過對這些資訊的分析，天文學家試圖發現宇宙中的其他智慧生命。

智慧生命棲息在行星上，因此，尋找智慧生命首先需要搜尋系外行星，尤其是處於恆星宜居帶內的行星。找到處於宜居帶的行星後，科學家選擇了一些最具代表性的生物特徵蹤跡，如氧氣（O_2）、臭氧（O_3）、甲烷（CH_4）、氨（NH_3）、磷化氫（PH_3）、水蒸氣（H_2O）和二氧化碳（CO_2）等，我們可以從行星的大氣中辨識這些生命跡象。目前，天文學家使用一種能夠將光按照波長劃分的「透射光譜術」的方法，尋找星光透過行星大氣層時不同氣體可能留下的蹤跡。這樣就可以判斷一顆星球上是否可能存在生命。

除了代表潛在生物特徵的氣體，科學家們也期待利用外星技術活動呈現的跡象，即「印跡技術」，來判斷先進的行星文明是否存在。如果外星人生活在類似於我們的城市這樣的密集環境中，他們的技術文明也應

42　宇宙中是否存在其他智慧生命？

該產生一定數量的人工照明，所以可以用日冕儀遮擋恆星的光芒，尋找處於夜晚一側行星的城市燈光。在技術發展的早期階段，汙染物是外星生物向其星球大氣所排放的有害成分。以地球的二氧化氮（NO_2）為例，它是車輛和化石燃料發電廠燃燒的副產品，同樣可以透過「透射光譜術」來辨識外星大氣中的化學汙染物。

另一個值得探討的印跡技術是戴森球，它是一種假想的巨型結構，由弗里曼・戴森（Freeman John Dyson）於 1960 年在《科學》雜誌上首次提出。戴森認為先進的外星文明可能會圍繞其宿主恆星建造一個中空的殼層，球體將捕獲恆星的所有能量──在我們太陽系的情形中，獲取的太陽能量將是落在地球上層大氣能量的 20 億倍。印跡技術是科學家搜尋外星智慧生命的又一條途徑。

戴森球（藝術構想圖）。

上面談到的生物特徵和印跡技術的探尋，嚴重依賴於極端先進的可見光等多波段觀測技術，人們只能寄望於未來的天文觀測儀器。從地球文明的經驗看，無線電波通訊是人類應用廣泛的通訊技術方法。利用無線電波段訊號搜尋地外文明可能是一種非常有希望的選擇。不過，無線電波的頻率在 1MHz～300GHz 之間，範圍非常寬廣。我們選擇哪個頻

第五部分　尋找另一個地球

段去接受外星文明的訊號呢？

射電天文觀測顯示，銀河系輻射的噪聲頻率在 1GHz 之下，而地球大氣噪聲的頻率高於 30GHz，射電訊號最寧靜的區域在 1～10GHz 之間。另外，中性氫雲在 1.42GHz 頻率上發出很強的輻射，而中性氫雲中的氫（H）是宇宙中最簡單最常見的元素；羥基（OH）在 1.64GHz 的頻率上有顯著的輻射，氫和羥基結合在一起就構成水，水對於生命存在至關重要。1.42～1.64GHz 這個頻率範圍被稱為「水洞」或「水坑」，如果要引起其他高級文明的注意，使用這裡的頻率向太空發射訊號是一個不錯的選擇。

人類最早利用射電訊號搜尋地外智慧生命開始於 1960 年。當時，德雷克等人制定了「奧茲瑪計畫」，他們用口徑 26 公尺的射電望遠鏡指向選擇的目標，在氫的 21 公分波段檢測可能的地外文明訊號，但是一無所獲。1985 年，哈佛大學的霍洛維茨（Paul Horowitz）提出「兆頻道地外分析計畫」，它可以同時研究水洞頻段的百萬個頻道。1990 年，該計畫改進為用 800 萬個頻道搜索南天天區，頻寬只有 0.05Hz。1995 年，霍洛維茨展開更先進的「十一頻道地外陣列計畫」，以 0.5Hz 的解析度掃描水洞區域，不過均未取得結果。

搜尋來自近鄰發達智慧生命的外星無線電輻射（SERENDIP）計畫，是一個搭載在用於其他天文目的射電望遠鏡上的觀測專案，它包括多個部分。「SERENDIP V」於 2009 年啟動，它搭載在阿雷西博望遠鏡上，以 1.42GHz 為中心，在 200MHz 的頻寬上搜尋 1.28 億個頻道。艾倫望遠鏡陣（ATA）是另一個理想宏大的專案，兼有大視場和寬頻帶覆蓋的特色，它與單個大天線觀測不同，而是把多個小天線的訊號綜合起來，在地外文明搜尋方面潛力非常大。ATA 的第一階段於 2007 年投入使用，有

42 宇宙中是否存在其他智慧生命？

42個天線。截至2015年，ATA辨識了數億技術訊號，多為噪聲和干擾，目前，科學家們仍在努力處理觀測資料。

艾倫望遠鏡陣（圖片來源：Joe Marfia）

2016年1月，美國加州大學柏克萊分校的搜尋地外文明計畫（SETI）研究中心展開「突破聆聽」（Breakthrough Listen）專案，計畫持續10年，用綠岸望遠鏡和帕克斯望遠鏡這兩個大型射電望遠鏡，每年觀測數千小時，來尋找地外文明，並使用利克天文臺的自動行星儀尋找來自雷射傳輸的光學訊號。中國的500公尺口徑球面射電望遠鏡（FAST）是世界上口徑最大的單天線射電望遠鏡，搜尋地外文明也是它的科學目標之一。

截至目前，科學家們仍然沒有收到可靠的地外文明發射的射電訊號。不過，有兩個有趣的事件值得一提。一個是著名的72秒長的「WOW!」訊號，1977年8月15日，科學家傑里‧埃曼（Jerry Ehman）用美國俄亥俄州立大學的大耳朵射電望遠鏡探測到它。2019年4月和5月，突破聆聽專案觀測到了「突破聆聽候選體1」（BLC1）的無線電訊號。雖然「WOW!」訊號帶有許多預期的外星起源的特徵，但是之後它再也沒有被觀測到。BLC1的訊號則是來自距離我們最近的比鄰星方向，它的資料

仍在被分析研究中。

為了尋找高級地外文明，科學家們除了接收外來訊號之外，也向太空發射訊號，期望遙遠的智慧生命能夠接收到來自地球的「問候語」。1974 年 11 月 16 日，美國康乃爾大學的天文學家利用當時口徑最大的阿雷西博射電望遠鏡，向球狀星團 M13 發送了長達 3 分鐘的射電訊號，這個訊號有 1,679 個字節。它包括如下內容：數字 1 到 10；對於生命最重要的元素——氫、碳、氮、氧和磷；生命遺傳物質 DNA；地球成年人的身高 176 公分；地球當時總人口 40 億等等。

除了利用無線電波與地外文明聯繫外，科學家也向太空派遣了地球使者。NASA 分別於 1972 年和 1973 年發射的先驅者 10 號和 11 號，攜帶著刻有太陽系、地球以及人類資訊的鍍金光碟，駛向太空。1977 年，NASA 發射的旅行者 1 號和 2 號則攜帶著更多的地球人類資訊飛向宇宙深處。

人類向宇宙發送了地球使者，那麼，高級地外文明是否同樣派出了他們的太空船？2017 年 10 月 19 日，位於夏威夷的全景巡天和快速反應系統望遠鏡發現了一個闇弱的移動目標，天文學家將它命名為「斥候星」。經過幾天觀測，天文學家明確理解到這是一個來自太陽系外的天體。在此後 4 個月的時間裡，天文學家進行了多次觀測，知道了它的形狀、大小、自轉和顏色，以及它加速離開太陽系的運動狀況。遺憾的是，由於它十分闇弱，2018 年 1 月以後，天文學家就再也不能觀測到它的任何蹤影。這使得斥候星讓人們留下了許多未解之謎，至今天文學家也沒有找到它加速離開的真實原因。因此，有人猜測斥候星是地外文明的太空船。儘管多數天文學家並不同意這種觀點，但是，斥候星事件提

42　宇宙中是否存在其他智慧生命？

醒人們，對來自太陽系之外的不明天體，以及民間經常談論的不明飛行物（UFO），人類要保持高度注意，加強對這類目標的觀測能力。或許未來某一天，天空中真的會出現高級地外文明派來的飛行器。

仰望與思索,揭密宇宙的 42 個關鍵:
歷史 × 觀測 × 想像 × 神話,從天文史走進現代科學,揭開黑洞、恆星、星系與生命的宇宙奧祕

作　　　者:張長喜	
發　行　人:黃振庭	
出　版　者:機曜文化事業有限公司	
發　行　者:機曜文化事業有限公司	
E-mail:sonbookservice@gmail.com	
粉　絲　頁:https://www.facebook.com/sonbookss	
網　　　址:https://sonbook.net/	
地　　　址:台北市中正區重慶南路一段 61 號 8 樓	
8F., No.61, Sec. 1, Chongqing S. Rd., Zhongzheng Dist., Taipei City 100, Taiwan	

國家圖書館出版品預行編目資料

仰望與思索,揭密宇宙的 42 個關鍵:歷史 × 觀測 × 想像 × 神話,從天文史走進現代科學,揭開黑洞、恆星、星系與生命的宇宙奧祕 / 張長喜 著 .-- 第一版 .-- 臺北市:機曜文化事業有限公司 , 2025.06
面;　公分
POD 版
ISBN 978-626-99636-7-6(平裝)
1.CST: 宇宙 2.CST: 天文學
323.9　　　　　114007563

電　　　話:(02)2370-3310
傳　　　真:(02)2388-1990
印　　　刷:京峯數位服務有限公司
律師顧問:廣華律師事務所 張珮琦律師

-版權聲明

本書版權為機械工業出版社有限公司所有授權機曜文化事業有限公司獨家發行繁體字版電子書及紙本書。若有其他相關權利及授權需求請與本公司聯繫。
未經書面許可,不可複製、發行。

定　　　價:420 元
發行日期:2025 年 06 月第一版
◎本書以 POD 印製
Design Assets from Freepik.com

電子書購買

爽讀 APP　　　臉書